高等职业教育“十三五”规划教材

机械专业系列

金属切削机床与数控机床

主　编　张立娟

副主编　李溪源　赵　迪

　　　　白　晓　舒文鑫

南京大学出版社

内容提要

本书是高等职业教育“十三五”规划教材，全书共分3章，第1章结合金属切削机床的基本知识，全面介绍了车床、磨床、齿轮加工机床及其他常见的通用机床(铣床、钻床、镗床、刨床和拉床)等典型机床的传动与结构；第2章在介绍数控机床的工作原理、性能指标的基础上，分别介绍了数控车床、数控铣床、加工中心、数控机床的辅助装置、数控线切割机床；对数控机床主传动系统、进给传动系统、自动换刀系统及位置检测装置等典型结构进行了系统的介绍；第3章介绍了数控机床的使用、安装调试及保养维修的基本常识。每章均配有习题，以帮助学习者及时全面地掌握学习内容。

本书为高等职业技术院校和高等专科院校机械类专业、机电类专业、数控专业及其他非电类专业金属切削机床与数控机床课程的教材，也可作为成人高等教育相关专业的教学用书，同时可供从事相关专业的工程技术人员学习参考。

图书在版编目(CIP)数据

金属切削机床与数控机床 / 张立娟主编. — 南京 ：南京大学出版社，2019.8

高等职业教育"十三五"规划教材. 机械专业系列

ISBN 978-7-305-22471-3

Ⅰ. ①金… Ⅱ. ①张… Ⅲ. ①金属切削－机床②数控机床 Ⅳ. ①TG502②TG659

中国版本图书馆 CIP 数据核字(2019)第 149612 号

出版发行 南京大学出版社
社　　址 南京市汉口路22号　　　邮　编 210093
出 版 人 金鑫荣

书　　名 金属切削机床与数控机床
主　　编 张立娟
责任编辑 吕家慧　蔡文彬　　　编辑热线 025-83597482

照　　排 南京南琳图文制作有限公司
印　　刷 常州市武进第三印刷有限公司
开　　本 787×1092　1/16　印张 14　字数 341 千
版　　次 2019年8月第1版　2019年8月第1次印刷
ISBN 978-7-305-22471-3
定　　价 38.00元

网址：http://www.njupco.com
官方微博：http://weibo.com/njupco
微信服务号：njuyuexue
销售咨询热线：(025) 83594756

前 言

本书以满足高等职业教育人才培养为基本宗旨，以金属切削机床的基本知识为起点，在阐述数控机床基本原理的基础上，分别详尽地介绍了各种数控机床的结构与功能，总结分析了数控机床的典型结构，并对数控机床的使用、安装调试以及保养维修等方面的常识进行了系统而全面的介绍，以帮助学习者从原理、结构、使用与维护等方面系统地了解与熟悉数控机床。本书内容丰富翔实，图文并茂，通俗易懂。

在教材的编写过程中，我们始终注重把握高职教育的特点，以适度够用为原则设计教学内容，力求贴近生产，使教材内容适应生产的现状和发展的需要，力争使教材具有鲜明的思想性、先进性、启发性、应用性和科学性，突出职业教育的特色，以适应培养应用型人才的需要。

在编写过程中，力求做到：

(1) 贯彻“少而精”的原则，突出重点，以点带面。

(2) 注重基本知识、基本理论的阐述，注重理论联系实际，重点放在对应用型人才的能力培养上。

(3) 适当反映机床领域的新成就。

本书由平顶山工业职业技术学院的张立娟任主编，平顶山工业职业技术学院的李溪源赵迪、白晓和随州职业技术学院的舒文鑫任副主编，全书由张立娟统稿，其中平顶山工业职业技术学院的李溪源编写第1章金属切削机床1.1机床的基本知识、1.2车床。平顶山工业职业技术学院的赵迪编写第1章金属切削机床1.3磨床、1.4滚齿机、1.5其他机床、习题。平顶山工业职业技术学院的张立娟编写第2章数控机床2.2数控车床、2.3数控铣床、2.4加工中心、2.5数控机床的辅助装置、2.6数控线切割机床、2.7数控机床主传动系统、2.8数控机床的进给传动系统。随州职业技术学院的舒文鑫编写第2章数控机床2.9数控机床的自动换刀系统、2.10数控机床的位置检测装置、习题。平顶山工业职业技术学院的白晓编写第2章数控机床2.1概述和第3章数控机床的安装调试及保养维修。

编写过程中参考了许多文献资料，我们谨向这些文献资料的编著者和支持编写工作的单位表示衷心的感谢。由于我们水平有限，书中不妥之处在所难免，望各教学单位和读者在使用本教材时给予关注，多提宝贵意见和建议。

编 者

2019年1月

目　录

第1章　金属切削机床 …… 1

1.1　机床的基本知识 …… 1

1.1.1　金属切削机床及其在国民经济中的地位和作用 …… 1

1.1.2　我国机床工业的发展概况 …… 1

1.1.3　金属切削机床的分类和型号的编制方法 …… 2

1.1.4　工件的表面形状及其形成 …… 10

1.1.5　机床的运动 …… 14

1.1.6　机床的传动联系和传动原理图 …… 17

1.2　车床 …… 19

1.2.1　概述 …… 19

1.2.2　CA6140型卧式车床的传动系统 …… 21

1.2.3　CA6140型卧式车床的主要结构 …… 28

1.3　磨床 …… 36

1.3.1　概述 …… 36

1.3.2　M1432B型万能外圆磨床 …… 36

1.3.3　其他类型磨床简介 …… 41

1.4　滚齿机 …… 46

1.4.1　概述 …… 46

1.4.2　滚齿机的运动分析 …… 47

1.4.3　Y3150E型滚齿机 …… 51

1.5　其他机床 …… 59

1.5.1　铣床 …… 59

1.5.2　钻床 …… 62

1.5.3　镗床 …… 63

1.5.4　刨床和拉床 …… 65

习　题 …… 68

第2章　数控机床 …… 70

2.1　概述 …… 70

2.1.1　数控技术的基本概念 …… 70

2.1.2　数控机床的分类 …… 72

2.1.3　数控机床的组成及工作原理 …… 75

2.1.4 数控机床的特点 …… 77
2.1.5 数控机床坐标轴和运动方向 …… 78
2.1.6 数控机床的主要性能指标 …… 80
2.1.7 数控机床的发展趋势 …… 83
2.2 数控车床 …… 88
2.2.1 数控车床用途与布局 …… 88
2.2.2 数控车床的传动与结构 …… 93
2.2.3 数控车床的液压原理图及换刀控制 …… 101
2.3 数控铣床 …… 103
2.3.1 数控铣床的用途和分类 …… 103
2.3.2 数控铣床机床传动系统 …… 106
2.3.3 升降台自动平衡装置的工作原理及调整 …… 109
2.4 加工中心 …… 110
2.4.1 加工中心的用途 …… 110
2.4.2 加工中心的分类 …… 111
2.4.3 加工中心的结构 …… 112
2.4.4 车削加工中心和镗铣加工中心介绍 …… 113
2.5 数控机床的辅助装置 …… 114
2.5.1 数控回转工作台 …… 114
2.5.2 分度工作台 …… 116
2.5.3 排屑装置 …… 119
2.6 数控线切割机床 …… 121
2.6.1 数控线切割加工概述 …… 121
2.6.2 数控线切割加工设备 …… 124
2.7 数控机床主传动系统 …… 136
2.7.1 数控机床对主传动系统的要求 …… 137
2.7.2 数控机床主轴调速方法 …… 137
2.7.3 主轴箱与主轴组件 …… 141
2.8 数控机床的进给传动系统 …… 145
2.8.1 数控机床对进给传动系统的要求 …… 145
2.8.2 进给传动机构 …… 146
2.8.3 齿轮传动间隙的消除措施 …… 162
2.8.4 数控机床的导轨 …… 166
2.9 数控机床的自动换刀系统 …… 171
2.9.1 数控车床自动转位刀架 …… 171
2.9.2 带刀库加工中心的自动换刀系统 …… 174
2.9.3 刀具交换装置 …… 177

2.10 数控机床的位置检测装置…………………………………………………………… 180
2.10.1 旋转变压器…………………………………………………………………… 181
2.10.2 感应同步器…………………………………………………………………… 184
2.10.3 脉冲编码器…………………………………………………………………… 186
2.10.4 绝对式编码器………………………………………………………………… 188
2.10.5 光栅…………………………………………………………………………… 189
2.10.6 磁栅…………………………………………………………………………… 191
习 题…………………………………………………………………………………… 193
第3章 数控机床的安装调试及保养维修………………………………………………… 194
3.1 数控机床的基本使用条件 ………………………………………………………… 194
3.1.1 环境温度 ……………………………………………………………………… 194
3.1.2 环境湿度 ……………………………………………………………………… 195
3.1.3 地基要求 ……………………………………………………………………… 195
3.1.4 对海拔高度的要求 …………………………………………………………… 195
3.1.5 对电源的要求 ………………………………………………………………… 195
3.1.6 保护接地的要求 ……………………………………………………………… 196
3.2 数控机床的安装调试 ……………………………………………………………… 196
3.2.1 安装调试的各项工作 ………………………………………………………… 196
3.2.2 新机床数控系统的连接 ……………………………………………………… 197
3.2.3 精度调试与功能调试 ………………………………………………………… 199
3.2.4 数控机床的开机调试 ………………………………………………………… 200
3.3 数控机床的保养维修 ……………………………………………………………… 203
3.3.1 数控机床的保养的概念 ……………………………………………………… 203
3.3.2 数控机床的故障诊断 ………………………………………………………… 207
3.3.3 数控机床的故障处置 ………………………………………………………… 210
3.3.4 故障排除的一般方法 ………………………………………………………… 212
习 题…………………………………………………………………………………… 215
参考文献……………………………………………………………………………… 216

扫一扫可获取教学资源

第 1 章 金属切削机床

1.1 机床的基本知识

1.1.1 金属切削机床及其在国民经济中的地位和作用

金属切削机床通常简称为机床，它是利用刀具对金属毛坯进行切削加工的一种加工设备。所以，金属切削机床是制造机器的机器，又称为工作母机。

金属切削机床是随着生产力的发展、科学技术的进步而不断发展和完善起来的生产工具，是生产力的重要因素之一。在工业、农业、国防和科技的现代化进程中，要求机械产业必须不断地提供各种先进且性能优良的设备与装备，而在一般的机械制造中，机床所担负的加工工作量，约占机械制造总工作量的 40%～60%。从质的方面来说，既然机床是制造各种装备和机器的，那么机床的性能就必然直接影响机械产业的性能、质量和经济性。因此，机床工业是国民经济中具有战略意义的基础工业。机床工业的发展和机床技术水平的提高，必然对国民经济的发展起着重大的推动作用。

1.1.2 我国机床工业的发展概况

1949 年以前，我国长期处于半封建半殖民地的社会状态，工业在国民经济中的比重只有 10%左右，生产力落后，没有独立完整的机械工业，更谈不上机床制造业。直至新中国成立前夕，全国只在少数大城市有一些机械厂或机械修配厂，制造一些简单的皮带车床、牛头刨床和钻床等。据统计，1949 年，这些简单机床的年产量也不过 1 000 台左右。

新中国成立后，我国的机床工业才逐步建立和发展起来。1949～1952 年的经济恢复时期，我国将一批机器修配厂改造整顿为专业机床厂，1952 年末，全国的国营机床厂已有 17 家，生产机床 13 740 台。

第一个五年计划时期，我国一边对老厂进行改建、扩建，一边又新建了一批专业机床厂，组建了北京机床研究所，“一五”计划末期，机床年产量 2.8 万台，品种为 204 种。

第二个五年计划时期，我国机床的设计制造科研获得了长足的发展和提高，特别是发展了一批地方企业，建立了组合机床研究所和专业产品研究所。研制成功一批大型、高精度、自动和半自动机床以及自动化生产线。

第三个五年计划时期，我国开展了“三线”建设，在内地建立起一批机床企业。另外，在高精度精密机床的设计和制造技术领域也取得了很大进展。至此，我国已基本建成了品种齐全、布局合理的机床工业体系。到 1965 年，国家机床工业骨干企业有 38 个，地方企业有

100多个，掌握的机床品种达537种，年产量3.96万台。但是，我国在数控机床领域与国外的差距还是很大。

1987年以后，随着改革开放政策的实施，我国机床工业进入了一个新的发展时期。通过技术引进、配套以及合作生产，陆续发展了一批具有国际80年代初期或中期水平的数控机床，大大缩短了与发达国家的差距。目前我国已有几十个厂家在从事不同层次的数控机床的生产与开发。产品有数控车床、铣床、加工中心和柔性制造系统等，CIMS(计算机集成制造系统)工程的研究与开发也取得了重大发展。到90年代初，我国数控机床的可供品种已超过300种。

短短的几十年，我国的机床工业取得了巨大的成就。但也不容忽视，由于我国工业基础原本薄弱，与世界先进水平相比，差距还是很大的。主要表现在机床的设计、试验和开发能力较低，机床制造的工艺技术水平较低，机床质量不够稳定等。找出差距，努力工作，尽快赶上世界先进水平，这是摆在机床工业战线广大职工面前艰巨而光荣的任务。

1.1.3 金属切削机床的分类和型号的编制方法

我国的机床工业已经形成了门类齐全、品种规格众多的工业体系。为了便于区别、使用和管理，应该有一套科学而且合理的分类和型号的编制方法。

我国的机床型号编制方法是1957年首次颁布的，随着机床工业的发展，又分别于1959、1963、1967年进行了修订补充。现行的编制方法为GB/T 15357—1994《金属切削机床型号编制方法》，是1994年颁布的。

1. 金属切削机床的分类

机床有多种分类方法。最基本的分类方法是以机床的加工性质和所用的刀具将通用机床分为12大类：车床、钻床、镗床、磨床、齿轮加工机床、螺纹加工机床、铣床、刨插床、拉床、特种加工机床、锯床和其他机床。在每一类机床中，又按工艺特点、布局形式和结构特性的不同分为若干组，每一组又细分为若干系(系列)。

除了上述基本分类方法外，机床还可按其他特征进行分类。

若以工艺范围(通用性程度)为特征，机床可分为通用机床(或称万能机床)、专门化机床和专用机床。通用机床可完成多种工序，可加工该工序范围内的多种类型零件，其工艺范围较宽，通用性较好，但结构较复杂，如卧式车床、万能外圆磨床、万能升降台铣床、摇臂钻床等，这类机床主要适用于单件小批量生产；专门化机床则用于加工某一类或几类零件的某一道或几道特定工序，其工艺范围较窄，如曲轴车床、凸轮轴车床、丝杠铣床等；专用机床工艺范围最窄，通常只能完成某一特定零件的特定工序，如汽车、拖拉机制造企业中大量使用的各种组合机床。这种机床适用于大批量生产。

若以加工精度为特征，机床可分为普通精度机床、精密机床和高精度机床。

若以自动化程度为特征，机床可分为手动、机动、半自动和自动机床。

若以重量和尺寸大小为特征，机床可分为仪表机床、中型机床、大型机床(重量达到10 t)、重型机床(重量达到30 t以上)和超重型机床(重量在100 t以上)。

此外，机床还可以按其主要部件的数量分为单轴、多轴或单刀、多刀机床等。

通常，机床根据加工性质进行分类，再根据其某些特点做进一步描述，如多刀半自动车床、多轴自动车床等。

2. 金属切削机床型号的编制方法

机床型号是机床产品的代号，用以简明地表示机床的类型、通用性和结构性及主要技术参数等。我国现行的机床型号是按1994年颁布的标准GB/T 15375—1994《金属切削机床型号编制方法》编制的。此标准规定，机床型号由汉语拼音字母和数字按一定的规律组合而成，适用于各类通用机床和专用机床(不含组合机床、特种加工机床)。

通用机床型号表示方法如图1-1所示。

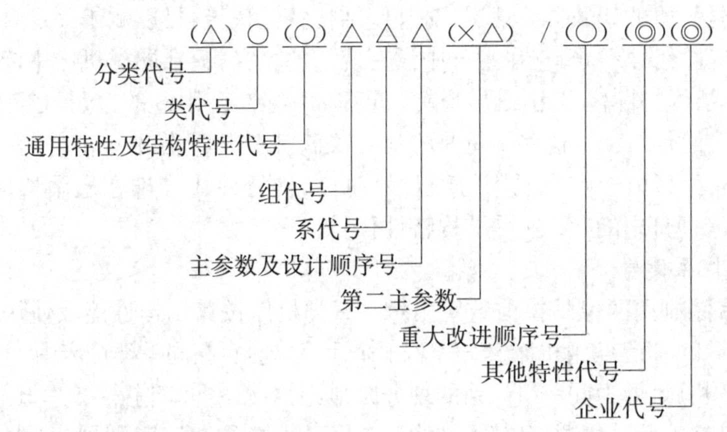

注：① 有“○”符号者，为大写的汉语拼音字母。
② 有“△”符号者，为阿拉伯数字。
③ 有“( )”的代号或数字，当无内容时，则不表示。若有内容，则不带括号。
④ 有“◎”符号者，为大写的汉语拼音字母或阿拉伯数字，或两者兼有之。

图1-1 通用机床型号表示

通用机床的型号说明如下：

(1) 机床的类别代号

机床的类别代号用大写的汉语拼音字母表示。如“车床”的汉语拼音是“Chechuang”，所以用C表示。当需要分成若干分类时，分类代号用阿拉伯数字表示，位于类代号之前，但第一分类号不予表示，如磨床类分为M、2M、3M三个分类。机床类代号见表1-1。

表1-1 通用机床的类代号和分类代号

类别	车床	钻床	镗床	磨床			齿轮加工机床	螺纹加工机床	铣床	刨插床	拉床	特种加工机床	锯床	其他机床
代号	C	Z	T	M	2M	3M	Y	S	X	B	L	D	G	Q
读音	车	钻	镗	磨	2磨	3磨	牙	丝	铣	刨	拉	电	割	其

(2) 机床的特性代号

机床的特性代号包括通用特性和结构特性，也用大写的汉语拼音字母表示。

① 通用特性代号。当某类机床除有普通型外，还有某些通用特性时，在类代号之后加通用特性代号予以区分。如某类型机床仅有某种通用特性代号而无普通型，则通用特性不予表示。通用特性的代号在各类机床中所表示的意义相同，见表1-2。

表 1-2　机床通用特性代号

通用特性	高精度	精密	自动	半自动	数控	加工中心（自动换刀）	仿形	轻型	加重型	简式或经济型	高速
代号	G	M	Z	B	K	H	F	Q	C	J	S
读音	高	密	自	半	控	换	仿	轻	重	简	速

② 结构特性代号。为了区别主要参数相同而结构不同的机床，在型号中用结构特性代号予以表示。根据各类机床的具体情况，对某些结构特性代号，可以赋予一定含义。但结构特性代号与通用特性代号不同，它在型号中没有统一的含义，只在同类机床中起区分机床结构、性能的作用。结构特性代号用汉语拼音字母（通用特性已用过的字母及字母“I”和“O”不能作为结构特性代号）表示，这些字母是根据各类机床的情况分别规定的，在不同型号中的意义可能不一样。当型号中有通用特性代号时，结构特性代号排在通用特性代号之后。如：CA6140 型车床型号中的“A”就是结构特性代号。

(3) 机床的组、系代号

机床的组别和系别用两位阿拉伯数字表示。每类机床按其结构性能及使用范围划分为10 个组，用数字 0～9 表示，每组机床又分为若干个系（系列）。在同一类机床中，主要布局或使用范围基本相同的机床，即为同一组。系的划分原则：主参数相同，并按一定公比排列，工件和刀具本身相对运动特点基本相同，且基本结构及布局形式相同的机床，即划分为同一系。机床的组，用一位阿拉伯数字表示，位于类代号或通用特性代号、结构特性代号之后。机床的系，用一位阿拉伯数字表示，位于组代号之后。常用的组别和系别代号见表 1-3 和表 1-4。

表 1-3　金属切削机床类、组划分表

类别＼组别		0	1	2	3	4	5	6	7	8	9
车床 C		仪表车床	单轴自动车床	多轴自动、半自动车床	回轮、转塔车床	曲轴及凸轮轴车床	立式车床	落地及卧式车床	仿形及多刀车床	轮、轴、辊、锭及铲齿车床	其他车床
钻床 Z			坐标镗钻床	深孔钻床	摇臂钻床	台式钻床	立式钻床	卧式钻床	铣钻床	中心孔钻床	
镗床 T				深孔镗床		坐标镗床	立式镗床	卧式铣镗床	精镗床	汽车拖拉机修理用镗床	
	M	仪表磨床	外圆磨床	内圆磨床	砂轮机		导轨磨床	刀具刃磨床	平面及端面磨床	曲轴、凸轮轴、花键轴及轧辊磨床	工具磨床
磨床	2M		超精机	内、外圆珩磨机	平面、球面珩磨机	抛光机	砂带抛光及磨削机床	刀具刃磨及研磨机床	可转位刀片磨削机床	研磨机	其他磨床
	3M		球轴承套圈沟磨床	滚子轴承套圈滚道磨床	轴承套圈超精机	滚子及钢球加工机床	叶片磨削机床	滚子超精及磨削机床		气门、活塞及活塞环磨削机床	汽车、拖拉机零件修磨机床

（续表）

类别＼组别	0	1	2	3	4	5	6	7	8	9
齿轮加工机床 Y	仪表齿轮加工机		锥齿轮加工机	滚齿机	剃齿及珩齿机	插齿机	花键轴铣床	齿轮磨齿机	其他齿轮加工机	齿轮倒角及检查机
螺纹加工机床 S				套丝机	攻丝机		螺纹铣床	螺纹磨床	螺纹车床	
铣床 X	仪表铣床	悬臂及滑枕铣床	龙门铣床	平面铣床	仿形铣床	立式升降台铣床	卧式升降台铣床	床身式铣床	工具铣床	其他铣床
刨插床 B		悬臂刨床	龙门刨床			插床	牛头刨床		边缘及模具刨床	其他刨床
拉床 L			侧拉床	卧式外拉床	连续拉床	立式内拉床	卧式内拉床	立式外拉床	键槽及螺纹拉床	其他拉床
特种加工机床 D		超声波加工机	电解磨床	电解加工机			电火花磨床	电火花加工机		
锯床 G			砂轮片锯床		卧式带锯床	立式带锯床	圆锯床	弓锯床	锉锯床	
其他机床 Q	其他仪表机床	管子加工机床	木螺钉加工机		刻线机	切断机				

(4) 机床的主参数、设计顺序号、第二主参数代号

分别用两位数字表示。机床主参数代表机床规格的大小，反映机床的加工能力。第二主参数是为了更完整地表示机床的加工能力和加工范围而设置的，以“×”与第一主参数分开，读作“乘”。第一、第二主参数均用折算值（主参数乘以折算系数）表示，折算系数见表 1-4。当某些机床无法用主参数表示时，则在型号中主参数位置用设计顺序号表示。设计顺序号由 1 开始，当设计顺序号小于 10 时，由 01 开始编号。

(5) 机床的重大改进顺序号

当对机床的机构、性能有更高的要求，并需按新产品重新设计、制造和鉴定时，才按改进的先后顺序选用汉语拼音字母 A、B、C……（但 I、O 两个字母不得选用）加在型号基本部分的尾部，以区别原机床型号。如 C6140A 即为 C6140 型卧式车床的第一次重大改进。

(6) 同一型号机床的变形代号

机床的部分性能结构有变化时，在原型号之后加上变形代号，并用“/”分开，读作“之”，以便区分。变形代号以数字 1、2、3……顺序表示。

(7) 企业代号及其表示方法

企业代号中包括机床生产厂及机床研究单位代号。企业代号置于辅助部分之尾部，用

“—”分开，读作“至”。若在辅助部分中仅有企业代号，则不加“—”。

根据上述通用机床型号的编制方法，举例如下：

【例 1.1】 型号为 CM6132 的机床，表示床身上最大工作回转直径为 320 mm 的精密卧式车床。

【例 1.2】 型号为 X6132 的机床，表示工作台宽度为 320 mm 的万能升降台铣床。

【例 1.3】 型号为 MM7132A 的机床，表示工作台面宽度为 320 mm，经第一次重大改进后的精密卧轴矩台平面磨床。

表 1-4 常用机床组、系代号及主参数

类	组	系	机床名称	主参数的折算系数	主参数	第二主参数
车床	1	1	单轴纵切自动车床	1	最大棒料直径	
	1	2	单轴模切自动车床	1	最大棒料直径	
	1	3	单轴转塔自动车床	1	最大棒料直径	
	2	1	多轴棒料自动车床	1	最大棒料直径	轴数
	2	2	多轴卡盘自动车床	1/10	卡盘直径	轴数
	2	6	立式多轴半自动车床	1/10	最大车削直径	轴数
	3	0	回轮车床	1	最大棒料直径	
	3	1	滑鞍转塔车床	1/10	最大车削直径	
	3	3	滑枕转塔车床	1/10	最大车削直径	
	4	1	万能曲轴车床	1/10	最大工件回转直径	最大工件长度
	4	6	万能凸轮轴车床	1/10	最大工件回转直径	最大工件长度
	5	1	单柱立式车床	1/100	最大车削直径	
	5	2	双柱立式车床	1/100	最大车削直径	最大工件高度
	6	0	落地车床	1/100	最大工件回转直径	最大工件长度
	6	1	卧式车床	1/10	床身上最大回转直径	最大工件长度
	6	2	马鞍车床	1/10	床身上最大回转直径	最大工件长度
	6	4	卡盘车床	1/10	床身上最大回转直径	最大工件长度
	6	5	球面车床	1/10	刀架上最大回转直径	最大工件长度
	7	1	仿形车床	1/10	刀架上最大回转直径	最大工件长度
	7	5	多刀车床	1/10	刀架上最大回转直径	最大工件长度
	7	6	卡盘多刀车床	1/10	刀架上最大回转直径	
	8	4	轧辊车床	1/10	最大工件直径	最大工件长度
	8	9	铲齿车床	1/10	最大工件直径	最大模数
	9	1	多用车床	1/10	床身上最大回转直径	最大工件长度

（续表）

类	组	系	机床名称	主参数的折算系数	主参数	第二主参数
钻床	1		立式坐标镗钻床	1/10	工作台面宽度	工作台面长度
	2		深孔钻床	1/10	最大钻孔直径	最大钻孔深度
	3		摇臂钻床	1	最大钻孔直径	最大跨距
	3		万向摇臂钻床	1	最大钻孔直径	最大跨距
	4		台式钻床	1	最大钻孔直径	
	5		圆柱立式钻床	1	最大钻孔直径	
	5		方柱立式钻床	1	最大钻孔直径	
	5		可调多轴立式钻床	1	最大钻孔直径	轴数
	8		中心孔钻床	1/10	最大工件直径	最大工件长度
	8		平端面中心孔钻床	1/10	最大工件直径	最大工件长度
镗床	4	1	单柱坐标镗床	1/10	工作台面宽度	工作台面宽度
	4	2	双柱坐标镗床	1/10	工作台面宽度	工作台面宽度
	4	5	卧式坐标镗床	1/10	工作台面宽度	
	6	1	卧式铣镗床	1/10	镗轴直径	
	6	2	落地镗床	1/10	镗轴直径	铣轴直径
	6	9	落地铣镗床	1/10	镗轴直径	工作台面长度
	7	0	单面卧式精镗床	1/10	工作台面宽度	工作台面长度
	7	1	双面卧式精镗床	1/10	工作台面宽度	
	7	2	立式精镗床	1/10	最大镗轴直径	
磨床	0	4	抛光机		—	
	0	6	刀具磨床		—	
	1	0	无心外圆磨床	1	最大磨削直径	
	1	3	外圆磨床	1/10	最大磨削直径	最大磨削长度
	1	4	万能外圆磨床	1/10	最大磨削直径	最大磨削长度
	1	5	宽砂轮外圆磨床	1/10	最大磨削直径	最大磨削长度
	1	6	端面外圆磨床	1/10	最大回转直径	最大工件长度
	2	1	内圆磨床	1/10	最大磨削直径	最大磨削深度
	2	5	立式行星内圆磨床	1/10	最大磨削直径	最大磨削深度
	2	9	坐标磨床	1/10	工作台面宽度	工作台面长度
	3	0	落地砂轮机	1/10	最大砂轮直径	
	5	0	落地导轨磨床	1/100	最大磨削直径	最大磨削长度

（续表）

类	组	系	机床名称	主参数的折算系数	主参数	第二主参数
	5	2	龙门导轨磨床	1/100	最大磨削直径	最大磨削长度
	6	0	万能工具磨床	1/10	最大回转直径	最大工件长度
	6	3	转头刃磨床	1	最大刃磨转头直径	
	7	1	卧轴矩台平面磨床	1/10	工作台面宽度	工作台面长度
	7	3	卧轴圆台平面磨床	1/10	工作台面直径	
	7	4	立轴圆台平面磨床	1/10	工作台面直径	
	8	2	曲轴磨床	1/10	最大回转直径	最大工件长度
	8	3	凸轮磨床	1/10	最大回转直径	最大工件长度
	8	6	花键轴磨床	1/10	最大磨削直径	最大磨削长度
	9	0	工具曲线磨床	1/10	最大磨削长度	
	2	0	弧齿锥齿轮磨齿机	1/10	最大工件直径	最大模数
	2	2	弧齿锥齿轮铣齿机	1/10	最大工件直径	最大模数
	2	3	直齿锥齿轮刨齿机	1/10	最大工件直径	最大模数
	3	1	滚齿机	1/10	最大工件直径	最大模数
	3	6	卧式滚齿机	1/10	最大工件直径	最大模数或最大工件长度
齿轮加工机床	4	2	剃齿机	1/10	最大工件直径	最大模数
	4	6	珩齿机	1/10	最大工件直径	最大模数
	5	1	插齿机	1/10	最大工件直径	最大模数
	6	0	花键轴铣床	1/10	最大铣削直径	最大铣削长度
	7	0	碟形砂轮磨齿机	1/10	最大工件直径	最大模数
	7	1	锥形砂轮磨齿机	1/10	最大工件直径	最大模数
	7	2	蜗形砂轮磨齿机	1/10	最大工件直径	最大模数
	8	0	车齿机	1/10	最大工件直径	最大模数
	9	3	齿轮倒角机	1/10	最大工件直径	最大模数
	9	9	齿轮噪音检查机	1/10	最大工件直径	
螺纹加工机床	3	0	套丝机	1	最大套丝直径	
	4	8	卧式攻丝机	1/10	最大攻丝直径	轴数
	6	0	丝杠铣床	1/10	最大铣削直径	最大铣削长度
	6	2	短螺纹铣床	1/10	最大铣削直径	最大铣削长度
	7	4	丝杠磨床	1/10	最大工件直径	最大工件长度

（续表）

类	组	系	机床名称	主参数的折算系数	主参数	第二主参数
	7	5	万能螺纹磨床	1/10	最大工件直径	最大工件长度
	8	6	丝杠车床	1/10	最大工件直径	最大工件长度
	8	9	短螺纹车床	1/10	最大车削直径	最大车削长度
铣床	2	0	龙门铣床	1/100	工作台面宽度	工作台面长度
	3	0	圆台铣床	1/10	工作台面直径	
	4	3	平面仿形铣床	1/10	最大铣削宽度	最大铣削长度
	4	4	立体仿形铣床	1/10	最大铣削宽度	最大铣削长度
	5	0	立式升降台铣床	1/10	工作台面宽度	工作台面长度
	6	0	卧式升降台铣床	1/10	工作台面宽度	工作台面长度
	6	1	万能升降台铣床	1/10	工作台面宽度	工作台面长度
	7	1	床身铣床	1/100	工作台面宽度	工作台面长度
	8	1	万能工具铣床	1/10	工作台面宽度	工作台面长度
	9	2	键槽铣床	1	最大键槽宽度	
刨插床	1	0	悬臂刨床	1/100	最大刨削宽度	最大刨削长度
	2	0	龙门刨床	1/100	最大刨削宽度	最大刨削长度
	2	2	龙门铣磨刨床	1/100	最大刨削宽度	最大刨削长度
	5	0	插床	1/10	最大插削长度	
	6	0	牛头刨床	1/10	最大刨削长度	
	8	8	模具刨床	1/10	最大刨削宽度	最大刨削长度
拉床	3	1	卧式外拉床	1/10	额定拉力	最大行程
	4	3	连续拉床	1/10	额定拉力	
	5	1	立式内拉床	1/10	额定拉力	最大行程
	6	1	卧式内拉床	1/10	额定拉力	最大行程
	7	1	立式外拉床	1/10	额定拉力	最大行程
	9	1	汽缸体平面拉床	1/10	额定拉力	最大行程
特种加工	1	1	超声波穿孔机	1/10	最大功率	
	2	5	电解车刀刃磨机	1/10	最大车刀宽度	最大车刀厚度
	7	1	电火花成形机	1/10	工作台面宽度	工作台面长度
	7	7	电火花线切割机	1/10	工作台横向行程	工作台纵向行程

(续表)

类	组	系	机床名称	主参数的折算系数	主参数	第二主参数
锯床	5	1	立式带锯床	1/10	最大工件高度	
	6	0	卧式圆锯床	1/100	最大圆锯片直径	
	7	1	卧式弓锯床	1/10	最大锯削直径	
其他机床	1	6	管接头车丝机	1/10	最大加工直径	
	2	1	木螺钉螺纹加工机	1	最大工件直径	最大工件长度
	4	0	圆刻线机	1/100	最大加工直径	
	4	1	长刻线机	1/100	最大加工长度	

【例 1.4】 型号为 THK6180 的机床,表示工作台面宽度为 800 mm 的自动换刀数控卧式镗铣床。

1.1.4 工件的表面形状及其形成

1. 工件的表面形状

机床在切削加工的过程中,刀具和工件按一定的规律做相对运动,由刀具的切削刃切除毛坯上多余的金属,从而得到具有一定形状、尺寸精度和表面质量的工件。如图 1-2 所示是机器零件上常用的各种表面。

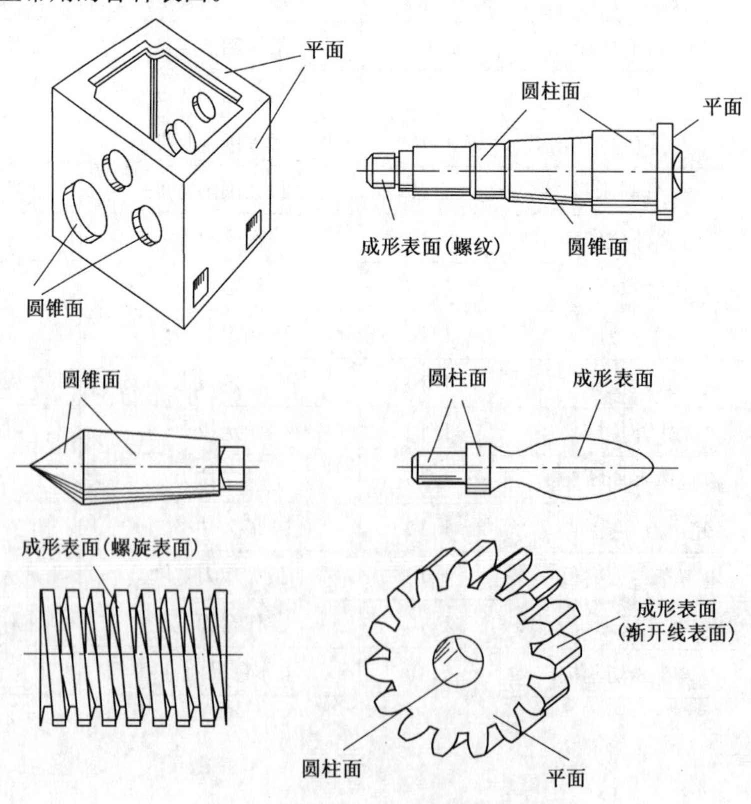

图 1-2 机器零件上常用的各种表面

可见,工件表面是由几个表面元素组成的,如图1-3所示。这些表面元素是:(a) 平面;(b) 直线成形表面;(c) 圆柱面;(d) 圆锥面;(e) 球面;(f) 圆环面;(g) 螺旋面。

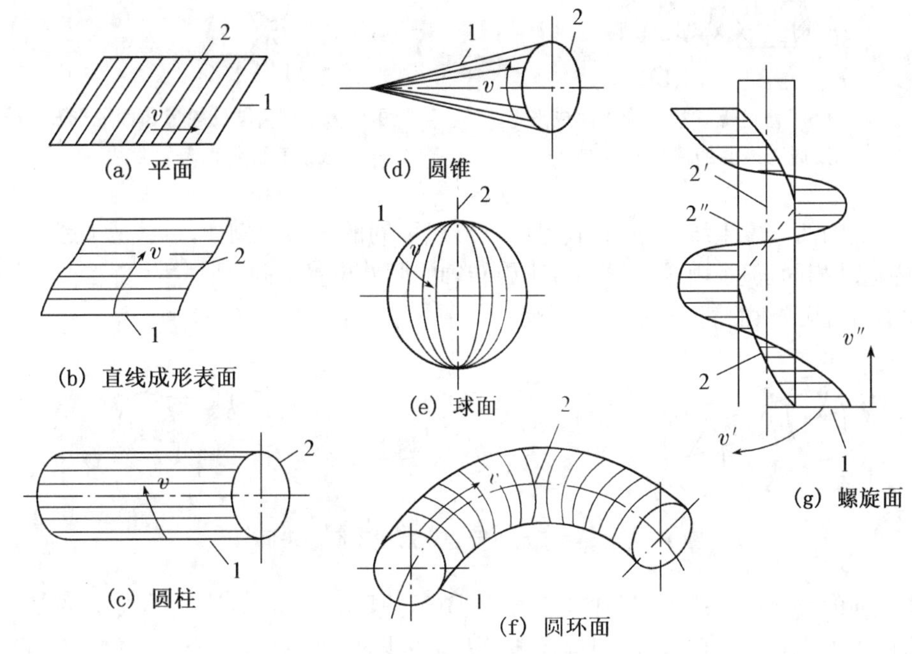

图1-3 组成工件轮廓的几种几何表面

2. 工件表面的形成

任何一个表面都可以看作是一条线(曲线或直线)沿着另一条线(曲线或直线)运动的轨迹,这两条线称为该表面的发生线,前者称为母线,后者称为导线。为得到平面[图1-2(a)],必须使直线1(母线)沿着直线2(导线)移动,直线1和2就是形成平面的两条发生线。为得到直线成形表面[图1-2(b)],必须使直线1(母线)沿着曲线2(导线)移动,直线1和曲线2就是形成直线成形表面的两条发生线。同样,为形成圆柱面[图1-2(c)],必须使直线1(母线)沿圆2(导线)运动,直线1和圆2就是它的两条发生线,等等。

【例1.5】 轴的外圆柱面成形(图1-4)。外圆柱面是由直线1(母线)沿圆2(导线)运动而成形的。外圆柱面就是成形表面,直线1和圆2就是它的两条发生线。

【例1.6】 普通螺纹的螺纹表面成形(图1-5)。普通螺纹的螺纹表面是由"∧"形成母线1沿螺旋线2运动而成形的。螺纹的螺旋表面就是需要成形的成形表面,它的两条发生线就是"∧"形成1(母线)和空间螺旋线2(导线)。

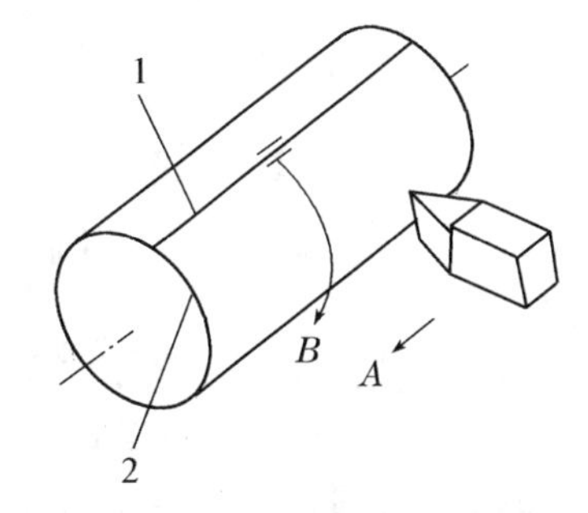

图1-4 车削外圆柱时的成形运动及成形表面的两条发生线

【例1.7】 直齿圆柱齿轮齿面成形(图1-6)。渐开线齿廓的直齿圆柱齿轮齿面是由渐开线1沿直线2运动而成形的。渐开线1和直线2就是成形表面的两条发生线——母线和导线。

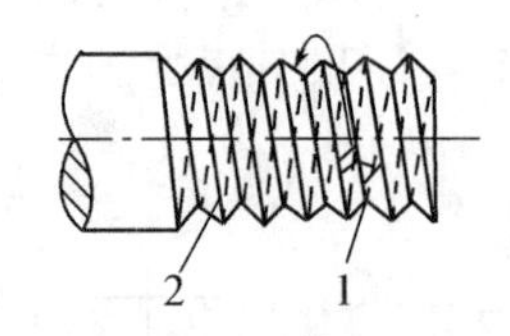

图 1-5 普通螺纹的螺旋表面成形及成形表面的两条发生线

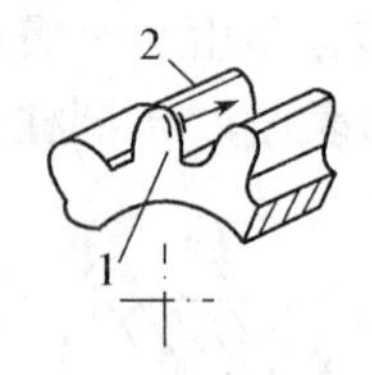

图 1-6 直齿圆柱轮齿齿面成形及成形表面的两条发生线

有些表面的两条发生线完全相同,但可以形成不同的表面。例如,母线为直线,导线为圆,所需的运动相同,但是由于母线相对于旋转轴的原始位置不同,所产生的表面也不同,可以是圆柱面、锥面或双曲面,如图 1-7 所示。

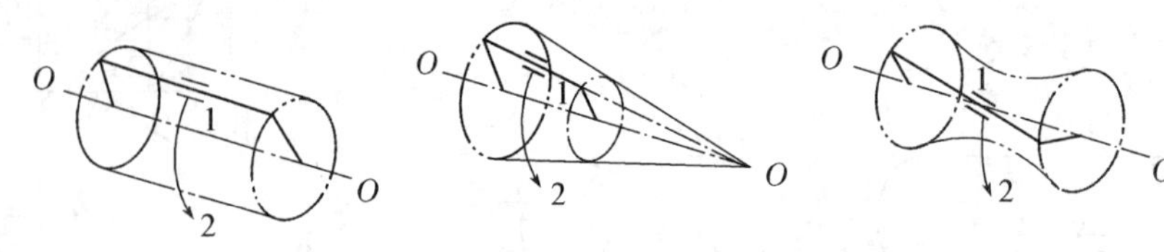

图 1-7 母线原始位置变化形成不同的表面

有些表面的母线和导线可以互换,如图 1-3(a)、(b)、(c)所示,这些母线和导线可以互换的表面称为可逆表面;有些表面的母线和导线不可以互换,如图 1-3(d)、(e)、(f)、(g)所示,这些表面都属于不可逆表面。

3. 发生线的形成方法

(1) 切削刃的形状与发生线的关系

在机床上加工零件时,是借助一定形状的切削刃以及切削刃与被加工表面之间按一定规律做相对运动来完成的。发生线是由刀具的切削刃与工件间的相对运动得到的。切削刃的形状是指刀刃与工件形成表面相接触部分的形状。它与所需形成的发生线之间有三种关系(图 1-8)。

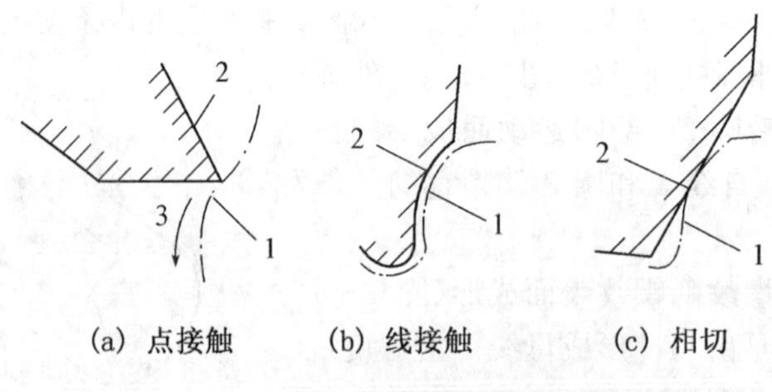

(a) 点接触 (b) 线接触 (c) 相切

图 1-8 切削刃的形状与发生线的关系图

① 切削刃形状为一切削点。刀具 2 作轨迹运动 3 得到发生线 1[图 1-8(a)]。

② 切削刃形状是一条切削线 2,它与要形成的发生线形状 1 完全吻合[图 1-8(b)]。刀具无须任何运动就可得到所需的发生线形状,如成行车刀、盘行齿轮铣刀等。

③ 切削刃形状是一条切削线 2,它与所需形成的发生线 1 的形状不吻合[图 1-8(c)]。

因而在加工时，刀具切削刃与被形成表面相切，可视为点接触，切削刃相对工作滚动(展成运动)，所需成形的发生线 1 是刀具切削线 2 的包络线(图 1-9)。这类刀具有齿条刀、插齿刀及滚刀等。

(2) 形成发生线的方法及所需运动

图 1-9　由刀刃包络成形的渐开线齿形

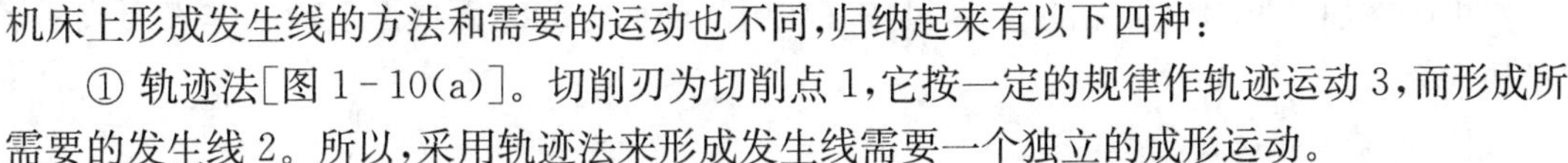

由于加工方法和使用的刀具切削刃的形状不同，机床上形成发生线的方法和需要的运动也不同，归纳起来有以下四种：

① 轨迹法[图 1-10(a)]。切削刃为切削点 1，它按一定的规律作轨迹运动 3，而形成所需要的发生线 2。所以，采用轨迹法来形成发生线需要一个独立的成形运动。

② 成形法[图 1-10(b)]。切削刃为一条切削线 1，它的形状和长短与需要形成的发生线 2 完全一致。因此，用成形法来形成发生线不需要专门的成形运动。

③ 相切法[图 1-10(c)]。切削刃为切削点，由于所采用加工方法的需要，该点是旋转刀具切削刃上的点 1，切削时刀具的旋转中心按一定规律作轨迹运动 3，它的切削点运动轨迹的包络线(相切线)就形成了发生线 2。所以，用相切法形成发生线需要二个独立的成形运动(一个为刀具的旋转运动，一个是刀具中心按一定规律运动)。

④ 展成法[图 1-10(d)]。刀具切削刃的形状为一条切削线 1，但它与需要形成的发生线 2 不相吻合，发生线 2 是切削线 1 的包络线。因此，要得到发生线 2[图 1-10(d)所示为渐开线]就需要使刀具做平移运动 A 和使工件作旋转运动 B，A 和 B 可看作是齿轮毛坯在齿条刀具上滚动分解得到的。因此，展成法形成发生线时需要一个复合的成形运动，这个运动称为展成运动(即由 $A+B$ 复合而成的展成线)。

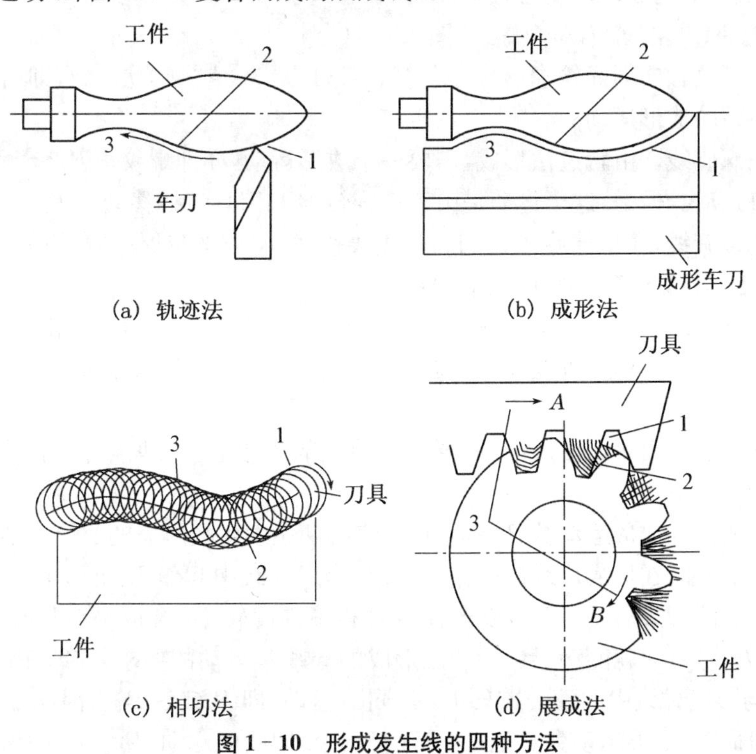

(a) 轨迹法　(b) 成形法

(c) 相切法　(d) 展成法

图 1-10　形成发生线的四种方法

1.1.5 机床的运动

各种类型的机床,为了从毛坯上将多余的金属切除,以获得所需的几何形状、一定精度和表面质量的零件,必须使刀具和工件完成一系列的相对运动。至于机床需要多少次运动,以及运动的形式(直线或旋转运动),取决于被加工零件的表面形状和加工方法。所需运动可以由刀具单独完成,也可由工件单独完成,或者由刀具与工件共同来完成。

机床在加工过程中所需的运动,可按其功用不同而分为表面成形运动和非表面成形运动两大类。

1. *表面成形运动*

为了获得所需要的工件表面形状,刀具和工件之间为形成发生线而作的相对运动,称为表面成形运动,简称成形运动。成形运动是保证得到工件要求的表面形状的运动,因而是机床上最基本的运动。

【例 1.8】 用普通车刀车削外圆[图 1-11(a)]。

母线——直线。由轨迹法形成,需要一个成形运动 A。

导线——圆。由轨迹法形成,需要一个成形运动 B。

因此,形成外圆柱表面共需两个成形运动(A 和 B)。

【例 1.9】 宽车刀车削外圆[图 1-11(b)]。

母线——直线。由成形法形成,不需要成形运动。

导线——圆。由轨迹法形成,需要一个成形运动 B。

因此,形成表面的成形运动为一个(B)。

【例 1.10】 用螺纹车刀车削螺纹[图 1-11(c)]。

母线——螺纹轴向剖面轮廓形状。车刀的刀刃形状与它的形状一致,即由成形法形成,因而不需要专门的成形运动。

导线——螺旋线。由轨迹法形成,需要一个成形运动,亦即螺纹车刀绕着不动的工件作空间螺旋轨迹运动。但是,这个运动是由工件旋转 B 和刀具直线移动 A 复合而成。为了形成一定螺距的螺旋线,在工件旋转 B 与刀具直线移动 A 之间必须保持严格的运动关系。

【例 1.11】 用齿轮滚刀加工直齿圆柱齿轮齿面[图 1-11(d)]。

母线——渐开线。由展成法形成,需要一个成形运动。这个运动是由滚刀旋转 B_1 和工件旋转 B_2 复合而成的,因而是一个复合的成形运动。B_1 和 B_2 之间必须保持严格的相对运动关系。

导线——直线。由相切法形成,需要两个独立的成形运动,即滚刀旋转 B 和滚刀沿工件轴向移动 A。

形成表面所需的成形运动数,理应是形成它的两条发生线所需的成形运动数之和,但是必须要注意到那些既在形成母线中起作用,又在形成导线中起作用的运动实际上只是一个运动。本例中的滚刀旋转 B_1 在形成渐开线时和工件旋转 B_2 合成一个复合的成形运动。但是,只要滚刀旋转,它就能满足由相切法形成的导线对运动的要求,亦即在形成导线中的滚刀旋转 B 与形成母线中的滚刀旋转 B_1 是同一运动,即 B 就是 B_1。因此,用滚刀加工直齿圆柱齿轮齿面时,成形运动数不是三个,而是两个,即展成运动(B_1+B_2)和滚刀沿工件轴向移动 A。

机床上的表面成形运动按其运动性质可分为简单的成形运动和复合的成形运动。

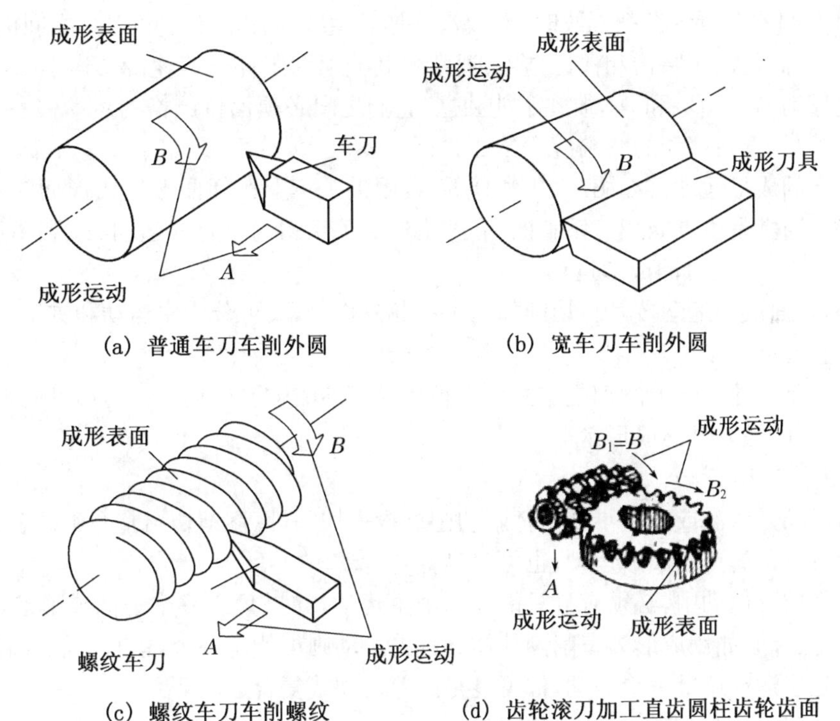

(a) 普通车刀车削外圆　　(b) 宽车刀车削外圆

(c) 螺纹车刀车削螺纹　　(d) 齿轮滚刀加工直齿圆柱齿轮齿面

图 1－11　形成所需表面的成形运动

(1) 简单的成形运动

如果一个独立的成形运动是由单独的旋转运动或直线运动构成的，则称为此成形运动为简单的成形运动。

如图 1－12(a)所示，用尖头车刀车削外圆柱面时，工件的旋转运动 B_1 和刀具的直线移动 A_2 就是简单的成形运动。如图 1－12(b)所示，用砂轮磨削外圆柱面时，砂轮和工件的旋转运动 B_1、B_2 以及工件的直线移动 A_3 也都是简单的成形运动。

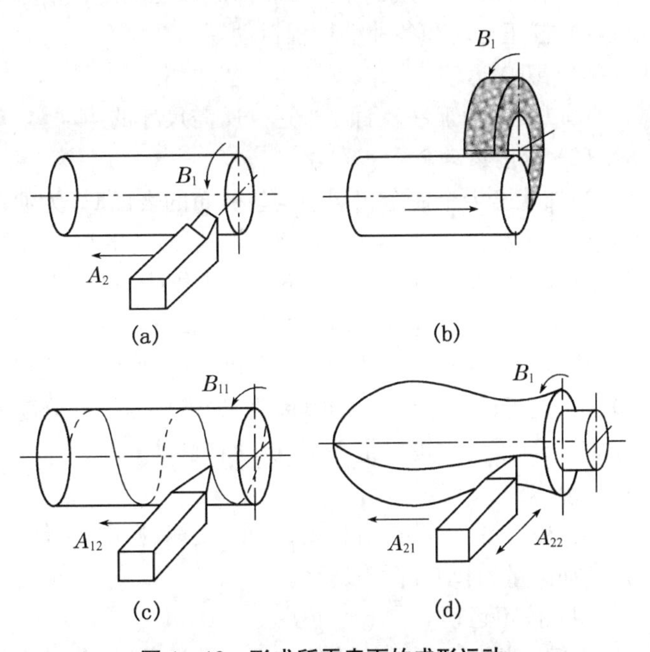

(a)　(b)　(c)　(d)

图 1－12　形成所需表面的成形运动

(2) 复合的成形运动

如果一个独立的成形运动是由两个或两个以上的单元运动(旋转或直线运动)按照某种确定的运动关系组合而成，并且互相依存，这种成形运动称为复合的成形运动。

如图 1-12(c)所示车削螺纹时，形成螺旋形发生线所需的工件和刀具之间的相对螺旋轨迹运动，为简化机床结构和保证精度，通常将其分解为工件的等速旋转运动 B_{11} 和刀具的等速直线移动 A_{12}。B_{11} 和 A_{12} 彼此不能独立，它们之间必须保持严格的运动关系，即工件每转 1 转时，刀具直线移动的距离应等于工件螺纹的导程，从而 B_{11} 和 A_{12} 这两个单元运动组成一个复合的成形运动。如图 1-12(d)所示，用尖头车刀车削回转体成形面时，车刀的曲线轨迹运动通常是由方向相互垂直的，有严格速比关系的两个直线运动 A_{21} 和 A_{22} 实现，A_{21} 和 A_{22} 也组成一个复合的成形运动。

另外，表面成形运动按其在切削加工中所起的作用，又可分为主运动和进给运动。

(1) 主运动

主运动是切除工件上的切削层并使之转变为切削的主要运动。主运动可能是简单的成形运动，也可能是复合的成形运动。

(2) 进给运动

进给运动是依次或连续不断地把新切削层投入切削，以逐渐切出整个工件表面的运动。进给运动可以是简单的成形运动，也可以是复合运动。

在表面成形运动中，必须有且只能有一个主运动，如果只有一个表面成形运动，则这个运动就是主运动，如用成形刀车削圆柱体。进给运动则可能是一个，也有可能没有或多于一个。无论是主运动还是进给运动，都可能是简单运动或复合运动

2. 非表面成形运动

在机床上除前述表面成形运动外，还必须具备与形成发生线无关的其他非表面成形运动。根据机床加工对象不同，非表面成形运动的数量亦不同，主要有切入运动、分度运动、控制运动、校正运动和各种空行程运动等。

(1) 切入运动

用以实现使工件表面逐步达到所需尺寸的运动。

(2) 分度运动

当加工若干个完全相同的均匀分布的表面时，为使表面成形运动得以周期地连续进行的运动称为分度运动。分度运动可以是回转的分度，例如车多头螺纹，车完一个螺纹表面后，工件相对刀具要回转 $1/K$(K——螺纹头数)转才能车削另一条螺纹表面，这个工件相对刀具的旋转运动就是分度运动。分度运动也可以是直线运动，例如车多头螺纹时，在车完一条螺纹后刀架移动一个螺距进行分度。分度运动可以是间歇分度，如自动车床的回转刀架的转位；也可以是连续的，如插齿机、滚齿机的工件分度等，此时分度运动包含在表面成形运动之中。分度运动可以是手动、机动和自动。

(3) 操纵及控制运动

操纵及控制运动包括起动、停止、变速、换向，部件与工件的加紧、松开、转位以及自动换刀、自动测量、自动补偿等运动。

(4) 校正运动

在精密机床上为了消除传动误差的运动，称为校正运动。如精密螺纹车床或螺纹磨床等的螺距校正运动。

(5) 各种空行程运动

空行程运动是指进给前后的快速运动和各种调位运动。例如，在装卸工件时，为避免碰伤操作者，工件与刀具相对退离，在进给开始之前快速引进，使刀具与工件接近，进给结束后应快退。调位运动是在调整机床的过程中，把机床的有关部件移到要求的位置上。例如摇臂钻床为使钻头对准被加工孔的中心，可转动摇臂和使主轴箱在摇臂上移动；又如龙门式机床，为适应工件的不同高度，可使横梁升降。这些都是调位运动。

1.1.6 机床的传动联系和传动原理图

1. 机床传动的组成

为了实现加工过程中所需的各种运动，机床必须有运动源、传动装置和执行机构三个基本部分。

(1) 运动源：是为执行件提供运动和动力的装置，如交流异步电动机、直流或交流调速电动机和伺服电动机等。可以几个运动共用一个运动源，也可以每个运动有单独的运动源。

(2) 传动装置(传动件)：是传递运动和动力的装置，通过它把执行件和运动源或有关的执行件之间联系起来。机床的传动装置有机械、液压、电气、气压等多种形式。常见的机械传动件有齿轮、链轮、带轮、丝杠、螺母等。

(3) 执行机构：是执行机床运动的部件，如主轴、刀架、工作台等，其任务是装夹刀具或工件，直接带动它们完成一定形式的运动(旋转或直线运动)，并保证其运动轨迹的准确性。

“运动源—传动件—执行件”构成机床的传动联系。

2. 机床的传动联系和传动链

机床上为了得到所需要的运动，需要通过一系列的传动件把执行件与运动源(如把主轴和电动机)，或者把执行件和执行件(例如把主轴和刀架)联系起来，称为传动联系。构成一个传动联系的一系列顺序排列的传动件，称为传动链。传动链中通常包含两类传动机构：一类是传动比和传动方向固定不变的传动机构，如定比齿轮副、蜗杆蜗轮副、丝杠螺母副等，称为定比传动机构；另一类是根据加工要求可以变换传动比和传动方向的传动机构，如挂轮变速机构、滑移齿轮变速机构、离合器换向机构，称为换置机构。根据传动联系的性质，传动链可以分为两类。

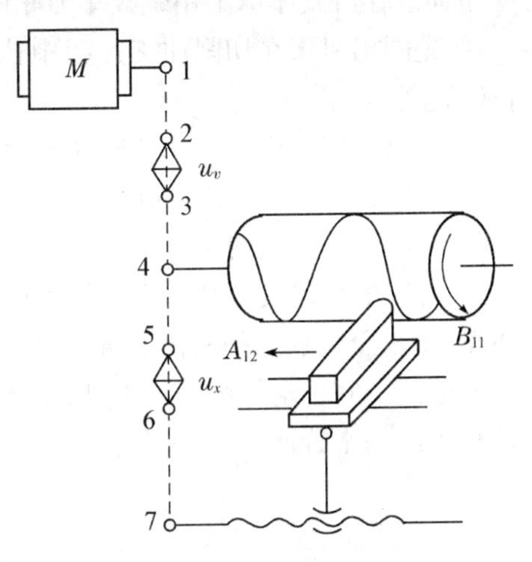

图1-13 车削圆柱螺纹

(1) 外联系传动链

它是联系运动源(如电动机)和机床执行件(如主轴、刀架、工作台等)之间的传动链，如图1-13所示，车削圆柱螺纹时，从“电动机—1—2—u_v—3—4—车床主轴”的传动链就是外联系传动链，它只决定车削螺纹速度的快慢，而不影响螺纹表面的成形。

（2）内联系传动链

它是联系两个有关的执行件，并使其保持确定的运动关系的传动链。由此可知，在内联系传动链中，各传动副的传动比必须准确，不应有摩擦传动或瞬时传动比变化的传动件。如图 1-13 所示，车削圆柱螺纹时需要工件旋转 B_{11} 和车刀直线移动 A_{12} 组成的复合运动，这两个单元运动应保持严格的运动关系：工件每转一转，车刀准确地移动工件螺纹一个导程的距离。“主轴—4—5—u_x—6—7—刀架”的传动链就是内联系传动链。

每条传动链都有一定的传动比，它是用来保证机床运动部件按一定规律完成加工过程所需要的运动。在切削过程中，一台机床每个运动都对应着一条传动链，正是这些传动链和它们之间的相互联系，构成了整台机床的传动系统。

（3）传动原理图

为了便于分析和研究机床的传动联系，常用一些简明的符号把机床的传动原理图和传动路线表示出来，这就是机床的传动原理图，如图 1-13 所示。如图 1-14 所示为传动原理图常用的部分符号。

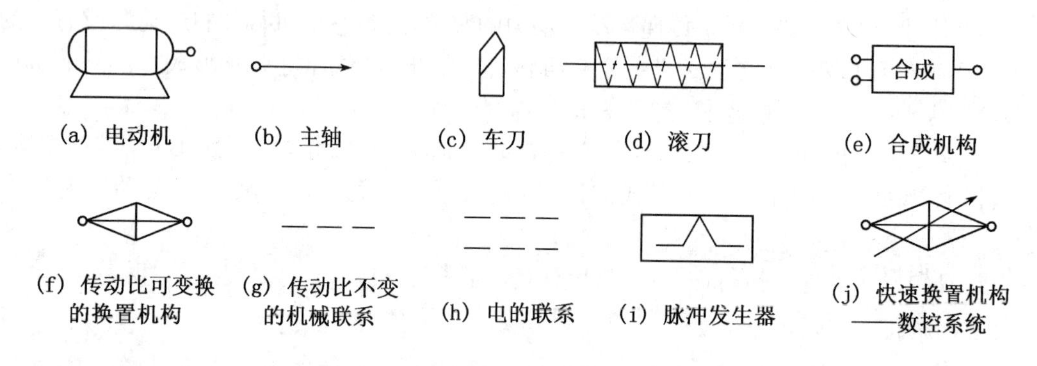

图 1-14　传动原理图常用的一部分符号

下面以在卧式车床上用螺纹车刀车削圆柱螺纹时，来说明机床传动原理图的画法。

① 先画出机床在切削加工过程中执行件（如主轴和刀具）的示意图，并将它们的运动 B_{11} 和 A_{12} 等标出；

② 画出机床上变换运动性质的传动件（如丝杠螺母副等）的示意图；

③ 画出运动源示意图，如电动机等；

④ 画出该机床上的特殊机构符号，如换置机构，并标上该机构的传动比，如 u_v/u_x；

⑤ 再用虚线代表传动比不变的定比机构，把它们之间关联的部分联系起来，如电动机至主轴、主轴至丝杠之间的传动链。

其他的中间传动件则一概不画，这样就可以得到一幅简洁明了的图形，这种图形表示了机床传动的基本特征。

1.2 车 床

1.2.1 概 述

车床是切削加工的主要技术装备，它能完成的切削加工最多，因此，在机械制造工业中，车床是一种应用得最广泛的金属切削机床。

车床的种类很多，按其用途和结构的不同，主要可分为：卧式车床和落地车床；立式车床；转塔车床；单轴和多轴自动、半自动车床；仿形车床和多刀车床；数控车床和车削中心；各种专门化车床，如凸轮轴车床、曲轴车床、车轮车床、产齿车床等。此外，在大批量生产的工厂中还有各种各样的专用车床。本节将以CA6140型卧式车床为例进行介绍。

1. 车床的功能及特点

车床类机床主要用于车削加工。在车床上可以加工各种回转表面和回转体的端面，有的车床还可以进行螺纹面以及孔加工。在车床上使用的刀具主要是各种车刀，多数车床还可以采用各种孔加工刀具及螺纹刀具。

卧式车床的万能性较大，它适用于加工各种轴类、套筒类和盘类零件上的回转表面，如图1-15所示，如车削内、外圆柱面，圆锥面，环槽及成形回转表面；车削端面及各种常用的米制、英制、模数制和径节制螺纹；在卧式车床上还能作钻孔、扩孔、铰孔及滚花等工作。

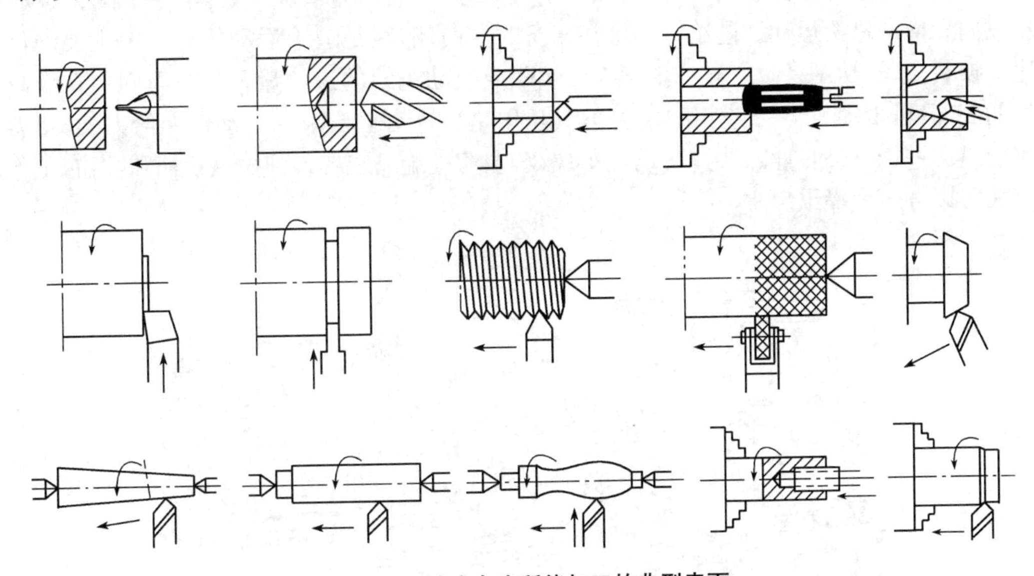

图1-15 卧式车床所能加工的典型表面

2. 车床的运动

为了加工出各种表面，机床刀具与工件之间要保持必要的相对运动，由图1-15可以看出卧式车床必须具备下列运动：

(1) 工件的旋转运动：车床通常以工件的旋转运动作为主运动，以n(r/min)表示。主运动是实现切削最基本的运动,其特点是速度高且消耗的动力较大。

(2) 刀具的移动:这是车床的进给运动,常以 f(mm/r)表示。进给运动方向可以是平行于工件轴线或垂直于工件轴线,也可以是与中心线成一定角度或做曲线运动,进给运动速度较低,所消耗的动力也较小。

主运动和进给运动是形成被加工表面形状所必需的运动,称为机床的表面成形运动。

此外,机床上还有一些其他运动,如切入运动和分度运动。卧式车床上的切入运动,通常与进给运动的方向垂直,且由工人手动操纵刀架来实现。

为了减轻工人的劳动强度和节省空行程时间,CA6140 型卧式车床还具有刀架纵向及横向的快速移动。机床中除了成形运动、切入运动和分度运动等直接影响加工表面形状和质量的运动外,还需完成其他一系列运动,这些与表面成形运动没有直接关系的运动称为辅助运动。

3. 车床的组成

卧式车床主要由床身、主轴箱、进给箱、溜板箱、刀架及尾座等部件组成。图 1-16 是 CA6140 型卧式车床的外形图。它的床身固定在左右床腿上,用以支承车床的各个部件,使它们保持准确的相对位置,主轴箱固定在床身的左端,内装主轴和变速传动机构,工件通过卡盘等夹具装在主轴的前端,由主轴带动工件按照规定的转速旋转,以实现主运动。在床身的右端装有尾座,其上可装后顶尖以支承长工件的另一端,也可以安装孔加工刀具,以进行孔加工,尾座可沿床身顶面的一组导轨(尾座导轨)作纵向调整移动,以适应加工不同长度工件的需要。刀架部件由纵向、横向溜板和小刀架组成,它可带着夹持在其上的车刀移动,实现纵向和横向进给运动。进给箱固定在床身的左前侧,它是进给运动传动链中主要的传动比变换装置,其功用是改变被加工螺纹的螺距或机动进给的进给量。溜板箱固定在纵向溜板的底部,可带动刀架一起作纵向运动,其功用是把进给箱传来的运动传递给刀架,使刀架实现纵向进给,横向进给,快速移动或车螺纹,在溜板箱上装有各种操纵手柄和按钮,工作时工人可以方便地操纵。

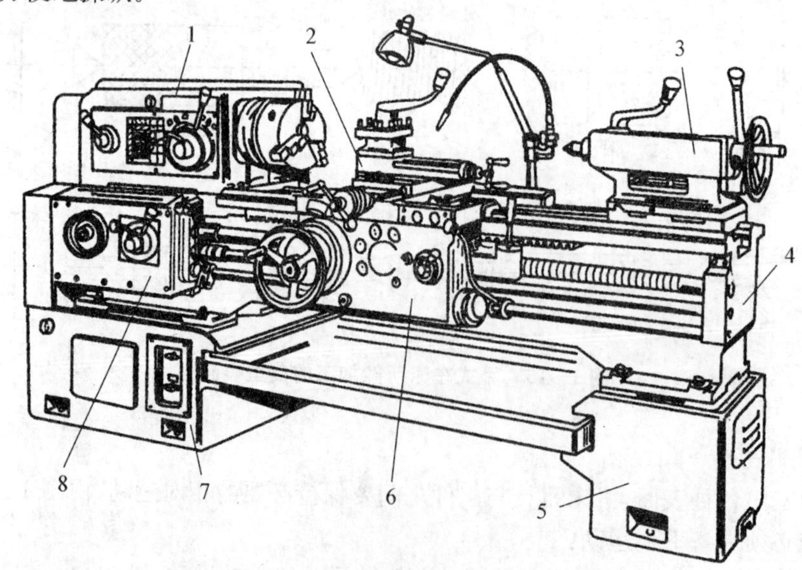

图 1-16 CA6140 型卧式车床外形图

1—主轴箱;2—进给箱;3—溜板箱;4—刀架;5—尾座;6—床身与床腿

1.2.2 CA6140型卧式车床的传动系统

为了便于了解和分析机床的传动情况,通常应用传动系统图。机床的传动系统图是表示机床全部运动关系的示意图,图中用简单的规定符号代表各种传动元件。我国的规定符号见国家标准GB 138—74《机械制图——机动示意图中的规定符号》。机床的传动系统图画在一个能反映机床外形和各主要部件相互位置的投影面上,并尽可能绘制在机床外形的轮廓线内,在图中各传动元件是按照运动传递的先后顺序,以展开图的形式画出来的,对于展开后失去联系的传动副,要用大括号或虚线连接起来以表示它们的传动联系,传动系统图只表示传动关系,而不代表各元件的实际尺寸和空间位置,在图中还须注明齿轮及蜗轮的齿数,带轮的直径,丝杠的导程和头数,电动机的转速和功率及传动轴的编号等。

图1-17是CA6140型卧式车床的传动系统图。它包括主运动传动链、进给运动传动链以及刀架快速移动传动链。其中,进给运动传动链又分为车削螺纹和纵向、横向进给传动链。

1. 主运动传动链

认识机床传动系统的关键在于传动链的分析。分析传动链可按下列步骤进行:首先找出两个运动部件,即此传动链两端的末端件,确定它们的运动参数;其次,根据传动系统图找传动路线,写出传动路线表达式;最后写出运动平衡方程式。

主运动传动链是电动机与主轴间的传动联系,它是一条外联系传动链。它的功用是把运动源(电动机)的运动及能量传给主轴,使主轴带动工件完成主运动。

(1) 传动路线

主运动传动链的传动路线表达式如下:

$$\text{电动机}—\frac{\phi130}{\phi230}—\text{I}—\left[\begin{array}{l} M_1(\text{左})\text{正转}—\left[\begin{array}{c}\frac{56}{38}\\ \frac{51}{43}\end{array}\right] \\ M_1(\text{右})\text{反转}—\frac{50}{34}—\text{VII}—\frac{34}{30} \end{array}\right]—\text{II}—\left[\begin{array}{c}\frac{39}{41}\\ \frac{22}{58}\\ \frac{30}{50}\end{array}\right]—$$

$$\text{III}—\left[\begin{array}{c} \left[\begin{array}{c}\frac{20}{80}\\ \frac{50}{50}\end{array}\right]—\text{IV}—\left[\begin{array}{c}\frac{20}{80}\\ \frac{51}{50}\end{array}\right]—\text{V}—\frac{26}{58}—M_2 \\ \frac{63}{50} \end{array}\right]—\text{VI}(\text{主轴})$$

根据图1-17,运动由电动机经传动带传至主轴箱中的轴I。在轴I上装有双向多片式摩擦离合器M_1,用于控制主轴(轴VI)正转、反转或停止。M_1的左、右两部分分别与空套在轴I的两个齿轮连在一起。当离合器M_1向左接合时,主轴正转,轴I的运动经M_1左部的摩擦片及齿轮副56/38或51/43传给轴II;当离合器M_1向右接合时,主轴反转,轴I的运动经M_1右部的摩擦片及齿轮Z_{50}传给轴VII上的空套齿轮Z_{34},然后再传给轴II上的齿轮Z_{30},使轴II转动。这时,由轴I传到轴II的运动多经过了一个中间齿轮Z_{34},因此轴II的转动方向与经离合器M_1左部传动时相反;离合器M_1处于中间位置,即左、右都不接合时,轴

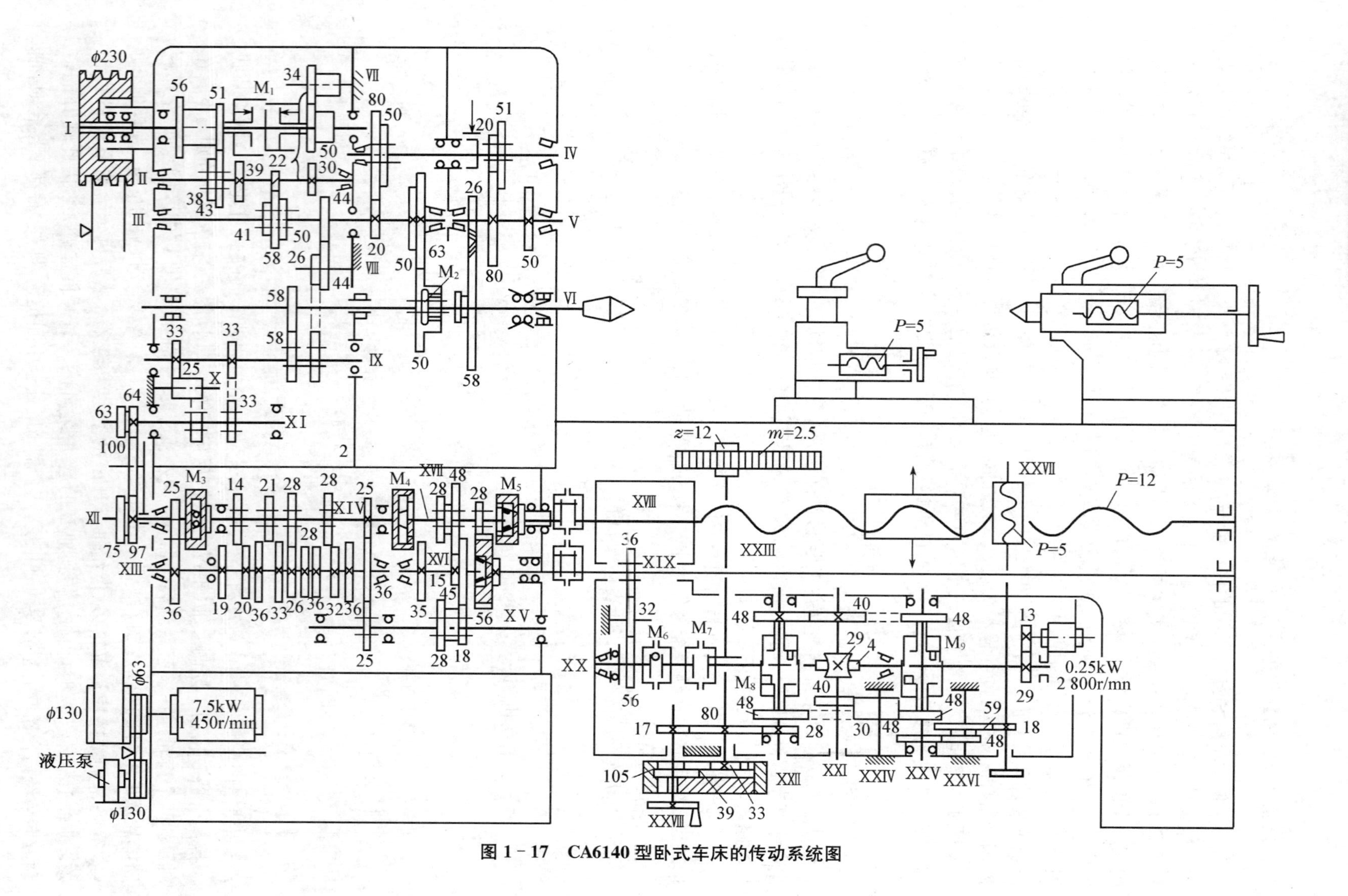

图 1-17　CA6140 型卧式车床的传动系统图

I 空转，主轴停止转动。轴 II 的运动可分别通过三对齿轮副 39/41、22/58 或 30/50 传至轴 III。运动由轴 III 到主轴可以有两条不同的传动路线：

① 主轴需高速运转时（$n_{主}=450\sim1\,400$ r/min），主轴上的滑动齿轮 Z_{50} 处于左端位置，轴 III 的运动经齿轮副 63/50 直接传给主轴。

② 当主轴需要以较低的转速转动时（$n_{主}=10\sim500$ r/min），主轴上滑动齿轮 Z_{50} 移到右端位置，使离合器 M_2 啮合，于是轴 III 上的运动经齿轮副 20/80 或 50/50 传给轴 IV，然后轴 IV 的运动经齿轮副 20/80 或 51/50 传给轴 V，轴 V 的运动经 26/58 及齿轮离合器 M_2 传给主轴。

（2）主轴的转速级数与转速计算

由传动系统图和传动路线表达式可以看出，主轴正转时，共有 $2\times3\times(1+2\times2)=30$ 种传动主轴的路线，但由于轴 III 到轴 V 之间的 4 条传动路线的传动比分别为

$$u_1=\frac{20}{80}\times\frac{20}{80}=\frac{1}{16},u_2=\frac{20}{80}\times\frac{51}{50}\approx\frac{1}{4}$$

$$u_3=\frac{50}{50}\times\frac{20}{80}=\frac{1}{4},u_4=\frac{50}{50}\times\frac{51}{50}\approx1$$

其中 u_2 和 u_3 基本相同，所以实际上 4 条传动路线只有 3 种不同的传动比，主轴的实际转速级数为 $2\times3\times[1+(2\times2-1)]=24$ 级。

同理，主轴反转的传动路线可以有 $3\times(1+2\times2)=15$ 条，但主轴反转的转速级数实际有 $3\times[1+(2\times2-1)]=12$ 级。

主轴的各级转速，可用下列运动平衡式进行计算：

$$n_{主}=1\,450\times(1-\varepsilon)\times\frac{130}{230}\times u_{I—II}u_{II—III}u_{III—IV}$$

式中：$n_{主}$——主轴转速，r/min；

$u_{I—II}$、$u_{II—III}$、$u_{III—IV}$——轴 I—II、II—III、III—IV 间的可变传动比；

ε——V 带传动滑动系数，$\varepsilon=0.02$。

【例 1.12】 计算图 1 - 16 图所示齿轮啮合位置时的主轴转速。

$$n_{主}=1\,450\times0.98\times\frac{130}{230}\times\frac{51}{43}\times\frac{22}{58}\times\frac{63}{50}\text{ r/min}\approx450\text{ r/min}$$

【例 1.13】 计算图 1 - 17 所示主轴正转时的最高、最低转速。

$$正转\ n_{max}=1\,450\times0.98\times\frac{130}{230}\times\frac{56}{38}\times\frac{39}{41}\times\frac{63}{50}\text{ r/min}\approx1\,400\text{ r/min}$$

$$n_{min}=1\,450\times0.98\times\frac{130}{230}\times\frac{51}{43}\times\frac{22}{58}\times\frac{20}{80}\times\frac{20}{80}\times\frac{26}{58}\text{ r/min}\approx10\text{ r/min}$$

同理，可以计算出主轴正转时的 24 级转速为 10～1 400 r/min，反转时的 12 级转速为 14～1 580 r/min。主轴反转通常不是用于切削，而是为了车削螺纹退回刀架，所以采用较高转速可以节省辅助时间。

2. 进给运动传动链

进给运动链是使刀架实现纵向或横向运动的传动链。传动链的两末端件是主轴和刀架。

进给运动传动链的传动路线：运动由主轴 VI 经过 IX 轴（或再通过 X 轴），传至 XI 轴，

经过挂轮机构进入进给箱中,进给箱中为一系列齿轮变速机构。运动输出后分两条路线:一条经丝杠带动溜板箱,使刀架做纵向移动,用于加工各种螺纹;另一条经光杠带动溜板箱,使刀架做纵向或横向运动,用于一般的机动进给。

(1) 车削螺纹

CA6140 型卧式车床可加工常用的米制、英制、模数制及径节制等四种标准螺纹,无论加工什么形式的螺纹,都必须严格保证主轴转一周,刀架移动一个导程的运动关系。即:

$$1_{(主轴)} \times u \times P_{丝} = L_{工}$$

式中:$1_{(主轴)}$——主轴转一转;

u——主轴至丝杠之间全部传动机构的总传动比;

$P_{丝}$——机床丝杠的螺距,CA6140 型卧式车床的 $P_{丝}=12$ mm;

$L_{工}$——被加工螺纹的导程,mm。

上式即为螺纹加工运动平衡式。可以看出通过不同的齿轮传动,改变不同的 u 值,即可加工出不同导程的螺纹。

不同标准的螺纹用不同的参数表示其螺距,表 1-5 列出了米制、英制、模数制和径节制四种螺纹的螺距参数及其与螺距 P、导程 L 之间的换算关系。

表 1-5　螺距参数及其与螺距、导程的换算关系

螺距	螺距参数	螺距/mm	导程/mm
米制 模数制	螺距 P/mm 模数 m/mm	$P=P$ $P_m=\pi m$	$L=KP$ $L_m=KP_m=K\pi m$
英制 径节制	每英寸牙数 a/(牙/in) 径节 DP(牙/in)	$P_a=\frac{25.4}{a}$ $P_{DP}=\frac{25.4\pi}{DP}$	$L_a=KP_a=\frac{25.4K}{a}$ $L_{DP}=KP_{DP}=\frac{25.4\pi K}{DP}$

① 米制螺纹

米制螺纹是我国常用的螺纹,在国家标准中已规定了米制螺纹的标准螺距值。CA6140 型卧式可以加工的正常螺距为 1、1.25、1.5、1.75、2、2.25、2.5、3、3.5、4、4.5、5、5.5、6、7、8、9、10、11、12(mm)等。由螺距值可以看出,米制标准螺距数列是按分段等差级别的规律排列的,各段等差数列的差值互相成倍数关系。

车削米制螺纹时,进给箱中的齿式离合器 M3 和 M4 脱开,M5 接合。此时,运动由主轴 VI 经齿轮副 58/58,轴 IX 至轴 XI 间的左右螺纹换向机构 33/33(车左螺纹时经 33/25×25/33)、挂轮 63/100×100/75 传至进给箱的轴 XII,然后由移换机构的齿轮副 25/36 传至轴 XIII,由轴 XIII 经两轴滑移变速机构的齿轮副 19/14、20/14、36/21、33/21、26/28、28/28、36/28 或 32/28 传至轴 XIV,然后再经移换机构的齿轮副 25/36×36/25 传至轴 XV,轴 XV 的运动再经过轴 XV 与 XVII 间的滑移齿轮变速机构(倍增机构)和离合器 M5 传动丝杠 XVIII 旋转。当溜板箱中的开合螺母闭合时,就可带动刀架车削米制螺纹。

车削米制螺纹时传动链的传动路线表达如下:

$$\text{VI(主轴)}—\frac{58}{58}—\text{IX}—\begin{bmatrix}\text{右螺纹}\frac{33}{33} \\ \text{左螺纹}\frac{33}{25}—\text{X}—\frac{25}{33}\end{bmatrix}—\text{XI}—\frac{63}{100}\times\frac{100}{75}—\text{XII}—\frac{25}{36}—\text{XIII}—u_{基}—$$

$\text{XIV}—\frac{25}{36}\times\frac{36}{25}—\text{XV}—u_{倍}—\text{XVII}—\text{M}_5—\text{XVIII}$(丝杠)—刀架

$u_{基}$ 为轴 XIII—XIV 间变速机构的可变传动比，共 8 种：$u_{基1}=\frac{26}{28}=\frac{6.5}{7}$；$u_{基2}=\frac{28}{28}=\frac{7}{7}$；$u_{基3}=\frac{32}{28}=\frac{8}{7}$；$u_{基4}=\frac{36}{28}=\frac{9}{7}$；$u_{基5}=\frac{19}{14}=\frac{9.5}{7}$；$u_{基6}=\frac{20}{14}=\frac{10}{7}$；$u_{基7}=\frac{33}{21}=\frac{11}{7}$；$u_{基8}=\frac{36}{21}=\frac{12}{7}$。它们按近似等差数列的规律排列。上述变速机构是获得各种螺纹导程的基本机构，故通常称为基本螺距机构或称基本组。

$u_{倍}$ 为 XV—XVII 间变速机构的可变传动比，共 4 种：$u_{倍1}=\frac{28}{35}\times\frac{35}{28}=1$；$u_{倍2}=\frac{18}{45}\times\frac{35}{28}=\frac{1}{2}$；$u_{倍3}=\frac{28}{35}\times\frac{15}{48}=\frac{1}{4}$；$u_{倍4}=\frac{18}{45}\times\frac{15}{48}=\frac{1}{8}$。它们按倍数关系排列。这个变速机构用于扩大机床车削螺纹导程的种数，通常称为倍增机构或倍增组。

根据传动链的传动路线表达式，可列出车削米制螺纹(右旋)时的运动平衡式：

$$L=KP=1_{(主轴)}\times\frac{58}{58}\times\frac{33}{33}\times\frac{63}{100}\times\frac{100}{75}\times\frac{25}{36}\times u_{基}\times\frac{25}{36}\times\frac{36}{25}\times u_{倍}\times 12$$

式中：L——螺纹导程(对于单头螺纹，螺纹导程 L 即为螺距 P)，mm；

$u_{基}$——轴 XIII—XIV 间基本螺距机构传动比；

$u_{倍}$——轴 XV—XVII 间倍增机构传动比。

将上式化简后可得：

$$L=7u_{基}\times u_{倍}$$

把 $u_{基}$ 和 $u_{倍}$ 数值代入上式，可得 8×4=32 种导程值，但其中符合标准的只有 20 种。

② 模数螺纹

模数螺纹主要用在米制蜗杆中。例如，Y3150E 型滚齿机的垂直进给丝杠就是模数螺纹。

标准模数螺纹的导程(或螺距)排列规律和米制螺纹相同，但导程(或螺距)的数值不一样，而且数值中含有特殊因子 π。所以，车削模数螺纹时的传动路线与米制螺纹基本相同，唯一的差别就是这时的挂轮换成 64/100×100/97，这样与移换机构齿轮 25/36 组合，以消除特殊因子 π$\left(\frac{64}{100}\times\frac{100}{97}\times\frac{25}{36}\approx\frac{7\pi}{48}\right)$。模数螺纹运动的平衡式为

$$L_m=K\pi m=1_{(主轴)}\times\frac{58}{58}\times\frac{33}{33}\times\frac{64}{100}\times\frac{100}{97}\times\frac{25}{36}\times u_{基}\times\frac{25}{36}\times\frac{36}{25}\times u_{倍}\times 12$$

$$L_m=K\pi m=\frac{7}{4}\times\pi u_{基}\ u_{倍}$$

$$m=\frac{7}{4K}\times u_{基}\ u_{倍}$$

变换 $u_{基}$ 和 $u_{倍}$，便可车削各种不同模数螺纹。

③ 英制螺纹

英制螺纹又称英寸螺纹，在采用英制国家中应用广泛。我国的部分管螺纹目前也采用英制螺纹。

英制螺纹的螺距参数以每英寸长度上的螺纹牙(扣)数 a 表示，标准的 a 值也是按分段

等差数列的规律排列的。由螺距换算公式 $P_a=\frac{25.4}{a}$mm 可以看出，英制螺纹的螺距与米制螺纹有两点不同：

a. 因 P_a 公式中分母 a 的值是分段等差数列，故英制螺纹的螺距值 P_a 和导程值 L_a（$=KP_a$）是分段调和数列（分母是分段等差数列）。所以，切削时需将基本组的主动与从动传动关系加以对换，即轴 XIV 为主动，轴 XIII 为从动，这样基本组的传动比为$\frac{1}{u_{基}}$。

b. 在传动链中改变部分传动副的传动比，使其包含特殊因子 25.4。

传动链的具体调整情况为：挂轮用 63/100×100/75，进给箱中离合器 M_3 和 M_5 接合，M_4 脱开，同时将轴 XV 左端的滑移齿轮 Z_{25} 左移，与固定在轴 XIII 上的齿轮 Z_{26} 啮合，其余部分传动路线与车削米制螺纹相同。此时英制螺纹运动平衡式为

$$L_a=KP_a=\frac{25.4K}{a}=1_{(主轴)}\times\frac{58}{58}\times\frac{33}{33}\times\frac{63}{100}\times\frac{100}{75}\times\frac{1}{u_{基}}\times\frac{36}{25}\times u_{倍}\times 12$$

式中，$\frac{63}{100}\times\frac{100}{75}\times\frac{36}{25}=\frac{25.4}{21}$，传动路线中包含了特殊因子 25.4。

将平衡式化简得：

$$a=\frac{7Ku_{基}}{4u_{倍}}$$

变换 $u_{基}$ 和 $u_{倍}$，便可车削不同英制螺纹。

④ 径节螺纹

径节螺纹主要用于英制蜗杆。它是用径节 DP 来表示的。径节螺纹的螺距为

$$P_{DP}=\frac{\pi}{DP}\text{in}=\frac{25.4\pi}{DP}\text{mm}$$

车削径节螺纹的传动路线与车削英制螺纹相同，利用挂轮 64/100×100/97 及移换机构齿轮 36/25 以消除 $25.4\pi\left(\frac{64}{100}\times\frac{100}{97}\times\frac{36}{25}=\frac{25.4\pi}{84}\right)$。此时径节螺纹运动平衡式为

$$L_{DP}=KP_{DP}=\frac{25.4K\pi}{DP}=1_{(主轴)}\times\frac{58}{58}\times\frac{33}{33}\times\frac{64}{100}\times\frac{100}{97}\times\frac{1}{u_{基}}\times\frac{36}{25}\times u_{倍}\times 12$$

将平衡式化简得：

$$DP=\frac{7Ku_{基}}{u_{倍}}$$

变换 $u_{基}$ 和 $u_{倍}$，便可车削不同径节螺纹。

⑤ 大导程螺纹

当需要车削大于符合规定的标准导程螺纹的大导程螺纹（如大导程多线螺纹、油槽等）时，就得使用扩大螺距机构。这时应将 IX 轴上的滑移齿轮 Z_{58} 向右移动，使其与 VIII 轴上的齿轮 Z_{56} 啮合，并将 M_2 右移接合。此时主轴 VI 与丝杠通过下列传动路线实现传动联系：

$$\text{VI}(主轴)—\frac{58}{26}—\text{V}—\frac{80}{20}—\text{VI}—\begin{bmatrix}\frac{50}{50}\\ \frac{80}{20}\end{bmatrix}—\text{III}—\frac{44}{44}—\text{VIII}—\frac{26}{58}—\text{IX}—\text{XVIII}(丝杠)$$（与车削常用螺纹传动路线相同）

于是，主轴 VI 至轴 IX 间的传动比 $u_{扩}$ 为

$$u_{扩1}=\frac{58}{26}\times\frac{80}{20}\times\frac{50}{50}\times\frac{44}{44}\times\frac{26}{58}=4$$

$$u_{扩2}=\frac{58}{26}\times\frac{80}{20}\times\frac{80}{20}\times\frac{44}{44}\times\frac{26}{58}=16$$

而车削常用螺纹时，主轴 VI 至轴 IX 间的传动比 $u_{正常}=\frac{58}{58}=1$。这表明，螺纹进给传动链经过调整后，可使主轴与丝杠间的传动比增大 4 倍或 16 倍，车出的螺纹导程也相应地扩大 4 倍或 16 倍。因此，一般把上述传动机构称为扩大螺距机构。

必须指出，扩大螺纹螺距机构的传动齿轮就是主运动的传动齿轮，所以只有当主轴上的 M_2 合上，即主轴处于低速状态时才能扩大螺距机构，主轴转速为 10～32 r/min 时，导程扩大 16 倍；主轴转速为 40～125 r/min 时，导程扩大 4 倍。大导程螺纹只能在主轴低转速时车削，这也符合工艺上的需要。

⑥ 非标准和较精密螺纹

当需要车削非标准螺纹或虽是标准螺纹，但精度要求较高时，利用上述传动路线是无法得到的。这时，需将齿式离合器 M_3、M_4 和 M_5 全部啮合，则轴 XII 的运动经轴 XIV 及轴 XVII 直接传动丝杠 XVIII，传动路线便大大缩短，减少了齿轮传动的误差，从而提高了传动精度。此时，运动平衡式为

$$L=KP=1_{(主轴)}\times\frac{58}{58}\times\frac{33}{33}\times u_{挂}\times 12$$

化简后得挂轮的换置公式为

$$u_{挂}=\frac{a}{b}\times\frac{c}{d}=\frac{KP}{12}$$

应用此公式，适当的选择挂轮 a、b、c、d 的齿数就可车削出所需导程的螺纹。

(2) 车削圆柱面与端面

圆柱面与端面的加工由光杠输入溜板箱，经转换机构带动刀架实现纵向和横向切削。

① 车削圆柱面

刀架的纵向传动链属于外联系传动链，其传动路线为：首先断开进给箱中的离合器 M_5，运动经轴 XVIII 上的齿轮 Z28 与轴 XIX 左端齿轮 Z_{56} 啮合，将运动传至光杠 XIX；经 36/32×32/56 传至轴 XX、超越离合器 M_6、安全离合器 M_7、4/29 蜗杆蜗轮传动将运动传至轴 XXI(运动方向改变了 90 度)；运动再经 40/48 或 40/30×30/48 传至轴 XXII，经双向离合器 M_8，轴 XXII 上齿轮 28/80 传至轴 XXIII，轴 XXIII 上的小齿轮 12 与固定在机床床身上的齿条相啮合，当小齿轮 12 转动时，带动溜板箱与刀架作纵向移动，实现圆柱面切削的进给运动。轴 XXII 上离合器 M_8 向前、向后的啮合用以控制刀架的向左与向右移动。当需要手动进给时，将 M_8 处于中间位置，转动溜板箱外的手轮，通过轴 XXVIII 上的齿轮 17/80 传至轴 XXIII，通过齿轮齿条实现手动进给。传动路线表达式如下：

$$\text{XVII}-\frac{28}{56}-\text{XIX(光杠)}-\frac{36}{32}\times\frac{32}{56}-M_6\text{(超越离合器)}-M_7\text{(安全离合器)}-\text{XX}-\frac{4}{29}-$$

$$\text{XXI}-\begin{bmatrix}\frac{40}{48}-M_8\uparrow \\ \frac{40}{30}\times\frac{30}{48}-M_8\downarrow\end{bmatrix}80-\text{XXII}-\frac{28}{80}-\text{XXIII}-Z_{12}-\text{齿条}$$

② 车削端面

车削端面主要是刀架实现横向进给，传动路线在轴 XXI 之前与纵向进给路线相同，运动到轴 XXI 后，经 40/48 或 40/30×30/48，双向离合器 M_9，传至轴 XXV，经 48/48 传到轴 XXVI 再经 59/18 传到丝杠轴 XXVII，带动刀架横向进给。手动进给时断开离合器 M_9，通过手轮直接转动轴 XXVII，实现横向进给，传动路线为

$$\text{XVII}—\frac{28}{56}—\text{XIX(光杠)}—\frac{36}{32}\times\frac{32}{56}—M_6\text{(超越离合器)}—M_7\text{(安全离合器)}—\text{XX}—\frac{4}{29}—$$

$$\text{XXI}—\begin{bmatrix}\frac{40}{48}—M_9\uparrow \\ \frac{40}{30}\times\frac{30}{48}—M_9\downarrow\end{bmatrix}—\text{XXV}—\frac{48}{48}\times\frac{59}{18}—\text{XXVII(横向丝杠)}$$

3. *刀架的快速移动*

刀架的快速移动可缩短辅助时间及减轻劳动强度，通过快移电机及离合器 M_8、M_9 来实现。传动路线为：按下快移按钮，接通快移电机（0.25 kW，2 800 r/min），通过齿轮副 13/29使轴 XX 高速转动，再经蜗杆副 4/29 及溜板箱内的转换机构，使刀架实现纵向或横向的快速移动。快移路线与进给 4/29 路线可同时接通，为了避免二者同时驱动轴 XX。造成轴损坏，在齿轮 Z_{56} 与轴 XX 之间装有单向超越离合器 M_6，从而切断了由进给运动传动链传来的运动。因此，刀架快移运动时无须停止光杠的运动。

1.2.3 CA6140 型卧式车床的主要结构

1. *主轴箱*

主轴箱是 CA6140 车床的重要组成部分，结构复杂，主要有主轴及变速机构。

(1) 双向多片式摩擦离合器及制动器

卧式车床在工作中需要频繁地起动和停止，同时要求主轴能够变换旋转方向，在中型卧式车床上，常用双向摩擦离合器来完成这一系列工作。

图 1-18 是 CA6140 型车床的摩擦离合器结构图，它安装在轴 I 上，由结构相同但摩擦片数量不同的两组摩擦离合器组成，左边一组用于接通或断开主轴的正转运动，用于切削加工，传递的转矩较大，所以片数较多。右边一组用于接通或断开主轴的反转运动，主要用于退刀，片数较少。

多个内摩擦片 3 和外摩擦片 2 相间安装，内摩擦片 3 以花键孔与轴 I 的花键相联，与轴 I 一起旋转，其外径略小于双联齿轮套筒的内孔直径。外摩擦片 2 的 4 个凸齿与空套双联齿轮连接，空套在轴 I 上。当羊角形摆块 6 的右角被压下时，拉杆 7 被向左推，带动压套 8 使内、外摩擦片相互压紧，于是轴 I 的运动便通过内、外摩擦片之间的摩擦力传给空套齿轮 1，使主轴正向转动。同理，当羊角摆块 6 的左角被压下时，主轴则反转。压套处于中间位置时，左右离合器处于脱开状态，这时轴虽然转动，但离合器不传递运动，轴 II 以后的各轴停转。

离合器的接合或脱开由图 1-18(b)中的手柄 18 操纵。当机床操纵者向上扳动手柄时，通过由零件 19、20、21 组成的杠杆机构使轴 IV 和扇形齿板 17 顺时针转动，传动齿条轴 22 右移，由于空心轴 I 上的通槽中用圆柱销连接着一元宝形摆块 6，且元宝形摆块的下端弧

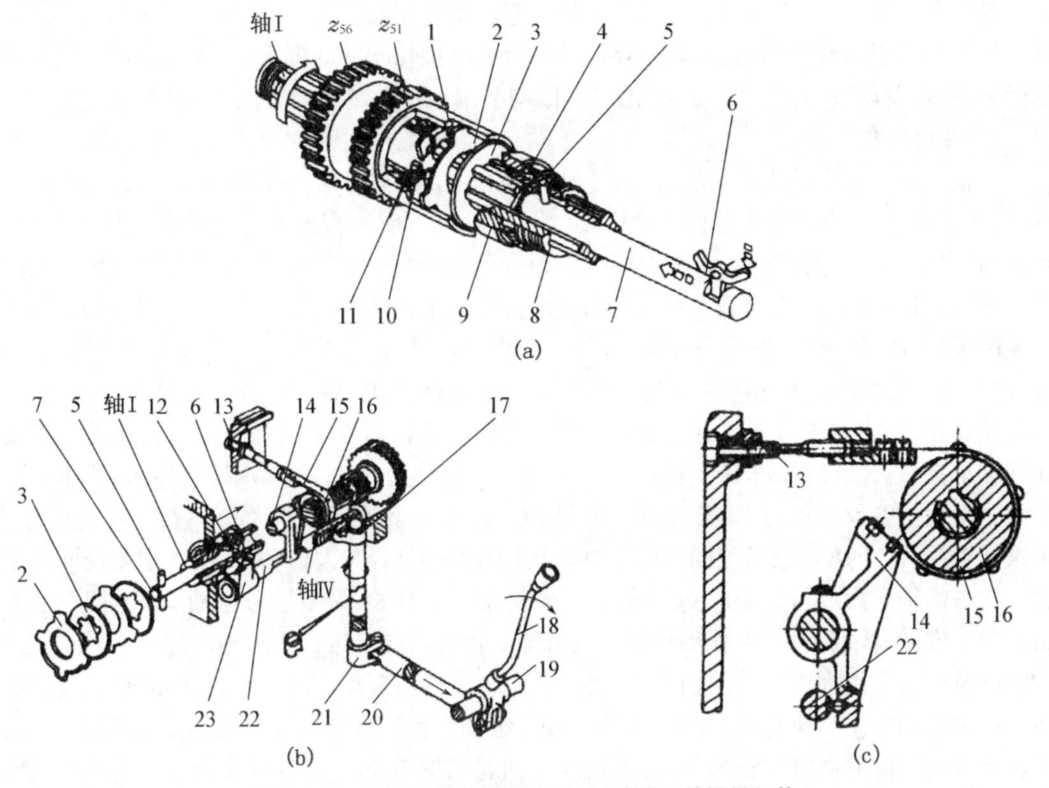

图1-18 双向多片摩擦离合器、制动器及其操纵机构

1—空套齿轮；2—外摩擦片；3—内摩擦片；4—弹簧销；5—销；6—摆块；7、20—拉杆；8—压套；9—螺母；10、11—止推片；12—滑套；13—调节螺钉；14—杠杆；15—制动带；16—制动轮；17—齿扇；18—手柄；19—操纵轴；21—曲轴；22—齿条；23—拨叉

形尾部卡在拉杆7的缺口槽中，所以当滑套右移时(滑套12内孔的两端带有锥体)元宝形摆块6右端被压，绕圆柱销顺时针摆动，其弧形尾部便拨动拉杆7向左移动，从而使左边一组离合器压紧工作；同理，向下搬动手把18时，右边离合器压紧，当手把处于中间位置时，则两组离合器均处于断开状态。

轴IV上装有制动轮16，在制动杠杆14上用螺钉固定一制动钢带15，如图1-18(c)所示，制动钢带与制动轮之间夹有摩擦系数较大的革带，组成制动器。调节固定在箱体上的螺栓13，便可调整制动带对制动轮的抱紧程度。

多片式摩擦离合器和制动器的工作是相互配合的[且都由图1-18(b)中的操纵手把18控制]，当两组离合器中之一压紧工作时，制动杠杆14尾部的钢球刚好处于齿条轴22的低凹处，放松了制动带，使其不起制动作用；当两组离合器均不接通时，制动杠杆15尾部的钢球处于齿条轴22的高凸处，推动制动杠14逆时针摆动而使制动带抱紧制动轮，靠其间产生的摩擦力克服主轴的惯性而立即停止转动。

机床工作时，可能产生主轴转速缓慢下降或闷车现象，也可能产生主轴制动不灵现象。前者是由于摩擦片间的间隙过大，压紧力不足，不能传递足够的转矩，致使摩擦片间产生打滑，这种打滑会使摩擦片急剧磨损、发热，致使主轴箱内传动件的温度上升，严重时甚至会影响机床正常工作；后者是由于摩擦片间的间隙过小，不能完全脱开，这也会造成摩擦片间的相对打滑和发热现象，或者由于制动带太松不起制动作用，主轴由于惯性作用而仍然继续转动。如果是属于离合器的问题，则需要调整离合器摩擦片间的间隙大小；如果是属于制动器的问题，则需要调整箱体上的调节螺栓13，以调节制动带对制动轮的抱紧程度。

(2)主轴组件

主轴是主轴箱中的主要组成部分，主轴、主轴上齿轮、轴承等一系列零件组成主轴组件。CA6140车床主轴结构为一空心的阶梯轴，前端直径大，后端直径小。主轴采用中空件，主要是为了加工时通过长棒料、穿入钢棒打出顶尖或通过气动、液压、电气等夹紧装置。同时中空的结构还可减轻主轴重量，提高主轴抗弯强度。主轴前端有莫氏6号锥度的锥孔，用于安装前顶尖或心轴，锥面配合方便装卸，锥面摩擦力可靠，可直接带动心轴或工件旋转，如图1-19所示。CA6140车床主轴在支承结构上为前后两支承，后端定位。由分析可知，在径向跳动量相同时，主轴前支承对主轴旋转精度的影响要比后支承大，因此，前轴承的精度要比后轴承高些。CA6140车床主轴前支承采用D级精度的3182121型双列圆柱滚子轴承2，该型号轴承主要承受径向力，具有刚性好，精度高，尺寸小及承载能大等特点。后支承有2个滚动轴承，一个是D级精度的46215型角接触球轴承11，其大口朝外，用于承受径向力及由左向右的轴向力。另一个后支承采用一个D级精度的8215型推力球轴承10，用于承受由右向左方向的轴向力。由轴承的配置也可知主轴为后端定位。主轴轴承的选用对主轴回转精度及刚度有很大影响。主轴旋转过程中，主轴漂移与振动等现象会直接影响加工精度，而这些现象的发生主要与轴承间隙有关，因此，主轴组件应在结构上能保证调整轴承间隙。前轴承径向间隙的调整方法如下：首先松开主轴前端螺母1，并松开前支承左端调整螺母5上的锁紧螺钉4，拧动螺母5，通过轴套3，推动D3182121轴承内环沿主轴锥面做轴向移动，由于内环很薄，而且内环也有1∶12的锥度，所以，内环在轴向移动时会发生径向膨胀，从而调整轴承的径向间隙和预紧程度。调完后，再将前端螺母1和前支承左端调整螺母5上的锁紧螺钉4拧紧。后支承轴承11的径向间隙与轴承10的轴向间隙的调整由螺母14同时完成，其方法如下：松开调整螺母14上的锁紧螺钉13，拧动螺母14，推动螺母12、轴承11的内环和滚珠，从而消除轴承11的间隙。拧动螺母14的同时，将主轴15及轴套9同时向后拉，来调整轴承10的轴向间隙。

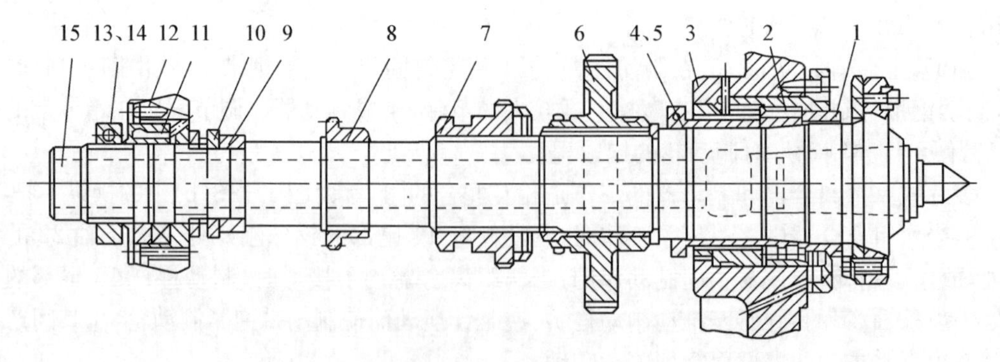

图1-19 主轴组件

1—前螺母；2—双列圆柱滚子轴承；3,9—轴套；4,13—螺钉；5,12,14—螺母；6—斜齿圆柱齿轮；7—中间齿轮；8—左端齿轮；10—轴承；11—后支承轴承；15—主轴

主轴的径、轴向允许误差都是0.01 mm，径向跳动影响加工表面的圆度和同轴度；轴向跳动影响端面的平面度。

主轴上装有三个齿轮，右端的斜齿圆柱齿轮6空套在主轴上，该齿轮副的降速比大，采用斜齿轮啮合齿轮副。同时为减少后支承推力轴承所受的轴向载荷，使齿轮工作时作用在主轴上的轴向力与切削分力方向相反，因此，该斜齿轮旋向采用左旋。中间齿轮7为一滑移齿轮，它是内齿离合器，在主轴上有3个位置。在左位时运动经轴III直接传给主轴，使主轴得到高转速；在右位时，通过内齿离合器与斜齿轮连在一起，运动经轴III、轴IV、轴V传到主轴，得到中、低转速；在中间位置时，主轴为空挡，可容易的扳动主轴转动，以找正工件或测量主轴旋转精度。左端齿轮8固定在主轴上，用于进给传动链。

(3) 变速操纵机构

在主轴箱中通常采用集中变速操纵机构，即用一个手柄操纵几个滑移齿轮。CA6140型车床主轴箱中共有7个滑移齿轮，其中5个用于改变主抽的转速，其余2个分别用于车削左、右螺纹及正常螺距、扩大螺距的变换。在主轴箱中共有三套操纵机构操纵这些滑移齿轮。车床中常用凸轮来控制滑移齿轮的拨叉。

图1-20所示为CA6140型卧式车床主轴箱中变换轴II—III上的双联滑移齿轮块和三联滑移齿轮块的工作位置，使轴III获得大级变速的操纵机构示意图。当转动手柄一转时，通过链条可使轴4上的曲柄2和盘形凸轮3同时转动一转。固定在曲柄2上的销子上装有一滑块，它插在拨叉1的长槽中，因此，当曲柄带着销子做圆周运动(公转)时，拨动拨叉1作左、中、右位置的变换。盘形凸轮端面上的封闭曲线槽，由不同半径的两段圆弧和过渡直线组成，每段圆弧的中心角稍大于120°，当凸轮转动时，曲线槽迫使杠杆5上的圆柱销带动杠杆5摆动，使拨叉6改变左、右位置。

当顺序地转动手柄并每次转60°时，曲柄2上的销子依次地处于1′、2′、3′、4′、5′及6′六个位置，使三联滑移齿轮由拨叉1拨动分别处于左、中、右、右、中及左六个工作位置，如图1-20所示，同时，凸轮曲线槽使杠杆5上的销子相应地处于1、2、3、4、5及6六个位置，使双联滑移齿轮由拨叉6拨动分别处于左、左、左、右、右及右6个工作位置。实现轴III上六级变速的组合情况见表1-6。

表1-6 轴III上六级变速的组合情况

曲柄2上的销子位置	1′	2′	3′	4′	5′	6′
三联滑移齿轮的位置	左	中	右	右	中	左
杠杆5下端的销子位置	1	2	3	4	5	6
双联滑移齿轮的位置	左	左	左	右	右	右
齿轮工作情况(图1-17)	$\frac{39}{41}\times\frac{56}{38}$	$\frac{22}{58}\times\frac{56}{38}$	$\frac{30}{50}\times\frac{56}{38}$	$\frac{30}{50}\times\frac{51}{43}$	$\frac{22}{58}\times\frac{51}{43}$	$\frac{39}{41}\times\frac{51}{43}$

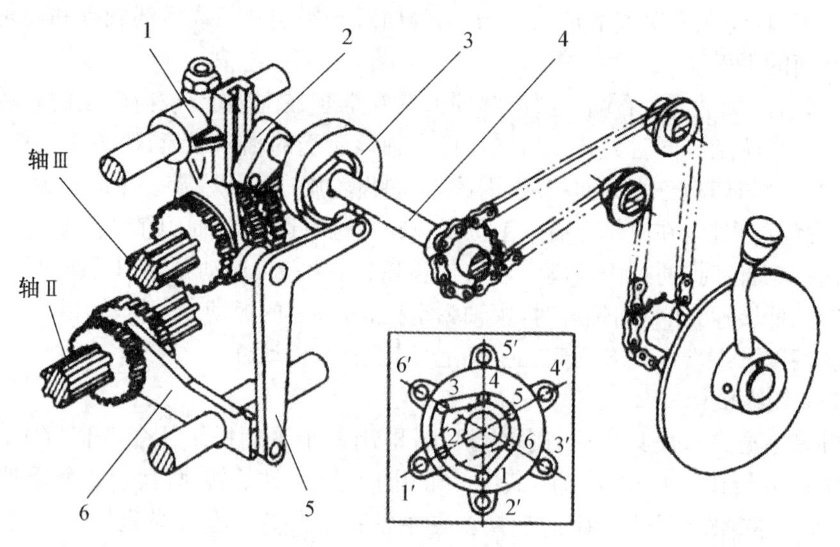

图 1-20 变速操纵机构

1、6—拨叉；2—曲柄；3—凸轮；4—轴；6—杠杆

2. 溜板箱

溜板箱结构主要由双向牙嵌式离合器，纵、横向机动进给和快速移动的操纵机构，开合螺母及操纵机构，互锁机构，超越离合器和安全离合器等组成。

(1) 开合螺母

开合螺母机构的功用是接通或断开从丝杠传来的运动。车螺纹时，将开合螺母合于丝杠上，丝杠通过开合螺母带动溜板箱及刀架。开合螺母的结构如图 1-21 所示，它有下半螺母 18 和上半螺母 19 组成。每个半螺母装有一个圆柱销 20，它们分别插入固定在手柄轴上的槽盘 21 的两条曲线槽中，车削螺纹时，顺时针扳动手柄 15，使槽盘 21 转动，两个圆柱销带动上下半螺母互相靠拢，开合螺母与丝杠啮合。逆时针扳动手柄则开合螺母与丝杠脱开。开合螺母闭合后能自锁，不会因为螺母上的径向力而自动脱开。螺钉 17 的作用是限定开合螺母的啮合位置。拧动螺钉 17，可以调整丝杠与开合螺母间的间隙。

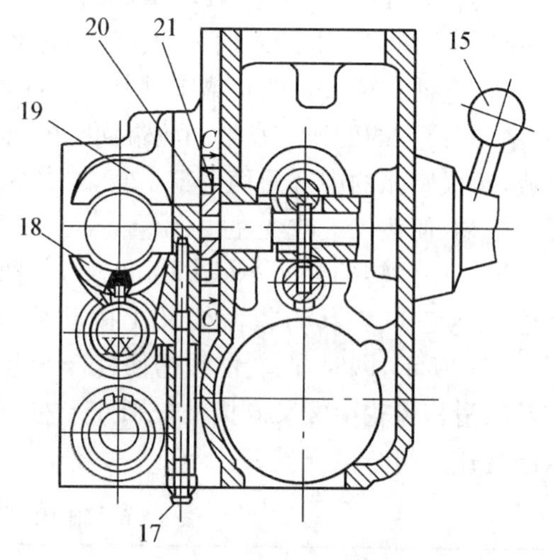

图 1-21 开合螺母机构

15—手柄；17—螺钉；18—下半螺母；19—上半螺母；20—圆柱销；21—槽盘

(2) 纵向、横向机动进给及快速移动操纵机构

纵、横向机动进给运动的接通、断开及其变向由一个手柄集中操纵，且手柄扳动方向与刀架运动方向一致，如图 1-22 所示，使用比较方便。向左或右扳动手柄 1，使手柄座绕着销钉 2 摆动时（销钉 2 装在轴向固定的轴 14 上），手柄座下端的开口槽通过球头销拨动轴 3 轴向移动，再经杠杆 7 和连杆 8 使凸轮 9 转动，凸轮上的曲线槽又通过销钉带动轴以及固定

在它上面的拨叉 10 向前或向后移动，拨叉拨动离合器 M_8，使之与轴 XXII 上的相应空套齿轮啮合，刀架相应地向左或向右移动。

向后或向前扳动手柄 1，通过手柄座使轴 14 以及固定在它左端的凸轮 13 转动时，凸轮上的曲线槽通过销钉使杠杆 12 绕轴销摆动，再经杠杆 12 上的另一销钉带动轴以及固定在其上的拨叉 11 轴向移动，拨叉拨动离合器 M_9，使之与轴 XXV 上相应的空套齿轮啮合，于是横向机动进给运动接通，刀架相应地向前或向后移动。

手柄 1 扳至中间直立位置时，离合器 M_8 和 M_9 处于中间位置，机动进给传动链断开。

当手柄扳至左、右、前、后任意位置时，如按下装在手柄 1 顶端的按钮 S，则快速电动机起动，刀架便在相应方向上快速移动。

为了避免同时接通纵向和横向的机动进给(或快速移动)，在溜板箱上手柄 1 处装有一盖板，盖板上开有十字形槽，由此限制了手柄 1 的位置，使它不能同时接通纵向和横向的运动。

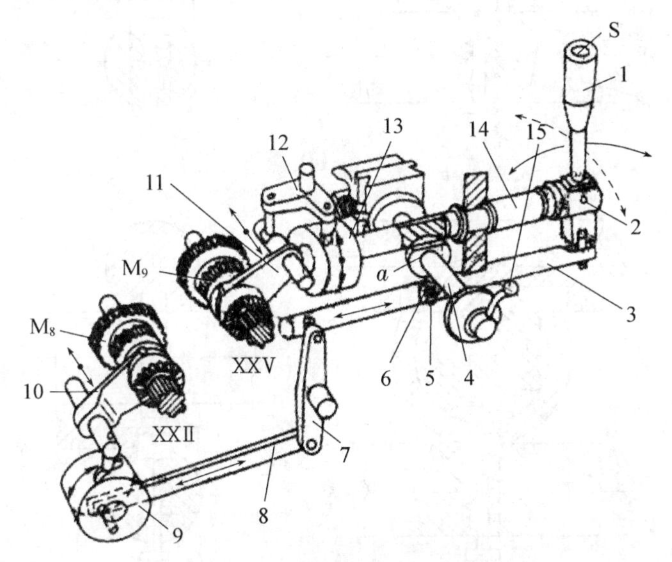

图 1-22 机动进给操纵机构

1、15—手柄；2、5—销；3、8—拉杆；4、14—轴；6—弹簧销
7、12—杠杆；9、13—圆柱凸轮；10、11—拨叉

(3) 互锁机构

机床传动系统中为避免光杠与丝杠同时传动而将机床损坏，机床设有互锁机构，通过开合螺母来控制。接通机动进给或快移时，开合螺母张开。反之，开合螺母闭合，结构如图 1-23 所示。

图 1-23(a)表示在中间位置时的情况。这时机动进给或快移未接通，开合螺母也处于张开状态，这时可任意的扳动开合螺母操纵手柄 15(图 1-22)。图 1-23(b)是合上开合螺母时的情况，这时由于手柄 15 所操纵的轴 4 转过了一个角度，它的凸肩转入到轴 14 的槽中，将轴 14 卡住，使之不能转动，同时凸肩又将销子 5 压入轴 3 的孔中，由于销子 5 的另一半留在固定套 16 中，使轴 3 不能轴向移动。所以，如合上开合螺母，机动进给的操纵手柄 1 就被锁住，不能扳动，从而就避免了同时再接通机动进给或快速移动。图 1-23(c)是向左扳动机动进给及快移操纵手柄 1 时的情况，这时轴 3 向右移动，轴 3 上的圆孔及安装在圆孔

内的弹簧销 6 也随之移开，销子 5 被轴 3 的表面顶住不能往下移动，销子 5 的圆柱段均处于固定套 16 的圆孔中，而它的上端则卡在轴 4 的 V 形槽中，将轴 4 锁住，使操纵手柄 15 不能转动，也就是使开合螺母不能闭合。图 1－23(d)是向前扳动操纵手柄 1(即接通向前的横向进给或快移)时的情况。这时，由于轴 14 转动，其上的长槽也随之转开而不对准轴 4，于是轴 4 上的凸肩被轴 14 顶住，使轴 4 不能转动，所以，这时开合螺母也就不能再闭合。

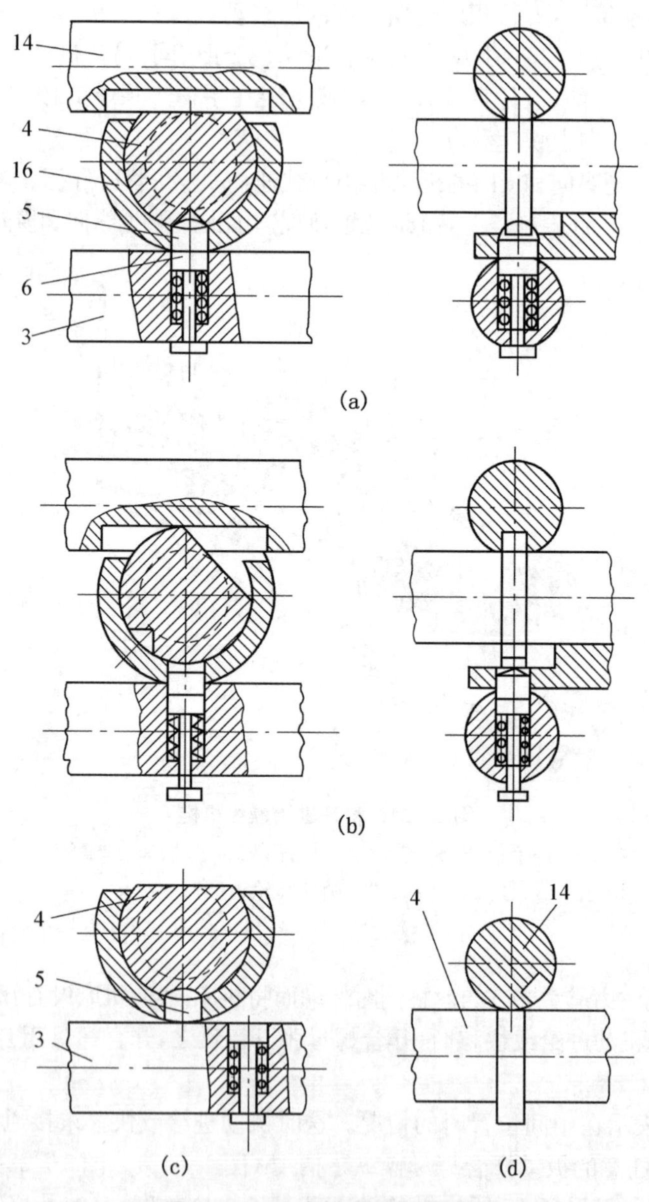

图 1－23　开合螺母工作原理图

3,4,14—轴；5—销子；6—弹簧销；16—固定套

(4) 超越离合器

为了节省辅助时间及简化操作动作，在刀架快速移动过程中，光杆仍可继续转动而不必脱开进给运动传动链。这时，为了避免光杆和快速电动机同时传动同一部件而使运动部件

损坏，可在溜板箱中使用超越离合器。图 1 - 24 是 CA6140 型车床的超越离合器结构图。超越离合器装在齿轮 Z_{56} 与轴 XX 之间。它由齿轮 Z_{56}、三个滚柱 3、三个弹簧 5 和星形体 2 组成。星形体 2 空套在轴 XX 上。而齿轮 Z_{56} 空套在星形体 2 上。当刀架机动进给时，由光杆传来的运动通过超越离合器传给安全离合器(后面将详细介绍)后再传给轴 XX。齿轮 Z_{56}(即外环)按逆时针方向旋转，三个短圆柱滚柱 3 分别在弹簧 5 的弹力及滚珠 3 与外环间的摩擦力作用下，楔紧在外环和星形体 2 之间，外环通过滚柱 3 带动星形体 2 一起转动，于是运动便经过安全离合器传至轴 XX。这时如将进给操纵手柄扳到相应的位置，便可使刀架作相应的纵向或横向进给。当按下快速电机起动按钮使刀架快速移动时，运动由齿轮副 13/29 传至轴 XX，轴 XX 及星形体 2 得到一个与齿轮 Z_{56} 转向相同，而转速却快得多的旋转运动。由于滚柱 3 与外环及 2 之间的摩擦力，滚柱 3 压缩弹簧 5 向楔形槽的宽端滚动，从而脱开外环与星形体 2(以及轴 XX)间的传动联系。这时，虽然光杆 XIX 及齿轮 Z_{56} 仍在旋转，但不在传动轴 XX。当快速电动机停止转动时，在弹簧 5 和摩擦力作用下，滚柱 3 又楔紧于齿轮 Z_{56} 和星形体 2 之间，光杆传来的运动又正常接通。

由以上分析可知，超越离合器主要用于有快、慢两运动交替传动的轴上，以实现运动的快、慢速自动转换。由于 CA6140 型车床使用的是单向超越离合器，所以要求光杆及快速电动机都只能做单方向转动。若光杆反向旋转，则不能实现纵向和横向机动进给；若快速电动机反向旋转，则超越离合器不起超越作用。

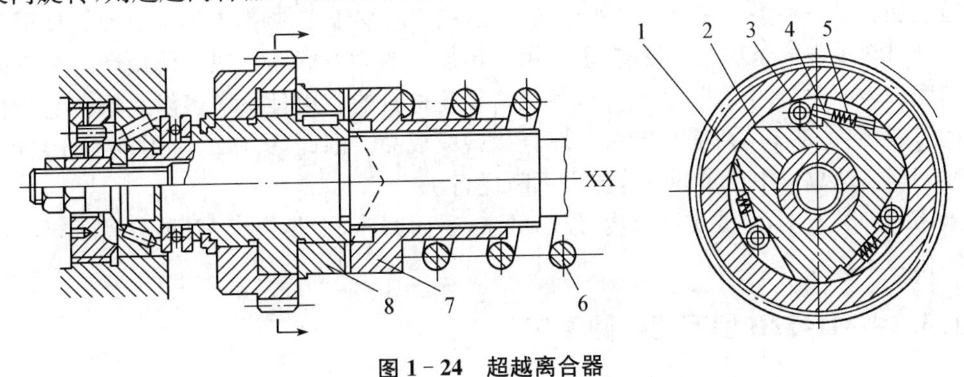

图 1 - 24　超越离合器

1—齿轮；2—星形体；3—圆柱滚子；4—销；5、6—弹簧
7—离合器的右半部分；8—离合器的左半部分

(5) 安全离合器

机动进给时，如进给力过大或刀架移动受阻，则有可能损坏机件。为此，在进给链中设置安全离合器来自动停止进给。安全离合器的结构如图 1 - 25 所示。

超越离合器的星形体 2 空套在轴 XX 上。安全离合器的左半部分 8 用键固定在星形体 2 上。安全离合器的右半部分 7 经花键与轴 XX 相连，运动经件 2、8 和安全离合器左、右半部分间的齿以及 7 传给轴 XX。

安全离合器的工作原理如图 1 - 25 所示(图中零件标号同图 1 - 24)。左、右半部分之间有螺旋形端面齿、倾斜的接触面在传递转矩时产生轴向力，这个力靠弹簧 6 平衡。图 1 - 25 表示当进给力超过预定值后安全离合器脱开的过程。通过螺母、杆、压套调节弹簧力，从而调节安全离合器能传递的转矩。

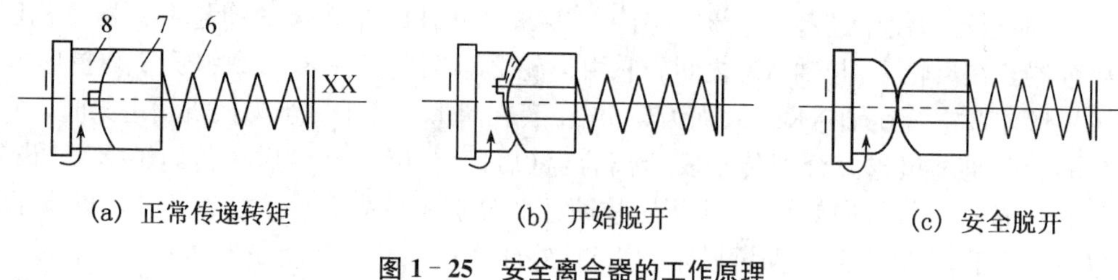

图 1-25 安全离合器的工作原理

1.3 磨 床

1.3.1 概述

凡用磨具(如砂轮、砂块及砂带)或磨料(如研磨剂)为工具进行切削加工的机床,统称磨床。

磨床可以磨削各种表面,如内外圆柱面、圆锥面、平面、渐开线齿廓面、螺旋面以及各种成形面,还可刃磨刀具和进行切断等工作,应用范围十分广泛。

磨削加工是一种多刀多刃的高速切削方法,主要应用于零件精加工,尤其是淬硬钢和高硬度特殊材料零件的精加工。目前,也有用于粗加工的高效磨床。现代机械产品对机械零件的精度和表面质量的要求愈来愈高,各种高硬度材料的应用日益增多以及精密毛坯制造工艺的发展,使得很多零件有可能由毛坯直接磨成成品。因此,磨床的应用范围日益扩大,在金属切削机床总量中所占的百分比也不断提高。

磨床的种类繁多,主要类型有内、外圆磨床,平面磨床,工具磨床,刀具刃具磨床以及各种专门化磨床。

1.3.2 M1432B 型万能外圆磨床

1. 机床的用途、布局及运动

(1) 机床的用途

M1432B 型万能外圆磨床属于普通精度级机床,磨削加工精度可达 IT6~IT7 级。它主要用于磨削内外圆柱面、内外圆锥面、阶梯轴及端面等。这种机床的万能性较大,自动化程度较低,磨削效率不高,适用于工具车间、机修车间和单件、小批生产的车间。

(2) 机床的布局

如图 1-26 所示为 M1432B 型万能外圆磨床,主要由床身、工作台、头架、尾座、砂轮架、横向进给手轮和内圆磨具等组成。

① 床身 1:床身是磨床的基础支承件,用于支承机床的各个部件。

② 头架 2:用于安装及夹持工件,并带动工件旋转。在水平面内它可绕垂直轴线转动一定角度,以便磨削锥度较大的圆锥面。

③ 工作台 3:工作台分上、下两层。上工作台可相对于下工作台回转一定角度,以便磨削锥度不大的外圆锥面。下工作台靠液压传动床身 1 上的纵向导轨作纵向运动。工作台的

行程大小可通过调整撞块(行程开关)的位置来控制。

④ 内磨装置 4:内磨装置用于支承磨削内孔用的砂轮主轴,该主轴由单独的电动机驱动。

⑤ 砂轮架 5:用于支承并传动高速旋转的砂轮主轴。砂轮架装在滑鞍上,利用横向进给机构可实现横向进给运动。当需磨削短圆锥面时,砂轮架可在水平面内绕垂直轴线转动一定角度。

⑥ 尾座 6:和头架的前顶尖一起支承工件。

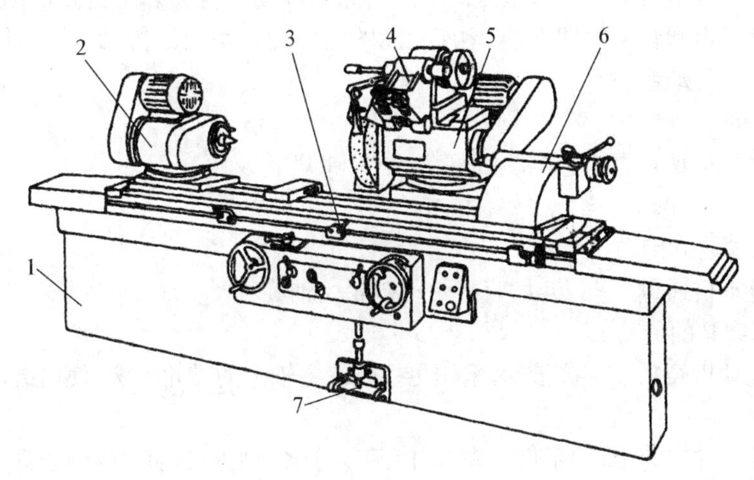

图 1-26　M1432B 型万能外圆磨床

1—床身;2—头架;3—工作台;4—内磨装置;5—砂轮架;6—尾座;7—脚踏操纵板

(3) 机床的运动

如图 1-27 所示为 M1432B 型万能外圆磨床典型加工示意图。由图可以看出,机床必须具备以下运动:

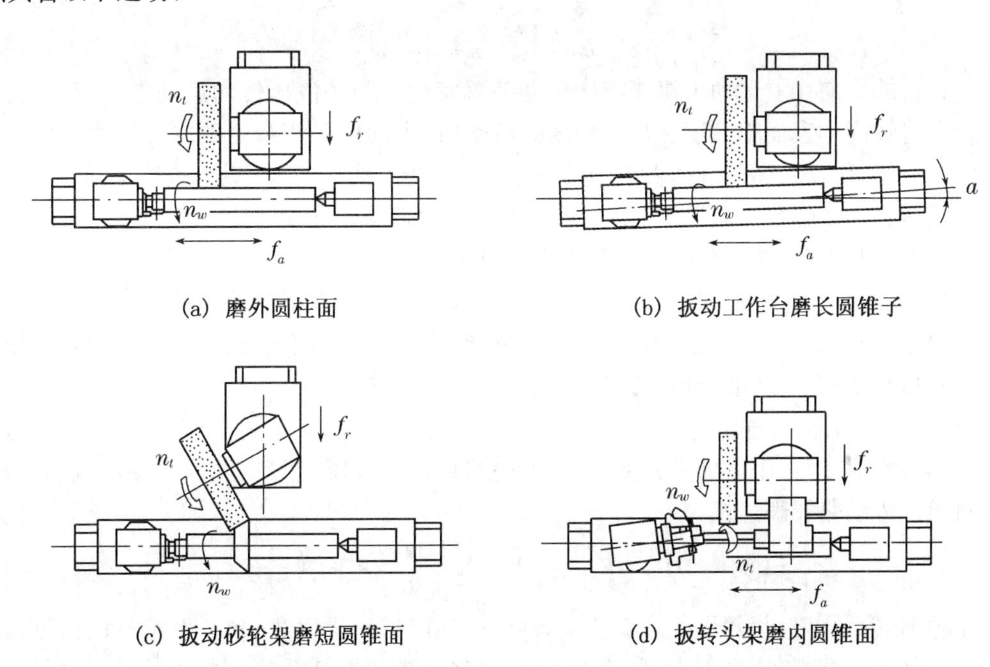

(a) 磨外圆柱面　(b) 扳动工作台磨长圆锥子

(c) 扳动砂轮架磨短圆锥面　(d) 扳转头架磨内圆锥面

图 1-27　M1432B 型万能外圆磨床典型加工示意图

① 主运动：磨外圆或磨内孔砂轮的旋转运动 n_t。

② 进给运动：工件的圆周进给运动 n_w，工件的往复纵向进给运动 f_a，砂轮的周期或连续横向进给运动 f_r。

③ 辅助运动：砂轮架快速进退和尾座套筒退回（手动或液动）等。

2. 机床的传动系统

如图 1-28 所示为 M1432B 型万能外圆磨床的传动系统图。工作台的纵向往复运动、砂轮架的快速进退和自动周期进给、尾座套筒的缩回均采用液压传动，其余都是机械传动。这里只介绍机械传动系统。

（1）头架的传动

头架拨盘的运动是由双速电动机驱动，经 V 带塔轮及两次 V 带传动，是头架的拨盘或卡盘带动工件，实现圆周进给。

（2）外圆砂轮的传动

有外磨电动机通过 V 带传动，直接带动砂轮主轴旋转。

（3）内圆磨具的传动

由内磨电动机经平带直接传动，采用更换砂轮主轴上的带轮方法，使内磨砂轮主轴获得两种转速。

内圆磨具装在支架上，为了保证安全，内磨砂轮电动机的起动与内圆磨具支架的位置有联锁作用，即只有当支架翻转到工作位置时，电动机才能起动。这时，外圆砂轮架快速进退手柄在原位上自动锁住，不能快速移动。

（4）工作台的传动

工作台即可液动，也可手动。手动是为了磨削轴肩和调整工作台的位置。手轮 A 转一转时，工作台的纵向移动量 $f_{纵}$ 为

$$f_{纵}=1\times\frac{15}{72}\times\frac{18}{72}\times18\times2\times\pi\text{mm/r}\approx6\ \text{mm/r}$$

工作台的纵向往复运动由机床液压传动装置实现。利用液压传动运动平稳特点，使工件表面获得较高的表面粗糙度和加工精度。液动时，由固定于床身上的空心活塞杆两端通油，使固联于工作台底面的缸体做纵向往复运动，实现磨削工作时的纵向进给运动。

当液压驱动工作台纵向运动时，为了避免工作台带动手轮 A 快速旋转而碰伤操作者，工作台的液动和手动之间有连锁作用，机床中设置一互锁液压缸，当工作台液压驱动时，互锁液压缸的上腔通压力油，使齿轮副 18/72 脱开啮合，因此，液压驱动工作台纵向运动时手轮 A 并不转动，当工作台不用液压驱动时，互锁液压缸上腔通油池，在液压缸内弹簧的作用下，使齿轮副 18/72 重新啮合传动。

（5）砂轮架的横向进给运动

横向进给运动，可用手摇手轮 B 来实现，也可由进给液压缸的柱塞 G 驱动，实现周期性自动进给。传动路线表达式为

$$\text{手轮 B—VIII—}\left(\frac{50}{50}、\frac{20}{80}\right)\text{—IX—}\frac{44}{88}\text{—横向进给丝杠}$$

手轮 B 转一周，经齿轮副 50/50 传动，砂轮架横向移动量为 2 mm。手轮 B 的刻度盘 D 上分为 200 格，每格的进给量为 0.01 mm。经齿轮副 20/80 传动时，每格进给量为

0.002 5 mm。

在磨削一批工件时，为了简化操作及节省时间，通常在试磨第一个工件达到要求的直径后，调整刻度盘上的挡块 F 的位置，使它在横向进给磨削至所需直径时，正好与固定在床身前罩上的定位爪相碰。因此，磨削后继工件时，只需摇动横向进给手轮(或开动液压自动进给)，挡块 F 碰在定位爪上时，停止进给(或液压自动停止进给)，就可达到所需的磨削直径。应用这种方法，磨削过程中测量工件直径尺寸的次数可显著减少。但是，当砂轮磨损或修正后，由挡块 F 控制的工件直径就变大了，这时必须调整砂轮架的行程终点位置，也就是调整刻度盘 D 上挡块 F 的位置。如图 1-28 所示，调整的方法是：拨出旋钮 C，使它与手轮 B 上的销脱开，顺时针方向转动旋钮 C，经齿轮副 48/50 带动齿轮 Z_{12} 旋转，Z_{12} 与刻度盘 D 的内齿轮 Z_{110} 相啮合，于是便使刻读盘 D(和挡块 F 一起)逆时针方向转动。刻度盘应转过的格数(角度)，根据砂轮直径减小所引起的工件齿轮变化量确定。调整稳妥后，将旋钮 C 的销孔推入手轮 B 的销子上，使旋钮 C 和手轮 B 成一整体，加工时，当挡块 F 与定位爪再度相碰，砂轮架便附加进给了相应的距离，补偿了砂轮的磨损，保证了工件的加工尺寸。

在旋钮 C 的端面上轴向均匀分布 21 个销孔，而手轮 B 每转一转的横向进给量为 2 mm 或 0.5 mm，因此，旋钮每转过一个孔距，砂轮架的附加横向进给量为 0.01 mm 或 0.002 5 mm。

(6) 尾架套筒的退回

可用手动或液动使尾架套筒退回，当用双手托着工件进行装、卸时，用脚踩“脚踏板”，使压力油进入尾架液压缸，推动柱塞使尾架套筒退回，这只能在砂轮架处在退回位置时才能实现；如果砂轮架处在磨削工作位置，这时即使脚踩“脚踏板”，尾架套筒仍不能退回，这样就保证了工作安全，即在磨削工件时，操作者踩了“脚踏板”，也不会使尾架套筒退回。

3. *砂轮架的结构*

如图 1-29 所示为 M1432B 型万能外圆磨床砂轮架结构。砂轮架由壳体、主轴及其轴承以及传动装置等组成。砂轮架中的砂轮主轴及其支承的刚度和精度将直接影响工件的加工精度和表面粗糙度，因此应保证主轴具有较高的旋转精度、刚度、抗震性和耐磨性。主轴是砂轮架部件中的关键部分，现介绍如下：

主轴的两端以锥体定位，前端通过压盘安装砂轮，末端通过锥体安装 V 带轮，并用轴端的螺母进行压紧。

砂轮主轴 8 的前后支承均采用“短四瓦”动压滑动轴承。每个滑动轴承由均布在圆周上的四块轴瓦 5 组成，每块轴瓦由球头螺钉 4 和轴瓦支承头 7 支承。主轴轴颈与轴瓦之间的间隙(一般为 0.01～0.02 mm)用球头螺钉 4 调整，调整好后，用通孔螺钉 3 和拉紧螺钉 2 紧锁，以防止球头螺钉 4 松动而改变轴承间隙，最后用封口螺塞 1 密封，以保证支承刚度。当主轴高速旋转时，在轴承与主轴轴颈之间形成四个楔形压力油膜，将主轴悬浮在轴承中心而成纯液体摩擦状态，故砂轮主轴的回转精度较高。当砂轮主轴受外界载荷而产生径向偏移时，在偏移方向处油楔缝隙变小，油膜压力升高，而在相反的方向的油楔缝隙增大，油膜压力减小，于是产生了一个使砂轮主轴恢复到原中心位置的趋势，使其消除偏移，因此这种轴承的刚度较高。

砂轮主轴向右的轴向力通过主轴右端轴间作用在轴承盖 9 上，向左的轴向力通过带轮 13 中的六个螺钉 12，经弹簧 11 和销 10 以及推力球轴承，最后传到轴承盖 9 上。弹簧 11 用

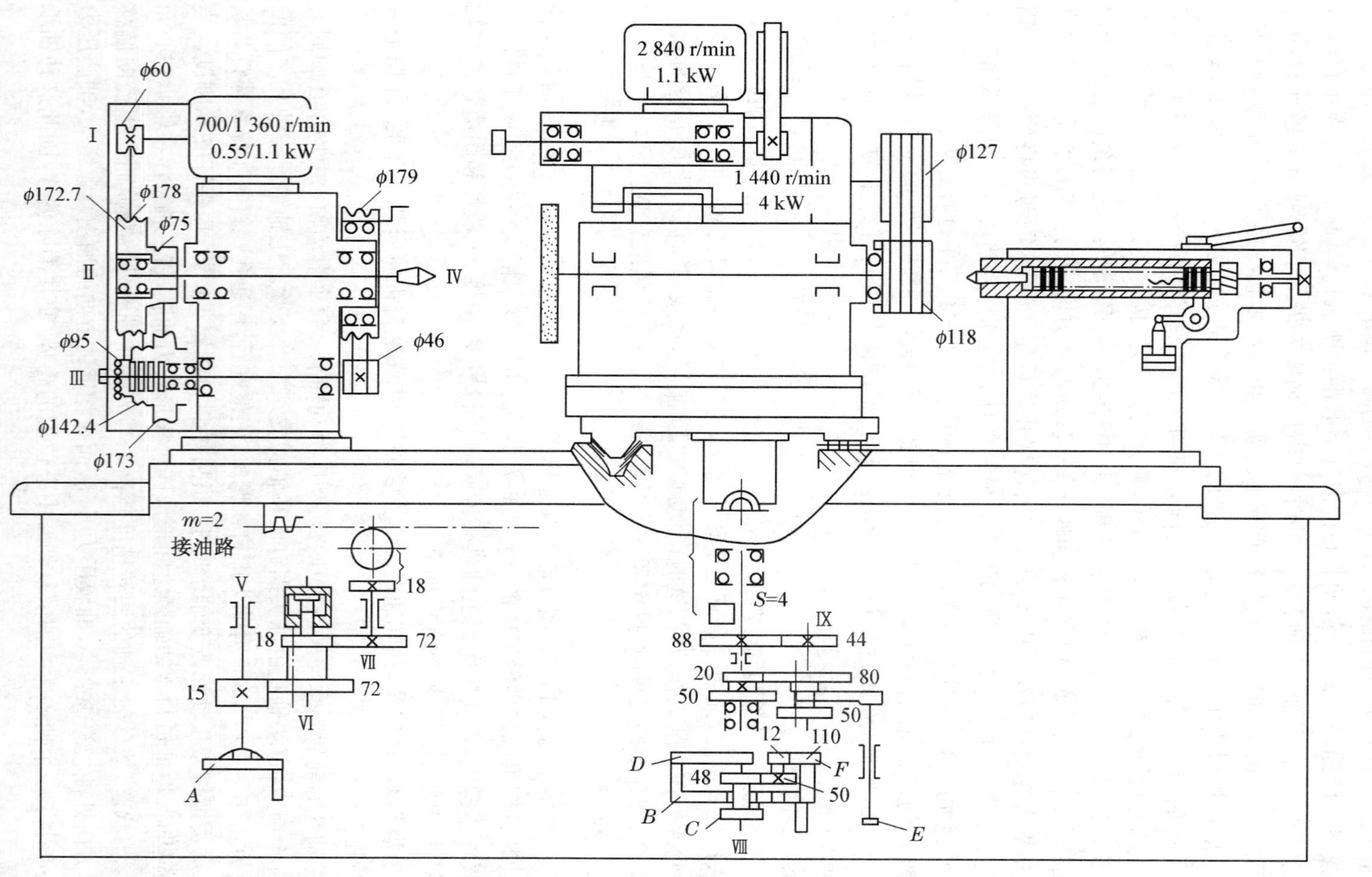

图 1－28　M1432B 型万能外圆磨床机械传动系统

来给推力球轴承预加载荷。

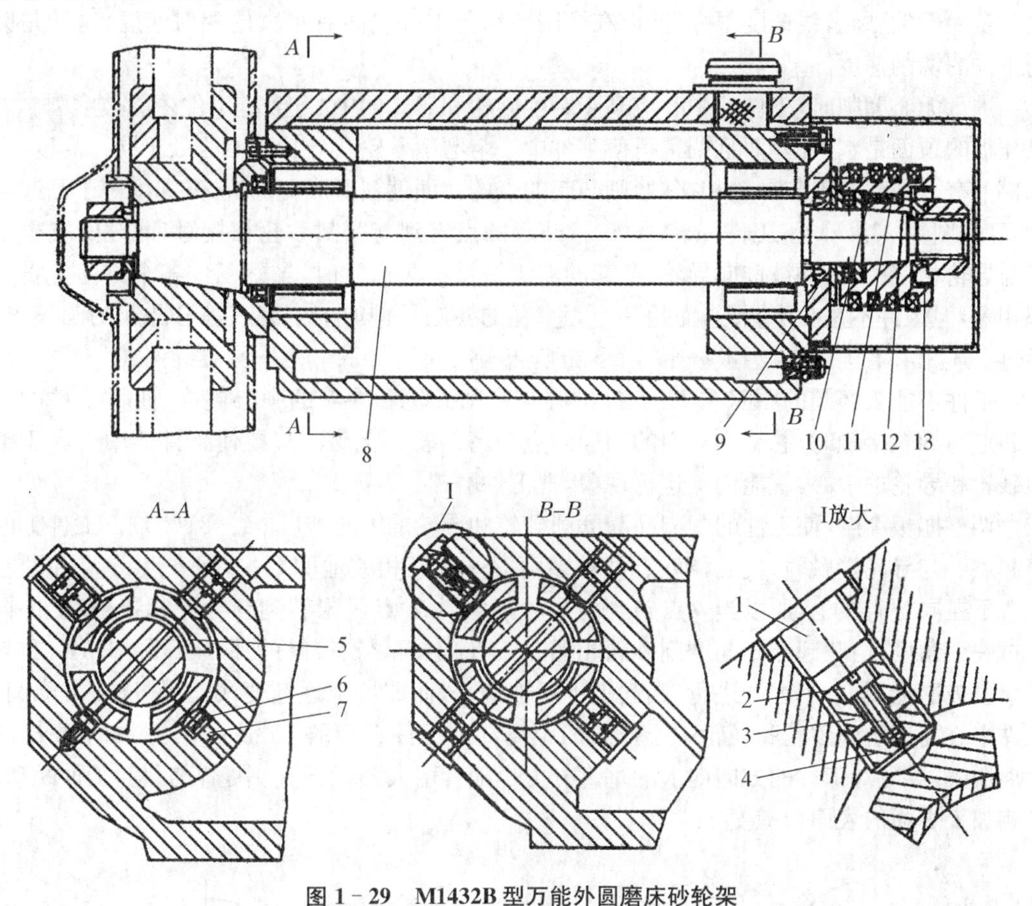

图 1 - 29　M1432B 型万能外圆磨床砂轮架

1—螺塞；2—拉紧螺钉；3—通孔螺钉；4—球头螺钉；5—轴瓦；6—锁紧螺钉；7—轴瓦支承头；8—主轴；9—轴承盖；10—销；11—弹簧；12—螺钉；13—带轮

润滑油装在砂轮架壳体内，油面高度由圆油窗观察。在砂轮主轴轴承的两端用橡胶油封实现密封。

砂轮的圆周速度很高，为保证砂轮运转平稳，装在主轴上的零件都经精确的静平衡，整个主轴部件还要校动平衡。此外，砂轮必须安装防护罩，以防止砂轮意外碎裂时损伤工人及设备。

1.3.3　其他类型磨床简介

1. 无心外圆磨床

无心磨床上加工工件，不用顶尖定心和支承，而由工件的被磨削外圆面本身做定位面。如图 1 - 30 所示，工件 2 放在磨削砂轮 1 和导轮 3 之间，由托板 4 支承进行磨削，导轮使用树脂或橡胶为粘接剂制成的刚玉砂轮，它与工件之间的摩擦系数较大，所以工件由导轮的摩擦力带动做圆周进给。导

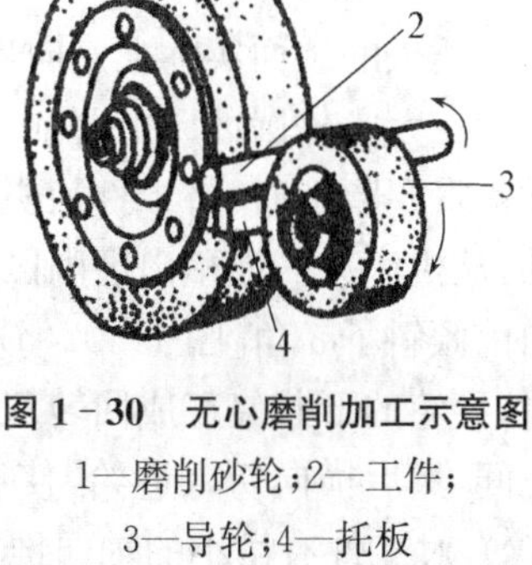

图 1 - 30　无心磨削加工示意图

1—磨削砂轮；2—工件；3—导轮；4—托板

轮的线速度通常在10～50 m/min左右，工件的线速度基本上等于导轮的线速度。磨削砂轮就是一般的砂轮，线速度很高，所以在磨削砂轮与工件之间有很大的相对速度，这就是磨削工件的切削速度。

进行无心磨削时，工件的中心应高于磨削砂轮和导轮的中心连线，工件才能被磨圆。如果托板的顶面是水平的，而且调整得使工件中心与磨削砂轮及导轮的中心处于同一高度，当工件上有一凸起的点与导轮相接触，则凸起的点的对面就被磨成一凹坑，其深度等于凸起点的高度[图1-31(a)]。工件回转180°后，凸起的点转到与磨削砂轮相接触，此时凹坑也正好与导轮相接触，工件被推向导轮，凸起的点无法被磨去。此时，虽然工件各个方向上直径都相等，但工件不是一个圆形，而是一个等直径的棱圆。例如一个有三等分凸起的圆坯料，经过上述无心磨削后，就磨成一个等直径的三棱圆。

工件不能被磨圆的原因在于：工件中心与磨削砂轮和导轮的中心同高，使得工件的凸(凹)点与导轮接触时，总是它对面的凹(凸)点与磨削轮相接触。只要使工件的中心高于磨削砂轮和导轮的中心，就能消除这种现象，把工件磨圆。

调整拖板高度，使工件的中心高与磨削砂轮和导轮的中心线[图1-31(b)]。工件上的凸起点a与导轮接触时，使工件b点处被多磨去一些而相应地凹下去；但b点、a点和圆心三者不在同一直线上，所以当b点转到与导轮接触时，a点尚未转到与导轮相接触，工件再转过一个角度，当凸起点a与磨削砂轮相遇时，工件上与导轮接触的那一点不是凹坑，凸起点a就被磨低了；磨削继续进行，凸起点不断被磨平，而凹坑也逐渐变浅，工件逐渐被磨圆。工件中心高出磨削砂轮和导轮中心连线的距离约为工件直径的15%～25%。如果高出的距离增大，导轮对工件的方向向上的垂直分力也随着增大，磨削过程中，容易引起工件跳动，影响加工表面的表面粗糙度。

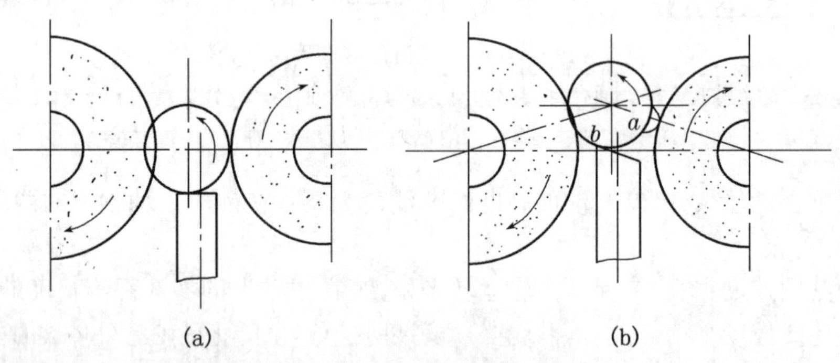

图1-31　无心磨削加工原理

托板的顶面实际上是向导轮一边倾斜20°～30°，这样能更好地贴紧导轮。

在无心外圆磨床上磨削工件的方法有贯穿磨削法(纵磨法)和切入磨削法(横磨法)两种。贯穿磨削时，将工件从机床前面放到托板上，推入磨削区域后，工件旋转，同时又轴向移动，从机床另一端移出磨削区，磨削完毕。工件的轴向进给是由导轮的中心线在竖直平面内向前倾斜了α角[图1-32(a)]所引起的。为了保证导轮与工件间的接触线为直线形状，这时，导轮的形状修正成回转双曲面形。切入磨削法[图1-32(b)]，将工件放在托板和导轮之间，然后横向切入进给，使磨削砂轮磨削工件。这时导轮的轴心线倾斜很小的角度(约30′)，对工件有微小的轴向推力，使它靠在挡块4上，得到可靠的轴向定位。切入磨削法适用于磨削具有阶梯或成形回转表面的工件。

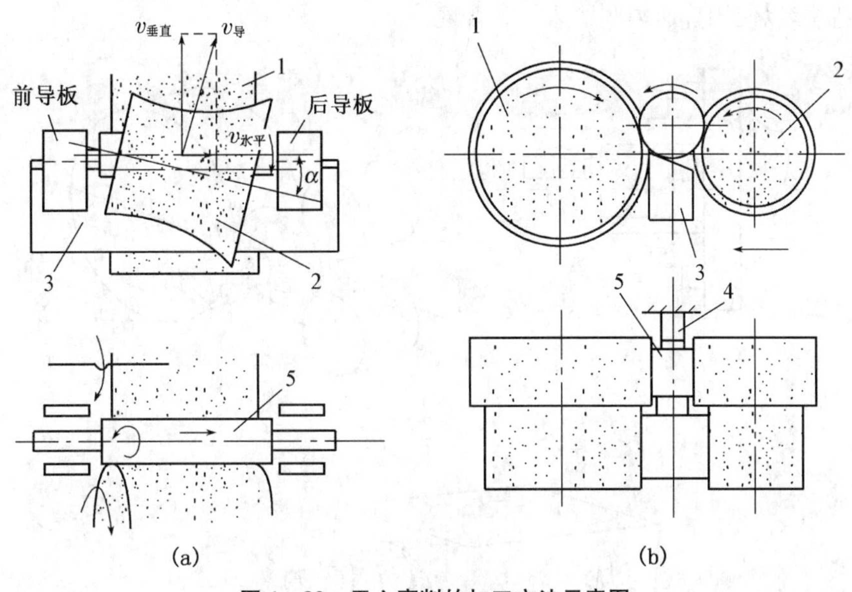

图1-32 无心磨削的加工方法示意图

1—磨削砂轮;2—导轮;3—托板;4—挡块;5—工件

在无心外圆磨床上磨削外圆表面,工件上不需打中心孔,这样,既排除了因中心孔偏心而带来的误差,又可节省装卸工件的时间,由于有导轮和托板沿全长支承工件,刚度差的工件也可用较大的切削用量进行磨削,故生产效率高。但机床调整时间较长,不适用于单件,小批生产。此外,周向不连续的表面(如键槽)或外圆和内孔的同轴度要求很高的表面,不宜在无心磨床上加工。

2. 内圆磨床

内圆磨床用于磨削各种圆柱孔(通孔、盲孔、阶梯孔和断续表面的孔等)和圆锥孔,其磨削方法有下列几种:

(1) 普通内圆磨削[图1-33(a)]。磨削时,工件用卡盘或其他夹具装夹在机床主轴上,由主轴带动旋转作圆周进给运动 $f_{周}$,砂轮高速旋转实现主运动 $n_{内}$,同时砂轮或工件往复移动作纵向进给运动 $f_{纵}$,在每次(或 n 次)往复行程后,砂轮或工件做一次横向进给 $f_{横}$。这种磨削方法适用于形状规则、便于旋转的工件。

(2) 无心内圆磨削[图1-33(b)]。磨削时,工件支撑在滚轮1和导轮3上,压紧轮2使工件紧靠导轮,工件即由导轮带动旋转,实现圆周进给运动,砂轮除了完成主运动外,还做纵向进给运动和周期横向进给运动。加工结束时,压紧轮沿箭头 A 方向摆开,以便装卸工件。这种磨削方式适用于在大批量生产中,加工外圆表面已经精加工的薄壁工件,如轴承套圈等。

(3) 行星内圆磨削[图1-33(c)]。磨削时,工件固定不转,砂轮除了绕其自身轴线高速旋转实现主运动外,同时还绕被磨内孔的轴线公转,以实现圆周进给运动,纵向往复运动由砂轮或工件完成。周期性地改变砂轮与被磨内孔轴线间的偏心距,即增大砂轮公转运动的旋转半径,可实现横向进给运动。这种磨削方式适用于磨削大型或形状不对称而且不便于旋转的工件。

内圆磨床的主要类型有普通内圆磨床,无心内圆磨床、行星式内圆磨床和坐标磨床等。在机械制造中,以使用普通内圆磨床最为普遍。

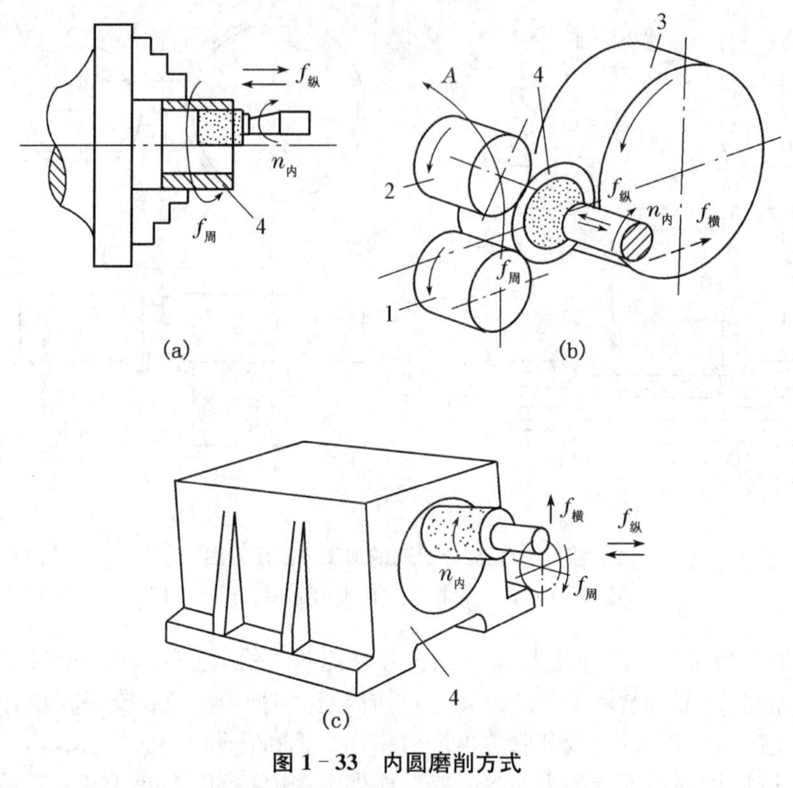

图 1-33　内圆磨削方式

1—滚轮;2—压紧轮;3—导轮;4—工件

3. 平面磨床

(1) 平面磨床的类型及其磨削方法

平面磨床主要用于磨削各种工件上的平面。根据磨削方法和机床布局不同,主要分为五种类型:卧轴矩台平面磨床、卧轴圆台平面磨床、立轴矩台平面磨床、立轴圆台平面磨床、双端面磨床。

平面磨床的磨削方法如图 1-34 所示,其中前两种为周边磨削,又称圆周磨削,它利用砂轮的圆周面进行磨削,特点是砂轮与工件的接触面积小,冷却与排屑条件好,磨削精度较高,但生产效率较低;后三种为端面磨削,它利用砂轮的端面进行磨削,特点是砂轮与工件的接触面积大,生产效率较高,但冷却与排屑困难,磨削精度较低,只适用于磨削精度不高且形状简单的工件。

(a) 卧轴矩台平面磨床磨削

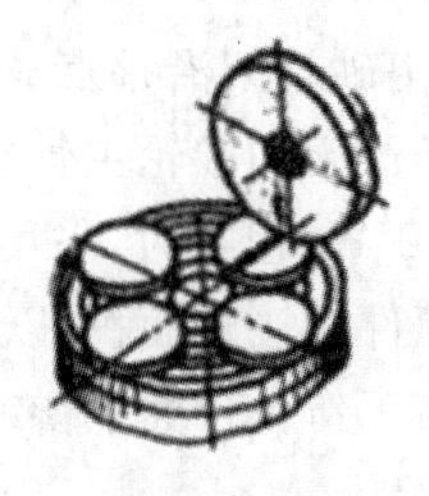

(b) 卧轴圆台平面磨床磨削

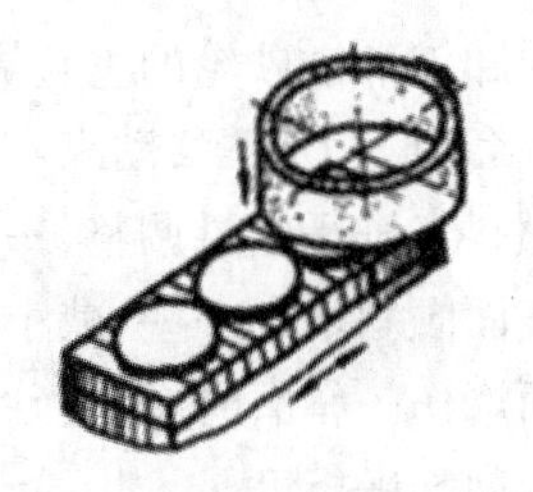

(c) 立轴矩台平面磨床磨削

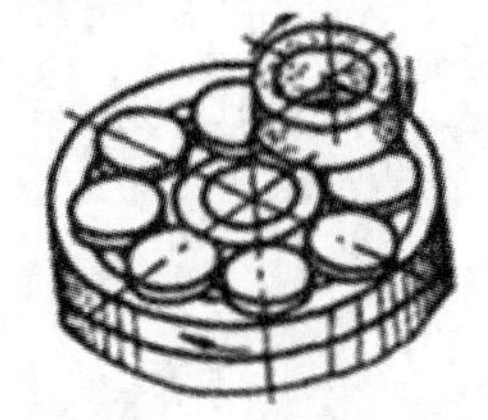

(d) 立轴圆台平面磨床磨削

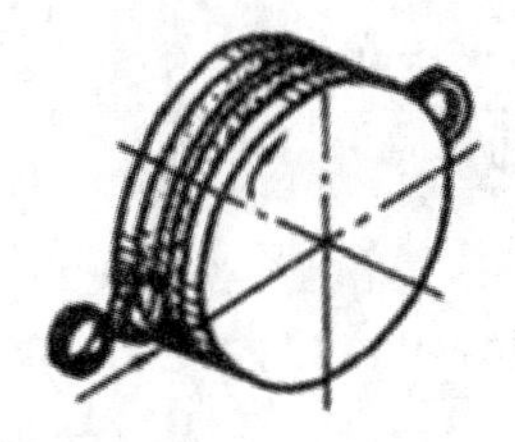

(e) 双端面磨床磨削

图1-34 各种平面磨床的磨削方法

(2) 卧轴矩台平面磨床

图1-35所示是最常见的两种卧轴矩台平面磨床的布局形式。

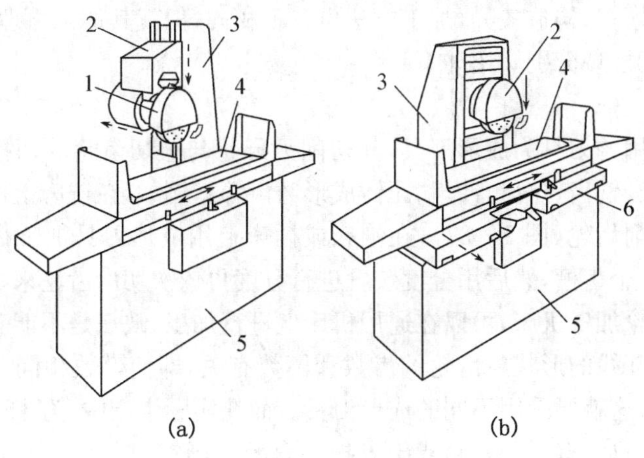

图1-35 卧轴矩台平面磨床

1—砂轮架;2—滑鞍;3—立柱;4—工作台;5—床身;6—床鞍

图1-35(a)所示为砂轮架移动式,工作台只带动工件作纵向直线往复移动,砂轮架作垂直和横向进给运动。

图1-35(b)所示为十字导轨式,砂轮架只作垂直进给运动,工作台装在床鞍上,它除了作纵向往复运动外,还会随床鞍一起沿床身导轨做周期性的横向进给运动。

(3) 立轴圆台平面磨床

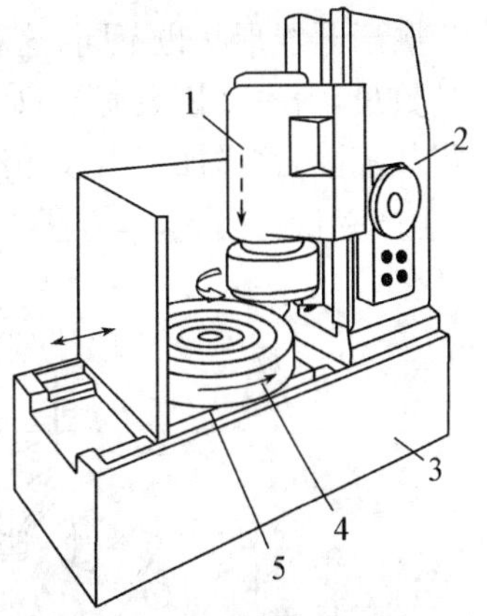

图1-36 立轴圆台平面磨床

1—砂轮架;2—滑鞍;3—床身;4—工作台;5—床鞍

图1-36所示是一台立轴圆台平面磨床的外形,圆形工作台4装在床鞍5上,它除了旋转作圆周进给外,还可随床鞍一起沿床身3上的导轨纵向快速退离或接近砂轮,以

便装卸工件。砂轮的垂直周期进给由砂轮架沿垂直导轨的移动来实现或由装在砂轮架中的主轴套筒的上、下移动来实现。这类磨床的砂轮主轴线可根据加工要求依靠砂轮架或立柱的倾斜来进行微量调整(一般小于10′)。粗磨时,采用较大的磨削用量以提高效率,可将砂轮表面倾斜增大一些,减小砂轮与工件的接触面积,以利于冷却、排屑,避免工件过热变形和表面烧伤。精磨时,要使砂轮端面与工作台台面平行或倾斜一极小角度,以保证加工表面的平面度与平行度。

1.4 滚齿机

1.4.1 概述

齿轮是现代机械设备、仪器仪表中的重要零件。齿轮传动具有传动比准确、传递功率大、效率高、结构紧凑以及可靠耐用等优点,因此齿轮传动的应用极为广泛,其需求品种、数量也日益增加。齿轮加工机床是指利用专用的切削刀具来加工齿轮轮齿的机床。

1. 齿轮加工机床的工作原理

齿轮加工机床的种类繁多,构造各异,加工方法也各不相同,但就其加工原理来说,可以分为成形法和展成法两大类,现分别介绍如下:

(1) 成形法

成形法加工齿轮所采用的刀具为成形刀具,其切削刃形状与被切齿轮的切槽及齿轮形状相吻合。属于成形法的有铣齿、拉齿、冲齿、压铸成形磨齿等。例如,在铣床上用盘形齿轮铣刀或指状齿轮立铣刀铣削齿轮(图1-37),在刨床或插床上用成形刀具加工齿轮。用这种方法加工,每次只加工一个齿槽,然后用分度装置进行分度再依次切出齿轮来。这种方法的优点是不需要专门的齿轮加工机床,可以在通用机床上进行加工,缺点是不能获得准确的渐开线齿形。齿轮齿廓渐开线的形状与齿轮的齿数和模数有关,即使模数相同,齿数不同,其齿廓渐开线形状也不同,这就要采用不同的成形刀具。而在实际生产中,为了减少成形刀具的数量,每一种模数通常只配有八把一套或十五把一套的成形铣刀。每把刀具适应一定的齿数范围,这样加工出来的渐开线齿廓是近似的,加工精度低,且加工过程中需要周期分度,生产率低。因此,本方法常用于单件小批生产和加工精度不高的修配行业中。

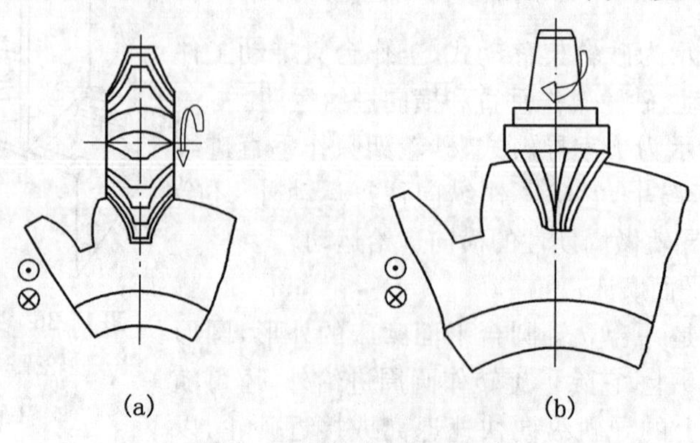

图1-37 成形法加工齿轮

在大批量生产中,也可采用多齿廓成形刀具加工齿轮,如用齿形拉刀拉制内齿轮,在机床的一个工作循环中即可完成全部齿槽的加工,生产率高,但刀具制造复杂且成本较高。

(2) 展成法

展成法加工齿轮是应用齿轮的啮合原理进行的,即把齿轮副中的一个做成刀具,另一个为工件,通过机床强制两者做严格的啮合运动,在工件上切出齿廓。用展成法加工齿轮的优点是,只要模数和压力角相同,一把刀具可以加工任意齿数的齿轮。这种方法的加工精度和生产效率较高,因而在齿轮加工机床中应用最为广泛。

2. 齿轮加工机床的类型

齿轮加工机床的种类繁多,按照被加工齿轮种类的不同,一般可以分为圆柱齿轮加工机床和锥齿轮加工机床两大类。

(1) 圆柱齿轮加工机床

按形成齿轮轮齿的原理不同又可分为以下两类:

① 展成法加工机床:包括滚齿机、插齿机、剃齿机、珩齿机和磨齿机等。

② 成形法加工机床:包括铣齿机、拉齿机和成形砂轮磨齿机等。

(2) 锥齿轮加工机床

锥齿轮加工机床种类也很多,主要有以下两大类:

① 直齿锥齿轮加工机床:包括直齿锥齿轮粗切机、直齿锥齿轮刨齿机、直齿锥齿轮拉齿机和直齿锥齿轮磨齿机。

② 弧齿锥齿轮加工机床:包括弧齿锥齿轮粗切机、弧齿锥齿轮铣齿机、弧齿锥齿轮拉齿机、弧齿锥齿轮磨齿机和弧齿锥齿轮研齿机。一种制式的弧齿加工机床只能加工该种制式的弧齿。

用来精加工齿轮齿面的机床是上述机床中的研齿机、剃齿机和磨齿机等。

1.4.2 滚齿机的运动分析

在滚齿机上,可用齿轮滚刀滚切直齿和斜齿圆柱齿轮,或用蜗轮滚刀加工蜗轮,也可用其他非渐开线齿形滚刀加工花键轴、链轮等。

滚齿加工是由一对交错轴斜齿轮啮合传动原理演变而来的。滚齿机上滚齿加工的过程,相当于一对螺旋齿轮互相啮合运动的过程,将这对啮合传动副中的一个齿轮的齿数减少到一个或几个,螺旋角 β 增大到很大(即螺旋升角 ω 很小),它便成了蜗杆形状。再将蜗杆开槽并铲背、淬火、刃磨,使其具有一定的切削性能,就成为一把齿轮滚刀。在齿轮滚刀按给定的切削速度做旋转运动时,将工件即齿轮坯按一对交错轴斜齿轮啮合传动的运动关系,配合滚刀一起转动,这样就在齿轮坯上滚切出齿槽,形成渐开线齿廓,如图 1-38(a)所示。在滚切过程中,分布在螺旋线上的滚刀各刀齿相继切去齿槽中的一薄层金属,每个齿槽在滚刀旋转中由几个刀齿依次切出,渐开线齿廓则由刀刃一系列瞬时位置包络而成,如图 1-38(b)所示。所以,滚齿时齿廓的成形方法是展成法,成形运动是滚刀旋转运动和工件旋转运动组成的复合运动($B_{11}+B_{12}$),这个复合运动称为展成运动。当滚刀与工件连续不断地旋转时,便在工件整个圆周上依次切出所有的齿槽。也就是说,滚齿时齿面的成形过程与齿轮的分度过程是结合在一起的,因而展成运动也是分度运动。

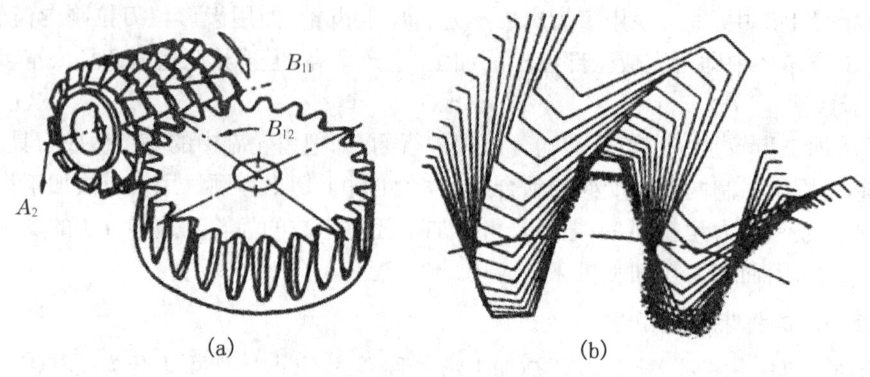

图 1-38 滚齿原理

由上述可知,为了得到所需的渐开线齿廓和齿轮齿数,滚齿时滚刀和工件之间必须保持严格的运动关系,即当滚刀转过1转时,工件应相应的转过 k/z 转(k 为滚刀头数,z 为工件齿数)。

1. 加工直齿圆柱齿轮的运动和传动原理

根据表面成形原理,加工直齿圆柱齿轮时的成形运动应包括:形成渐开线齿廓(母线)的运动和形成直线形齿线(导线)的运动。前者靠滚刀旋转运动 B_{11} 和工件的旋转运动 B_{12} 组成的复合成形运动——展成运动来实现;后者则由相切法形成,即靠滚刀旋转运动 B_{11} 和滚刀沿工件轴线的直线运动 A_2 来实现,这是两个简单运动,滚刀的旋转运动既是形成渐开线齿廓的运动,又是形成直线形齿线的运动。因此,滚切直齿圆柱齿轮只需要两个独立的成形运动:一个复合成形运动($B_{11}+B_{12}$)和一个简单成形运动 A_2。但习惯上常根据切削中所起的作用来称滚齿时的运动,即称滚刀的旋转运动为主运动,工件的旋转运动为展成运动,滚刀沿工件轴线方向的移动为轴向进给运动。

图 1-39 所示为滚切直齿圆柱齿轮的传动原理图,联系滚刀主轴(滚刀转动 B_{11})和工作台(工件的旋转运动 B_{12})之间的传动链“滚刀—4—5—6—7—工件”为展成运动传动链。由于滚刀旋转运动 B_{11} 和工件的旋转运动 B_{12} 是同一个独立的复合运动的分运动,因而它们之间的传动联系性质属于“内联系”传动,滚刀旋转运动 B_{11} 和工件的旋转运动 B_{12} 之间应保持严格的传动比关系,即设滚刀的头数为1,工件齿数为 z,则滚刀每转一转,工件应转过一个齿($1/z$ 转)。其中 u_x 为换置机构,用以适应工件齿数和滚刀头数的变化。

为使滚刀和工件实现展成运动,需有传动链“电动机(M)—1—2—u_v—3—4—滚刀(B_{11})”把运动源与展成运动传动链联系起来。它是展成运动的外联系传动链,使滚刀和工件共同获得一定速度和方向的运动。称为主运动传动链。其中 u_v 为换置机构,用以适应滚刀直径、滚刀材料、工件材料、硬度以及加工质量要求等的变化。

为形成渐开线齿面导线(直线),滚刀还需要做轴向进给运动 A_2。这个运动是维持切削得以连续的运动,A_2 是一个简单的运动,可以使用独立的动力源驱动。这里用工作台作为间接运动源,是因为滚齿时的进给量通常以工件每转1转时,刀架的位移量来计量,且刀架运动速度较低,采用这种传动方案,不仅满足了工艺上的需要,还能简化机床的结构。这条传动链是:工件—7—8—u_f—9—10—刀架升降丝杠。其中,换置机构 u_f 用于调整轴向进给量的大小和进给方向,以适应不同加工表面粗糙度的要求。这是一条外联系传动链,称为轴向进给传动链。

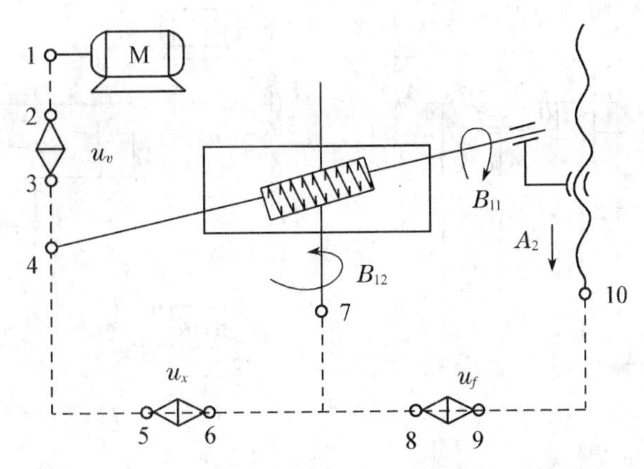

图1-39 滚切直齿圆柱齿轮工作状态和传动原理图

2. 加工斜齿圆柱齿轮的运动和传动原理

斜齿圆柱齿轮和直齿圆柱齿轮在端面均为渐开线齿廓,不同之处是斜齿圆柱齿轮的齿长为螺旋线,因此,滚切斜齿圆柱齿轮时,除了和滚切直齿轮一样,需要展成运动、主运动和轴向进给运动外,为了形成螺旋线齿线,在滚刀作轴向进给的同时,工件还应作附加旋转运动 B_{22}(简称附加运动),而且这两个运动之间必须保持确定的运动关系,即滚刀移动一个工件螺旋线导程 L 时工件应准确地附加转动一转。如图1-40(a)所示,设工件螺旋线为右旋,螺旋角为β,当刀架带着滚刀沿工件轴向进给 f,滚刀由 a 点到 b 点时,为了能够切出螺旋线齿线,应使工件的 b' 点转到 b 点,即工件在原来的旋转运动 B_{22} 的基础上,再附加转动 bb'。当滚刀再进给一个 f 至 c 点时,工件再附加转动 cc',使工件的 c' 转到 c 点,以此类推,当滚刀进给至 p 点,正好等于一个工件螺旋线导程 L 时,工件的 p' 点应转到 p 点,即工件应附加转动1转。附加运动用 B_{22} 表示,它的运动方向与工件在展成运动中的旋转运动 B_{12} 方向相同或者相反,这取决于工件螺旋线方向和滚刀刀架轴向进给方向 A_{21},如果 B_{22} 和 B_{12} 同向,计算时附加运动取+1转,若 B_{22} 和 B_{12} 方向相反,则取-1转。由上述分析可知,滚刀的轴向进给运动 A_{21} 和工件的附加运动 B_{22} 是形成螺旋线齿线所必需的运动,它们组成了一个复合运动——螺旋轨迹运动。

实现滚切斜齿圆柱齿轮所需成形运动的传动原理图如图1-40(b)所示,其中主运动、展成运动和轴向进给运动传动链与加工直齿圆柱齿轮时相同,只是在刀架与工件之间增加了一条附加运动传动链:刀架(滚刀移动 A_{21})—12—13—u_y—14—15—[合成]—6—7—u_x—8—9—工作台(工件附加转动 B_{22}),以保证刀架沿工作台轴线方向移动一个螺旋线导程 L 时,工件附加转动±1转,形成螺旋线齿线.这是一条内联系传动链。传动链中的换置机构为 u_y,用于适应不同的工件螺旋线导程 L,传动链中也设有换向机构以适应不同的螺旋线方向。由于滚切斜齿圆柱齿轮时,工作台的旋转运动既要与滚刀的旋转运动相配合,组成形成渐开线齿廓的展成运动,又要与滚刀刀架的轴向进给运动相配合,组成形成螺旋线齿线的附加运动,所以加工时工作台的实际旋转运动是上述两个运动的合成。为了使工作台能同时接受来自两条传动链的运动而不发生矛盾,就需要在传动链中配置一个运动合成机构(在传动原理图中用"合成"表示),将两个运动合成之后再传动给工作台。

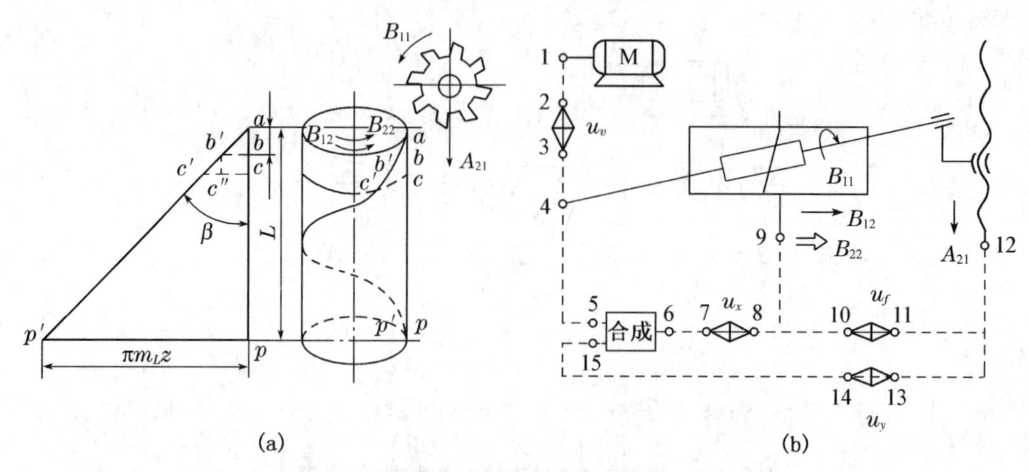

(a) (b)

图 1 - 40　滚切斜齿圆柱齿轮的传动原理图

3. 滚齿加工中滚刀的安装

滚齿时，为了切出准确的齿形，应使滚刀和工件处于正确的啮合位置，即滚刀在切削点处的螺旋线方向与被加工齿轮齿槽的方向一致。为此，需将滚刀轴线与工件顶面安装成一定角度，称为安装角，用 δ 表示，如图 1 - 41 所示。加工直齿圆柱齿轮时，安装角 δ 等于滚刀的螺旋升角 λ，即 $\delta=\lambda$。倾斜方向与滚刀螺旋线方向有关，如图 1 - 41(a)和图 1 - 41(b)所示. 加工斜齿圆柱齿轮时，安装角 δ 与滚刀的螺旋升角 λ 和工件的螺旋角 β 大小有关，即 $\delta=\beta\pm\lambda$。当被加工的斜齿轮与滚刀的螺旋线方向相反时取“+”，螺旋线方向相同时取“-”号，倾斜方向如图 1 - 41(c)～1 - 41(f)所示。

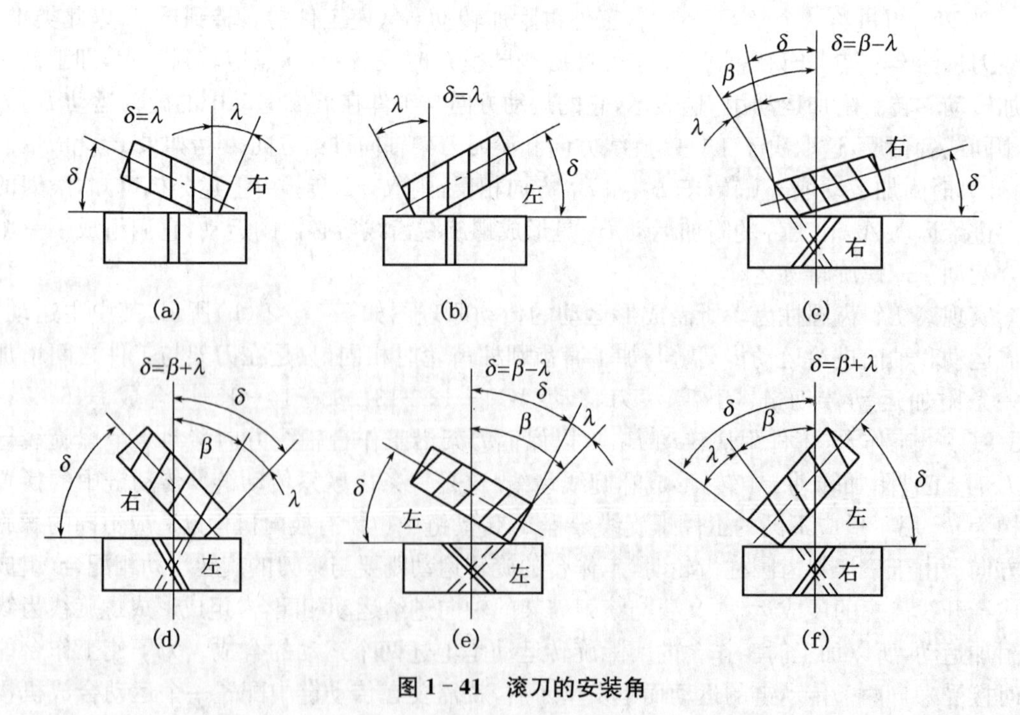

(a) (b) (c)

(d) (e) (f)

图 1 - 41　滚刀的安装角

1.4.3 Y3150E 型滚齿机

1. 机床的用途与布局

(1) 机床的用途

Y3150E 滚齿机主要用于滚切直齿和斜齿圆柱齿轮。此外,可采用手动径向进给法滚切蜗轮,也可加工花键轴。

(2) 机床的布局

中型通用滚齿机常见的布局形式有立柱移动式和工作台移动式。Y3150E 型滚齿机的布局属于工作台移动式,如图 1-42 所示为该机床的外形图。

床身 1 上固定有立柱 2,刀架溜板 3 带动刀架体 5 可沿立柱导轨做垂直进给运动和快速移动,安装滚刀的刀杆 4 装在刀架体 5 的主轴上,刀架体连同滚刀一起可沿刀架溜板 3 的圆形导轨在 240°范围内调整安装角度。工件安装在工作台 9 的心轴 7 上或直接安装在工作台上,随工作台 9 一起转动。后立柱 8 和工作台 9 装在床鞍上,可沿床身的水平导轨移动,用以调整工件的径向位置或手动径向进给运动。后立柱的支架 6 可通过轴套或顶尖支承工件心轴的上端,以提高心轴的刚度。

Y3150E 型滚齿机的主要技术参数:加工齿轮最大工件直径为 500 mm,最大宽度为 250 mm,最大模数为 8 mm,最小齿数为 $5k$(k 为滚刀头数)。

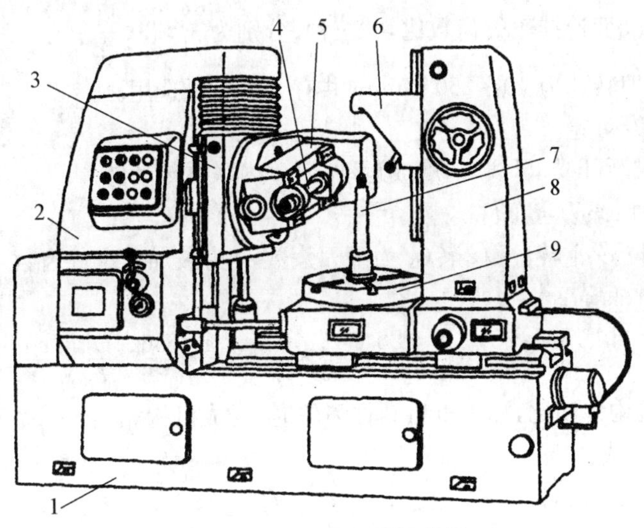

图 1-42 Y3150E 型滚齿机

1—床身;2—立柱;3—刀架溜板;4—刀杆;5—刀架体;6—支架;
7—心轴;8—后立柱;9—工作台

2. 机床运动的调整计算

如图 1-43 所示为 Y3150E 型滚齿机的传动系统图。该机床的传动系统比较复杂,在进行机床的运动分析时,应参看机床的传动原理图,从传动系统图中找出各条传动链的两端件及其对应的传动路线和相应的换置机构;根据传动链两端件间的计算位移,列出运动平衡式,再由运动平衡式导出换置公式。

传动系统中有主运动、展成运动、轴向进给运动和附加运动四条传动链。另外还有一条刀架快速移动(空行程)传动链。

(1) 加工直齿圆柱齿轮的调整计算

用滚刀滚切直齿圆柱齿轮时,机床需要三条传动链:主运动传动链、展成运动传动链和轴向进给运动传动链。

① 主运动传动链

主运动传动链是联系运动源(电动机)和执行件(滚刀主轴)之间的传动链,属于外联系传动链。

a. 找出两端件(首端件—末端件):电动机—滚刀

b. 确定计算位移:$n_{电}$(=1 430 r/min)—$n_{刀}$

c. 列出运动平衡式:

$$n_{刀}=1\,430\times\frac{115}{165}\times\frac{21}{42}\times u_{\text{II—III}}\times\frac{\mathrm{A}}{\mathrm{B}}\times\frac{28}{28}\times\frac{28}{28}\times\frac{28}{28}\times\frac{20}{80}\,\mathrm{r/min}$$

d. 导出换置公式:

$$u_v=u_{\text{II—III}}\times\frac{A}{B}=\frac{n_{刀}}{124.583}$$

式中:$u_{\text{II—III}}$——轴II—III之间三联滑移齿轮变速组的三种传动比,分别为$\frac{27}{43}$,$\frac{31}{39}$,$\frac{35}{35}$;

$\frac{A}{B}$——主运动变速挂轮的齿数比,共三种,分别为$\frac{22}{44}$,$\frac{33}{33}$,$\frac{44}{22}$。

由此可知,滚刀转速为40~250 r/min,共有9级可供选用。

② 展成运动传动链

这是一条形成渐开线(母线)的展成运动,属于内联系传动链。

a. 找出两端件:滚刀—工件

b. 确定计算位移:1转—k/z转(k为滚刀头数,z为被加工工件齿数)

c. 列出运动平衡式:

$$\frac{k}{z}=1\times\frac{80}{20}\times\frac{28}{28}\times\frac{28}{28}\times\frac{28}{28}\times\frac{42}{56}\times u_{合1}\times\frac{e}{f}\times\frac{36}{36}\times\frac{a}{b}\times\frac{c}{d}\times\frac{1}{72}$$

式中,$u_{合1}$为合成机构传动比,加工直齿圆柱齿轮时,合成机构相当于一个联轴器,即$u_{合1}=1$。

d. 导出换置公式:

$$u_x=\frac{a}{b}\times\frac{c}{d}=\frac{f}{e}\times\frac{24k}{z}$$

式中,e、f挂轮是根据被加工齿轮齿数选取,

当$5\leqslant\frac{z}{k}\leqslant20$时,取$e=48$,$f=24$;

当$21\leqslant\frac{z}{k}\leqslant142$时,取$e=36$,$f=36$;

当$\frac{z}{k}\geqslant143$时,取$e=24$,$f=48$

从换置公式可以看出,当传动比u_x计算式的分子和分母相差倍数过大时,对选取挂轮齿数及安装挂轮都不太方便,这时会出现一个小齿轮带动一个很大的齿轮(若z很大时,u_x

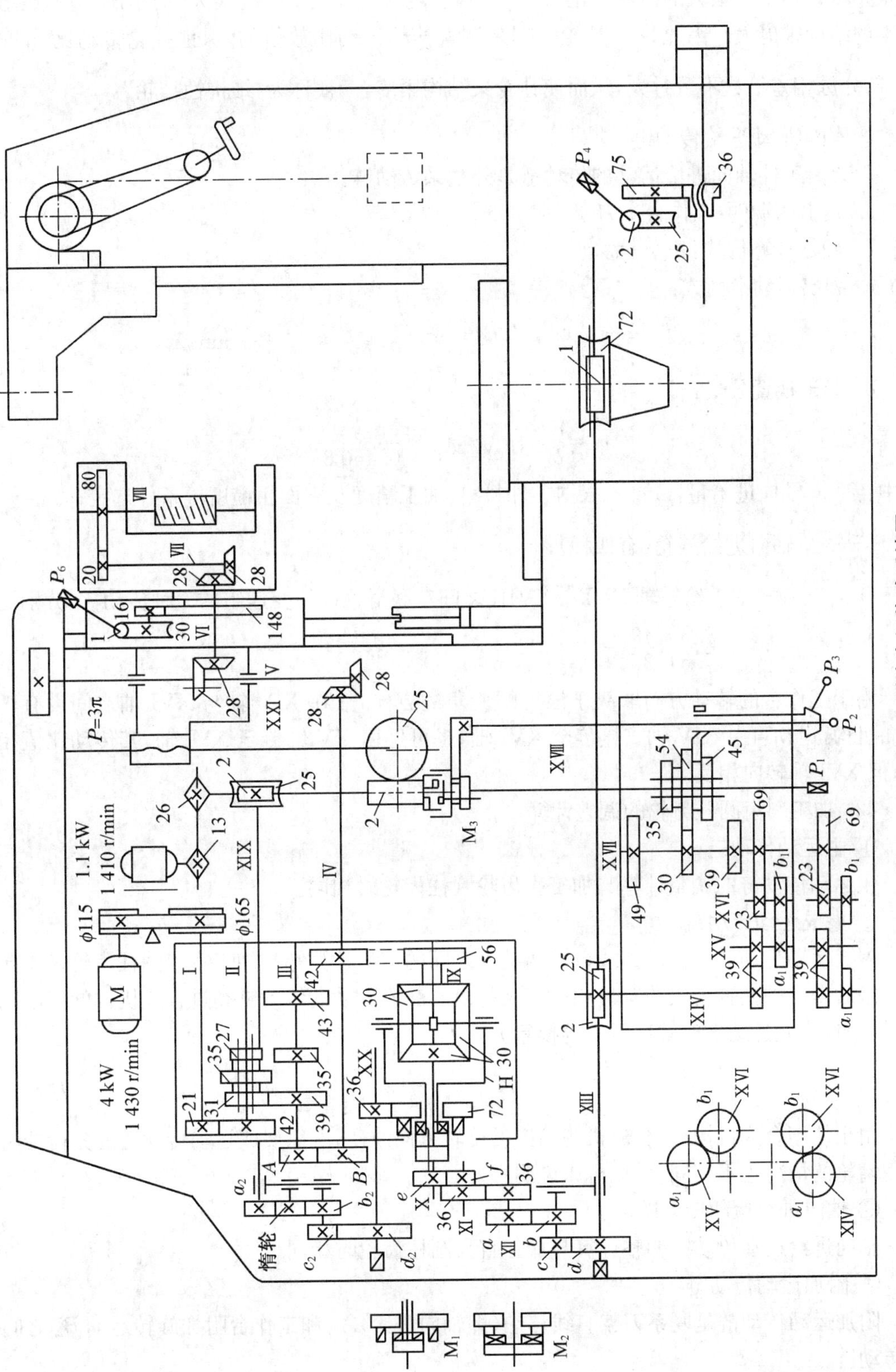

图 1-43　Y3150E 型滚齿机传动系统图

就很小)，或是一个很大的齿轮带动一个小齿轮(若 z 很小时，u_x 就很大)的情况，以致使挂轮架的结构很庞大。因此，e/f 挂轮是用来调整挂轮传动比数值的，保证挂轮传动比 u_x 的分子、分母相差倍数不致过大，从而使挂轮架结构紧凑，$\frac{e}{f}$被称为“结构性挂轮”。

③ 轴向运动进给传动链

刀架沿工件轴向进给运动的传动链是外联系传动链。

a. 找出两端件：工作台—刀架

b. 确定计算位移：1 转—移动 f

c. 列出运动平衡式：

$$f=1\times\frac{72}{1}\times\frac{2}{25}\times\frac{39}{39}\times\frac{a_1}{b_1}\times\frac{23}{69}\times u_{\text{XVII—XVIII}}\times\frac{2}{25}\times 3\pi\ \text{mm/r}$$

d. 导出换置公式：

$$u_f=\frac{a_1}{b_1}\times u_{\text{XVII—XVIII}}=\frac{f}{0.4608\pi}$$

式中：f——轴向进给量，mm/r，根据工件材料、加工精度及表面粗糙度等条件选定；

$\frac{a_1}{b_1}$——轴向进给挂轮(有四种)；

$u_{\text{XVII—XVIII}}$——进给箱轴 XVII—XVIII 之间三联滑移齿轮变速组的三种传动比，分别是 $\frac{39}{45}$，$\frac{30}{54}$，$\frac{49}{35}$。

由于工作台的转动方向取决于滚刀螺旋角的方向，故在 XIV 轴与 XVI 轴之间设有正反向机构，运动可由 XIV 轴直接传至 XVI 轴，也可经由 XV 轴传至 XVI 轴，其传动比值相同，但 XVI 轴转向相反。

(2) 加工斜齿圆柱齿轮的调整计算

① 主运动传动链

主运动传动链的调整计算与加工直齿轮圆柱齿轮时相同。

② 展成运动传动链

展成运动传动链的传动路线以及两端件之间的位移计算都与加工直齿圆柱齿轮时相同只是最后得出的换置公式的符号相反。这是由于展成运动的传动链经过合成机构的传动比 $u'_{合1}=-1$，代入运动平衡式后得出的换置方式为

$$u_x=\frac{a}{b}\times\frac{c}{d}=-\frac{f}{e}\times\frac{24k}{z}$$

由于使用合成机构后，合成机构输出的旋转方向改变，所以展成运动传动链的分齿挂轮使用惰轮的情况也不相同(详见机床说明书)。

③ 轴向进给运动传动链

轴向进给运动传动链调整计算与加工直齿圆柱齿轮时相同。

④ 附加运动传动链

附加运动传动链是联系刀架直线移动(即轴向进给)A_{21} 和工作台附加旋转运动 B_{22} 之间的传动链。

a. 找出两端件：刀架—工作台(工件)

b. 确定计算位移：L—±1 转

刀架轴向移动一个螺旋线导程 L 时，工件应附加转过±1 转。

c. 列出运动平衡式：

$$\pm 1=\frac{L}{3\pi}\times\frac{25}{2}\times\frac{2}{25}\times\frac{a_2}{b_2}\times\frac{c_2}{d_2}\times\frac{36}{72}\times u_{合2}\times\frac{e}{f}\times\frac{a}{b}\times\frac{c}{d}\times\frac{1}{72}$$

式中：L——被加工斜齿齿轮螺旋线导程，mm 根据图 1－40，可得出：

$$L=\pi m_s z/\mathrm{tg}\,\beta=\pi m_n z/\sin\beta$$

m_s——被加工齿轮的端面模数，mm；

m_n——被加工齿轮的法向模数，mm；

β——被加工齿轮的螺旋角，(°)；

$u_{合2}$——运动合成机构在附加运动传动链中的传动比，$u_{合2}=2$。

d. 导出换置公式：

$$u_y=\frac{a_2}{b_2}\times\frac{c_2}{d_2}=\pm 9\,\frac{\sin\beta}{m_n k}$$

对于附加运动传动链的运动平衡公式和换置公式，做如下分析：

a. 附加运动传动链是形成螺旋线的内联系传动链，其传动比数值的精确度直接影响工件轮齿的齿向精度，所以挂轮传动比应配算准确。但是换置公式中包含无理数 $\sin\beta$，这就给精确配算挂轮$\frac{a_2}{b_2}\times\frac{c_2}{d_2}$带来困难，因为挂轮个数有限，且与展成运动共用一套。为保证展成运动挂轮传动比的绝对准确，一般先选定展成运动挂轮，剩下的挂轮供附加运动传动链中挂轮选择，故无法配算得非常准确。其配算结果和计算结果之间的误差，对于 8 级精度的斜齿轮，要精确到小数点后第四位数，对于 7 级精度的斜齿轮，要精确到小数点后第五位数字，才能保证不超过精度标准中规定的齿向允差。

b. Y3150E 型滚齿机把从“合成—u_x—工件”这一段传动链设计成展成运动传动链和附加运动传动链的共用段，这种结构方案，可使附加挂轮 $a_2/b_2\times c_2/d_2$ 与被加工齿数 z 无关。它的好处在于：当用一把滚刀加工一对相啮合的斜齿轮时，由于其模数相同，螺旋角绝对值也相同。即使这对齿轮的齿数不同，仍可用同一套附加运动挂轮，而且只需计算和调整挂轮一次。附加运动的方向，则通过惰轮的取舍来保证。尤为重要的是，附加挂轮近似配算所产生的螺旋角误差对两个斜齿轮是相同的，因此仍可获得良好的啮合。

c. 刀架丝杠采用模数螺纹，导程为 3π。由于丝杠的导程值中包含 π，可消去运动平衡式中被加工齿轮轮齿螺旋线导程 L 里的 π，使换置计算简便。

(3) 刀架快速移动传动路线

利用快速电动机可使刀架做快速升降运动，以便调整刀架位置及在进给前后实现快进或快退。由图 1－43 可知刀架快速移动的传动路线为：快速电动机—13/26(链传动)—M_3—2/25—XXI(刀架轴向进给丝杠)。

此外，在加工斜齿圆柱时，启动快速电动机，可经附加运动传动链带动工作台旋转，还可检查工作台附加运动的方向是否符合附加运动的要求。

刀架快速移动的方向可通过控制快速电动机的旋转方向来变换。在 Y3150E 型滚齿机上，启动快速电动机之前，必须先将操纵手柄 P_3 放于“快速移动”位置上，此时轴 XVIII 上的三联滑移齿轮处于空挡位置，脱开轴 XVII 和轴 XVIII 之间的传动联系，同时接通离合器

M_3，此时方能启动快速电动机。

在加工斜齿圆柱齿轮过程中，附加运动传动链不允许断开，让滚刀在快速进退刀时按原来螺旋线轨迹运动，避免工件产生“乱牙”，损坏刀具及机床。

3. Y3150E型滚齿机的主要结构

(1) 运动合成机构

滚齿机上加工斜齿圆柱齿轮、大齿数齿轮以及用径向进给法加工蜗轮时，都需要通过运动合成机构将展成运动中工件的旋转运动和工件的附加运动合成后传递给工作台，使工件获得合成运动。并且在加工直齿圆柱齿轮时，断开附加运动传动链，同时把运动合成机构调整为一个“联轴器”的形式。

滚齿机所用的运动合成机构通常是圆柱齿轮或锥齿轮行星机构。如图1-44所示为Y3150E型滚齿机所用的运动合成机构。该机构由模数 $m=3$、齿数 $z=30$、螺旋角 $\beta=30°$ 的四个弧齿锥齿轮组成。

当需要附加运动时，如图1-44(a)所示，先在轴X上装上套筒G(用键与轴连接)，再将离合器 M_2 空套在套筒G上。离合器 M_2 的端面与空套齿轮 Z_f 的端面齿以及转臂H的端面齿同时啮合，将它们连接成一个整体，因而来自刀架的运动可以通过齿轮 Z_f 传递给转臂H，与来自滚刀的运动(由 Z_c 传入)经四个锥齿轮合成后，由轴X经齿轮E传往工作台。

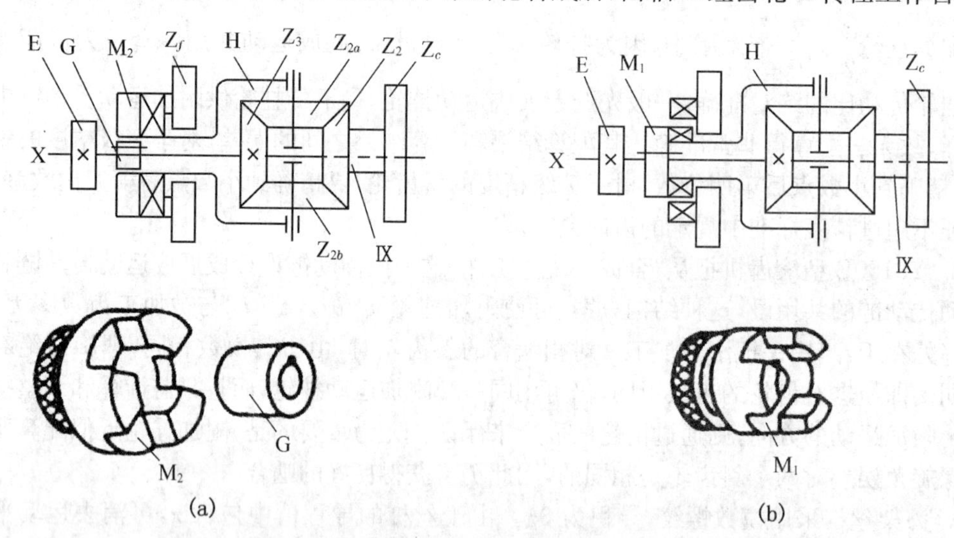

图1-44 滚齿机运动合成机构的工作原理

设 n_X、n_{IX}、n_H 分别为轴X、IX及转臂H的转速，根据行星齿轮机构的传动原理，可以列出运动合成机构的传动比计算式：

$$\frac{n_X-n_H}{n_{IX}-n_H}=(-1)\frac{z_1 z_{2b}}{z_{2a} z_3}$$

上式中的(−1)，由锥齿轮传动的旋转方向确定。将锥齿轮齿数 $z_1=z_{2a}=z_{2b}=z_3=30$ 代入上式，则得

$$\frac{n_X-n_H}{n_{IX}-n_H}=-1$$

上式移项,可得运动合成机构中从动件的转速 n_X 与两个主动件的转速 n_{IX} 及 n_H 的关系式:

$$n_X=2n_H-n_{IX}$$

在展成运动传动链中,来自滚刀的运动由齿轮 Z_c,经合成机构传至轴 X,可设 $n_H=0$,则轴 IX 与 X 之间传动比为

$$u_{合1}=\frac{n_X}{n_{IX}}=-1$$

在附加运动传动链中,来自刀架的运动由齿轮 Z_f 传送给转臂 H,再经合成机构传至轴 X。可设 $n_{IX}=0$,则转臂 H 与轴 X 之间的传动比为

$$u_{合2}=\frac{n_X}{n_H}=2$$

综上所述,加工斜齿圆柱齿轮和切向法加工蜗轮时,展成运动和附加运动同时通过合成机构传动,并分别按传动比 $u_{合1}=-1$ 及 $u_{合2}=2$ 经轴 X 和齿轮 E 传往工作台。

加工直齿圆柱齿轮时,不需要工作台的附加运动,可卸下离合器 M_2 及套筒 G,然后将离合器 M_1 装在轴 X 上,如图 1-44(b)所示,M_1 通过键和轴 X 连接,其端面齿只和转臂 H 的端面齿连接,所以此时:

$$n_H=n_X$$

由

$$n_X=2n_X-n_{IX}$$

得

$$n_X=n_{IX}$$

展成运动传动链中轴 X 与轴 IX 之间的传动比为

$$u'_{合}=\frac{n_X}{n_{IX}}=1$$

实际上,在上述状态下,转臂 H、轴 X 与轴 IX 之间都不能做相对运动,三者联成一个整体,相当于一个联轴器,因此在展成运动传动链中,运动由齿轮 Z_c 经轴 IX 直接传至轴 X 及齿轮 E,即合成机构传动比 $u'_{合}=1$。

不同的滚齿机有不同的合成机构,因此 $u_{合1}$、$u_{合2}$ 的值也根据具体情况计算确定。

(2) 滚刀刀架结构

滚刀刀架的作用是支承滚刀主轴,并带动安装在主轴上的滚刀作沿工件轴向的进给运动。由于在不同的加工情况下,滚刀旋转轴线需对工件旋转轴线保持不同的相对位置,或者说滚刀需有不同的安装角度,所以,通用滚齿机的滚刀刀架都由刀架体和刀架溜板两部分组成。装有滚刀主轴的刀架体可相对刀架溜板转一定角度,以便使主轴旋转轴线处于所需位置,刀架溜板则可沿立柱导轨做直线运动(参看图 1-42)。图 1-45 所示为 Y3150E 型滚齿机滚刀刀架的结构。刀架体 1 用装在环形 T 型槽内的六个螺钉 4 固定在刀架溜板(图中未示出)上。调整滚刀安装角时,应先将螺钉 4 松开,然后用扳手转动刀架溜板上的方头,经蜗杆蜗轮副 1/30 及齿轮带动固定在刀架体上的齿轮 Z_{148},使刀架体回转至所需位置。主轴 14 前(左)端用内锥外圆的滑动轴承 13 支承,以承受径向力,并用两个推力球轴承 11 承受轴向力。主轴后(右)端通过铜套 8 及套筒 9 支承在两个圆锥滚子轴承 6 上,轴承 13 及 11 安装在轴承座 15 内,15 用六个螺钉 2 通过两块压板压紧在刀架上。主轴以其后端的花键与套筒 9 内的花键孔连接,由齿轮 5 带动旋转。当主轴前端的滑动轴承 13 磨损,引起主轴径向

跳动超过允许值时,可以拆下垫片 10 及 12,磨去相同的厚度,调配至符合要求时为止。如需调整主轴的轴向窜动,则可将垫片 10 适当磨薄。

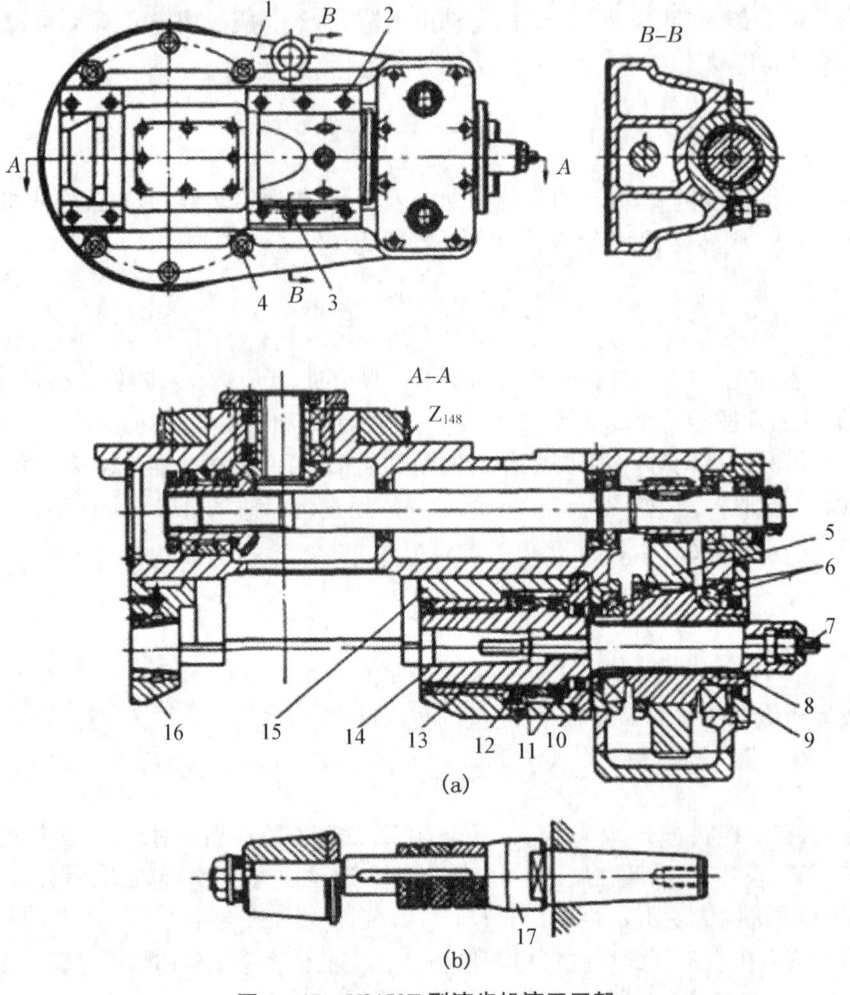

图 1-45 Y3150E 型滚齿机滚刀刀架

1—刀架体;2、4—螺钉;3—方头架;5—齿轮;6—圆锥滚子轴承;7—方头螺杆;8—铜套;9—套筒;10、12—垫片;11—推力球轴承;13—滑动轴承;14—主轴;15—轴承座;16—支架;17—刀杆

安装滚刀的刀杆 17 如图 1-45(b)所示用锥柄安装在主轴前端的锥孔内,并用方头螺杆 7 将其拉紧。刀杆左端装在支架 16 上的内锥套支承孔中,支架 16 可以在刀架体上沿主轴轴线方向调整位置,并用压板固定在所需位置上。

安装滚刀时,为使滚刀的刀齿(或齿槽)对称于工件轴线,以保证加工出的齿廓两侧齿面对称,另外,为了使滚刀沿全长均匀地磨损,以提高滚刀使用寿命,需调整滚刀轴向位置,即串刀。调整时,先放松压板螺钉 2,然后用手柄转动方头轴 3,通过方头轴 3 上的齿轮,经轴承座 15 上的齿条,带动轴承座连同滚刀主轴一起轴向移动。调整妥当后,应拧紧压板螺钉。Y3150E 型滚齿机滚刀最大串刀量为 55 mm。

当滚刀主轴前端的滑动轴承 13 磨损,引起主轴径向跳动超过允许值时,可拆下垫片 10

与 12，磨去相同的厚度，调配至符合要求为止。若仅调整主轴的轴向窜动，则可将垫片 10 适当磨薄。

1.5　其他机床

1.5.1　铣床

铣床是机械制造行业中应用十分广泛的一种机床。在铣床上用不同类型的铣刀，配置万能分度头、圆工作台等多种附件，可完成各种表面（水平面、垂直面等），沟槽（键槽、T 形槽、燕尾槽等）、分齿零件（齿轮、花键槽、键轮等）、螺旋表面（螺纹和螺纹槽）及各种曲面的加工，图 1－46 所示为铣床加工的典型表面。

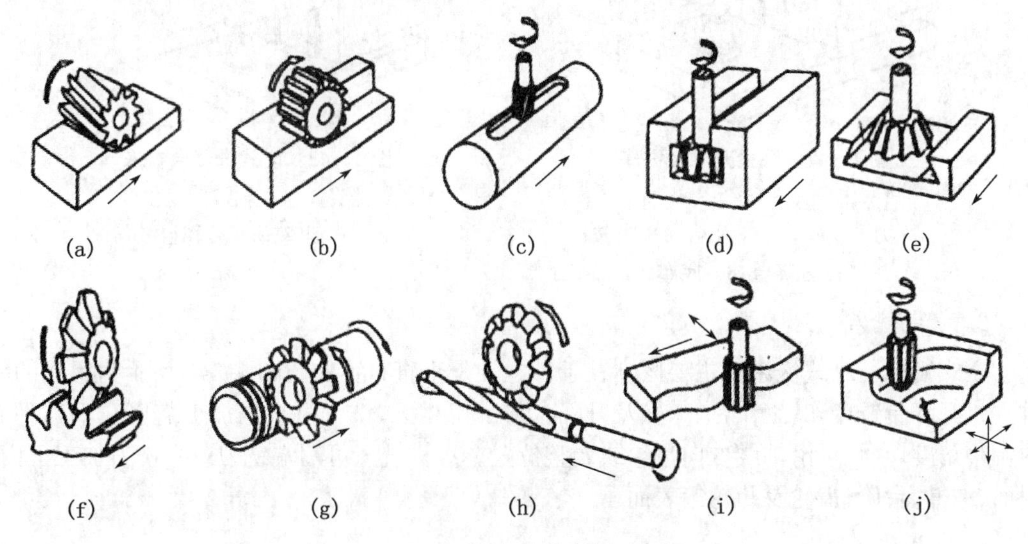

图 1－46　铣床的典型加工表面

铣床工作时的主运动是主轴部件带动铣刀的旋转运动，进给运动可由工作台在三个互相垂直的方向做直线运动来实现。铣床上使用的是多齿刀具，加工过程中通常有几个刀齿同时参加切削，因此可获得较高的生产效率。就整个铣削过程来看是连续的，但就每个刀齿来看其切削过程是断续的，而且切入与切出的切削厚度不同，因此作用在机床上的切削力相应地发生周期性变化，这就要求铣床在结构上具有较高的静刚度和动刚度。

铣床的类型很多，主要的类型有卧式升降台铣床、立式升降台铣床、龙门铣床、工具铣床、圆工作台铣床、仿形铣床及各种专门化铣床等。

1. 卧式铣床

图 1－47 所示为卧式升降台铣床，其主轴水平布置。床身 1 固定在底座 8 上，床身顶部的燕尾形导轨上装有悬梁 2，可沿主轴轴线方向调整其前后位置，刀杆支架 4 用于支承刀杆的悬伸端，升降台 7 装在床身 1 的垂直导轨上，可以上下（垂直）移动，升降台内装有进给电动机。升降台的水平导轨上装有床鞍 6，可沿平行于主轴轴线的方向移动。工作台 5 装在

床鞍6的导轨上，可沿垂直于主轴轴线的方向移动。

万能卧式升降台铣床的结构与卧式升降台铣床基本相同，但在工作台5和床鞍6之间增加了一层转盘，使工作台可以在水平面内调整角度，以便于加工螺旋槽。

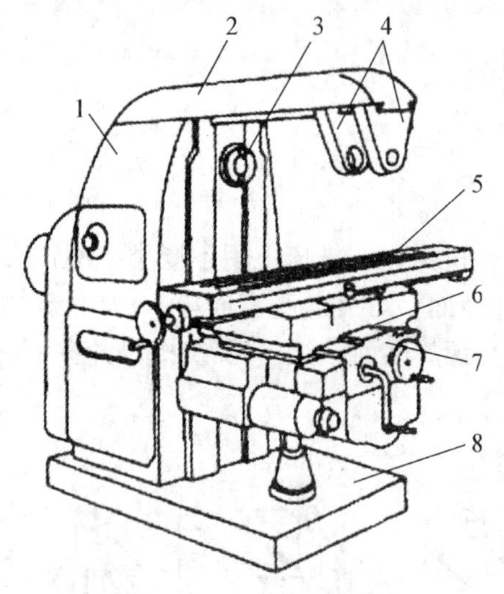

图1-47 卧式升降台铣床

1—床身；2—悬梁；3—主轴；
4—刀杆支架；5—工作台；6—床鞍；
7—升降台；8—底座

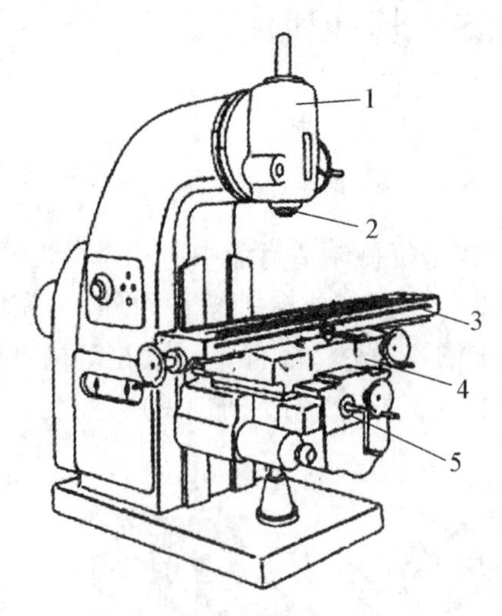

图1-48 立式升降台铣床

1—铣头；2—主轴；3—工作台；
4—床鞍；5—升降台

2. 立式铣床

立式铣床与卧式铣床的主要区别在于其主轴是垂直布置的。图1-48所示为常见的一种立式升降台铣床，其工作台、床鞍及升降台与卧铣相同，铣头可根据加工需要在垂直平面内调整角度，主轴可沿轴线方向进给或调整位置。这种铣床可用端铣刀或立铣刀加工平面、斜面、沟槽、台阶、齿轮及凸轮等表面。

3. 常用铣床附件

常用铣床附件指万能分度头、平口钳、万能铣头、回转工作台等，如图1-49所示。

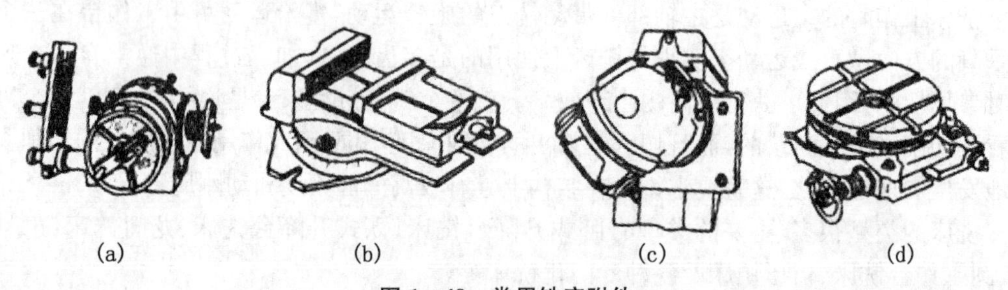

图1-49 常用铣床附件

(1) 分度头

① 分度头的组成及作用

分度头是一种用来进行分度的装置，如图1-49(a)所示，由底座、转动体、分度盘、主轴及顶尖等组成。工作时，将分度头底座固定在铣床的纵向工作台上，分度头主轴前端有莫氏锥孔，以便插入顶尖支承工件。主轴外部有螺纹可以旋装卡盘以装夹工件。主轴装在转动体内，可以带动工件在360°范围内翻转任意角度，进行加工面转换，完成铣四方、六方、齿轮、花键等多项分度工作。

另外，主轴可以随转动体在向上90°和向下6°的范围内倾斜任意角度，图1-50为分度头传动示意图。

② 简单分度方法

使工件转过一定角度，从一个加工面转换到另一个加工面的过程称为分度。简单分度法，就是直接利用分度盘上的多圈等分孔进行分度的方法。两块分度盘的正反面都有很多圈精确等分的定位孔，以FW250型分度头为例，其分度盘上的定位孔数为：第一块正面：24、25、28、30、34、37；反面：38、39、41、42、43。第二块正面：46、47、49、51、53、54；反面：57、58、59、62、66。

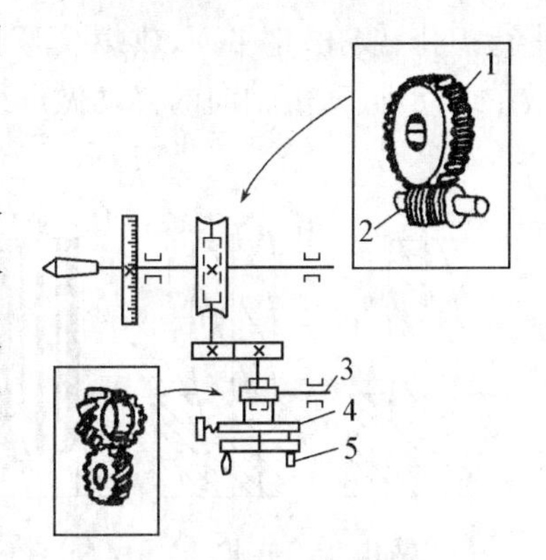

图1-50 分度头传动示意图

1—蜗轮；2—蜗杆；
3—螺旋齿轮输入轴(机动时用)；
4—分度盘；5—定位销

分度手柄转数与主轴转数之比叫分度头定数。FW250型分度头的定数为40(也就是图1-50中蜗轮蜗杆的传动比为1∶40)，则分度手柄转一圈，主轴转过1/40圈。若要进行z等分，欲使主轴转过$1/z$圈，则分度头手柄应转n圈：

$$n=40/z \text{ 圈}$$

显然，若$z=2$、4、5、8、10、20、40，则n为整数，只要使手柄转动n圈就可完成简单分度。当n不是整数时，则要选用不同的分度盘进行分度。

a. n为真分数时，例如$z=65$时，则$n=40/65=8/13=24/39$，应选具有39个孔的分度盘面，使手柄沿39孔圈转过24个孔距，就使主轴(即工件)完成一次分度。

b. n为假分数时，例如$z=27$时，则$n=40/27=1+13/27=1+26/54$，应选用具有54个孔的分度盘面，使手柄转过1圈后再沿54孔圈转过26个孔距，即完成一次分度。

为使操作简便可靠，可用分度叉记录手柄转过整数圈后应转过的孔距数，分度叉间的孔数=应转过的孔数+1(第一个孔作为起点而不计入)。

每次分度时，应先拔出定位销，摇动手柄转过整数圈后，再转动手柄使销子从分度叉的斜面上滑入最后一个孔中，即完成一次分度。

(2) 平口钳

如图1-49(b)所示，它具有结构简单、夹紧可靠、使用方便等特点，广泛用于装夹矩形工件。

(3) 万能铣头

如图1-49(c)所示，它是一种扩大卧式铣床加工范围的附件，利用它可以在卧铣上进行立铣工作。使用时，先卸下卧式铣床的横梁、刀杆，再装上万能铣头，并根据加工需要，调整其主轴的方向。

(4) 回转工作台

如图1-49(d)所示，为机动回转工作台，主要用来加工带有内外圆弧面的工件及对工件进行分度，可手动进给和机动进给。

1.5.2 钻床

钻床主要是用钻头钻削直径不大、精度要求较低的内孔，此外，还可在原有孔的基础上进行扩孔、铰孔、锪平面、攻螺纹等加工。在钻床上加工时，通常是工件固定不动，刀具旋转做主运动，同时沿轴向的移动做进给运动，如图 1－51 所示。

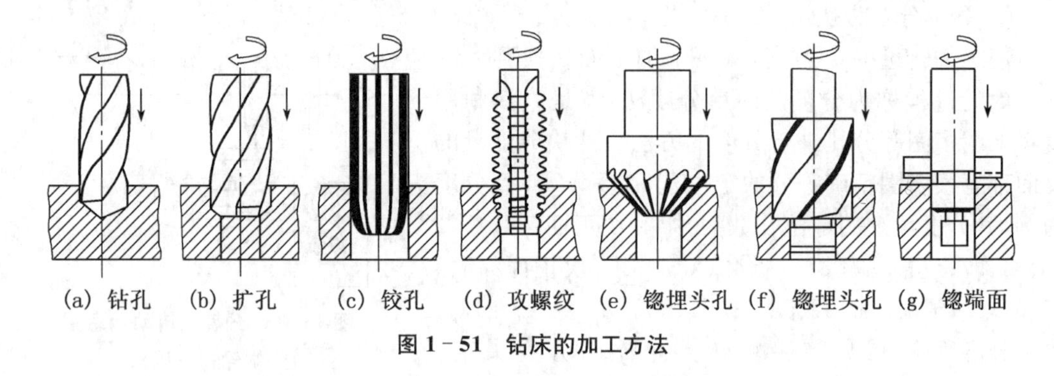

图 1－51　钻床的加工方法

钻床的主要类型有台式钻床、立式钻床和摇臂钻床等。

1. 台式钻床

台式钻床简称台钻，如图 1－52 所示，它实质上是加工小孔的立式钻床，钻孔的直径一般小于 16 mm。由于加工孔径较小，所以主轴转速往往较高，最高可达每分钟几万转。主要用于小型零件上各种小孔的加工。台钻的自动化程度较低，但其结构简单，小巧灵活，使用方便。

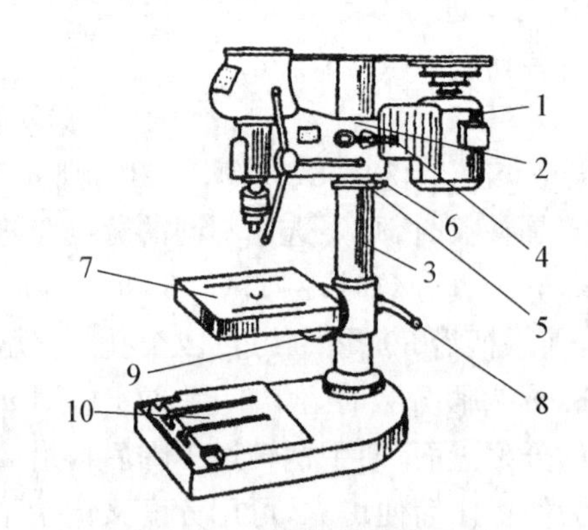

图 1－52　台式钻床外形图

1—电动机；2—头架；3—圆立柱；4—手柄；5—保险环；6—紧定螺钉；7—工作台；8—锁紧手柄；9—锁紧螺钉；10—底座

2. 立式钻床

立式钻床是应用较广的一种钻床，其特点是主轴垂直布置，位置固定不变。在立式钻床上加工完一个孔再钻另一个孔时，需要移动工件，使刀具与另一个孔对准。这对于大而且笨重的零件控制很不方便。因此，立式钻床仅适用于单件、小批量生产中加工中、小型零件。

图 1－53 所示是立式钻床的外形图。主轴箱 3 中装有主运动和进给运动的变速机构、主轴部件以及操纵机构等。加工时，主轴箱固定不动，主轴随同主轴套筒在主轴箱中作直线进给运动。利用装在主轴箱上的进给操纵机构 5，可以使主轴实现手动快速升降、手动进给和接通、断开机动进给。被加工工件通过夹具或直接装夹在工作台上。工作台和主轴箱都装在立柱 4 的垂直导轨上，并可上下调整位置，以适应加工不同高度的工件。

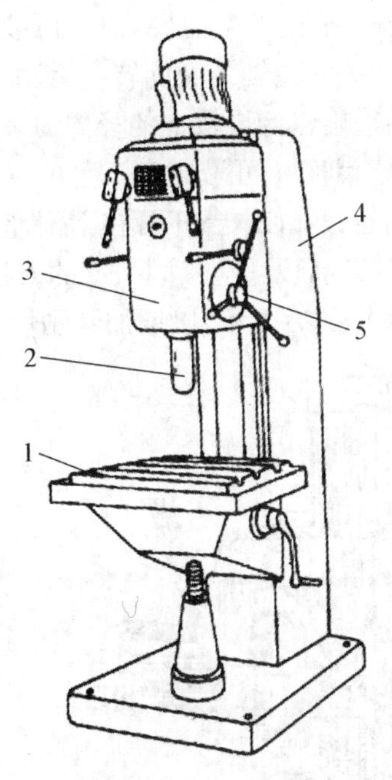

图 1 - 53 立式钻床

1—工作台;2—主轴;3—主轴箱;
4—立柱;5—进给操纵机构

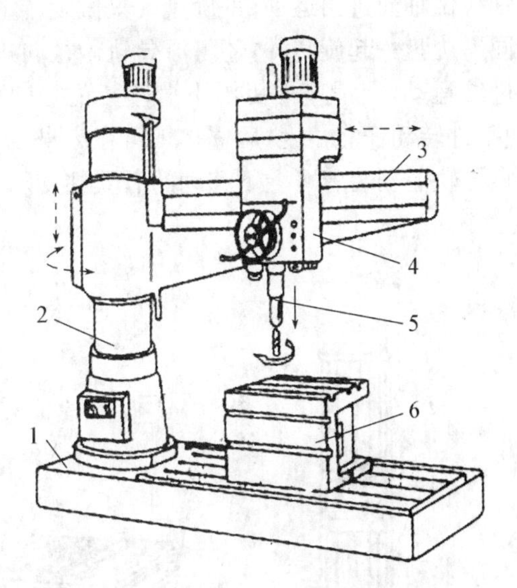

图 1 - 54 摇臂钻床

1—底座;2—立柱;3—摇臂;
4—主轴箱;5—主轴;6—工作台

3. 摇臂钻床

对于结构尺寸大且较重的工件,因移动不变,找正困难,不便于在立式钻床上加工。这时希望工件不动而移动主轴来使刀具对准被加工孔的中心,于是就产生了摇臂钻床,如图 1 - 54 所示为摇臂钻床。

主轴箱 4 装在摇臂 3 上,可沿摇臂 3 的导轨移动,而摇臂 3 可绕立柱 2 的轴线转动,因而可以方便地调整主轴 5 的位置,使主轴轴线与被加工孔的中心线重合。此外,摇臂 3 还可以沿立柱升降,以适应不同的加工需要。摇臂钻床的主轴箱、摇臂和立柱在主轴调整好位置后,必须用各自的夹紧结构将其有效地夹紧,使机床形成一个刚性系统,以保证在切削力的作用下机床有足够的刚度和位置精度。

1.5.3 镗床

镗床可以用镗刀镗削尺寸较大、精度要求较高的孔、内成形表面或孔内环槽,特别适应加工分布在不同表面上、孔距和位置精度要求很严格的孔系。加工时刀具旋转形成主运动,进给运动则根据机床类型和加工条件不同,可由刀具或工件完成。

镗床的主要类型有卧式镗床、立式镗床、坐标镗床、金刚镗床等。

1. 卧式镗床

卧式镗床以主轴水平布置为特点,其规格由主轴直径大小来区分。常见的有卧式镗铣床、落地镗床、卧式铣镗床和落地铣镗床等。

(1) 卧式镗床

图 1 - 55 所示为卧式镗床的外形。主轴箱 10 可沿立柱 9 上的导轨作升降运动,主轴箱

10 内装有主运动和进给运动的变速传动机构及操纵机构等。根据加工需要，刀具可装在主轴 7 前端的锥孔中，或装在平旋盘 8 的径向刀具溜板上。加工时主轴 7 做旋转主运动，并可沿其轴线做轴向进给运动；平旋盘 8 只做旋转主运动，装在平旋盘 8 导轨上的径向刀具溜板除随同平旋盘一起旋转外，还可沿导轨做径向进给运动。下滑座 4 可沿床身 3 上的导轨做纵向进给运动，上滑座 5 可沿下滑座 4 的导轨做横向进给运动，工作台 6 可在上滑座上回转，使工件转动任意角度，后立柱 1 可在床身 3 的尾端纵向移动，以适应不同长度的刀杆，它的垂直导轨上安装着可上下移动的后立柱支承 2，可作为镗杆的后支承，以增加其刚性。

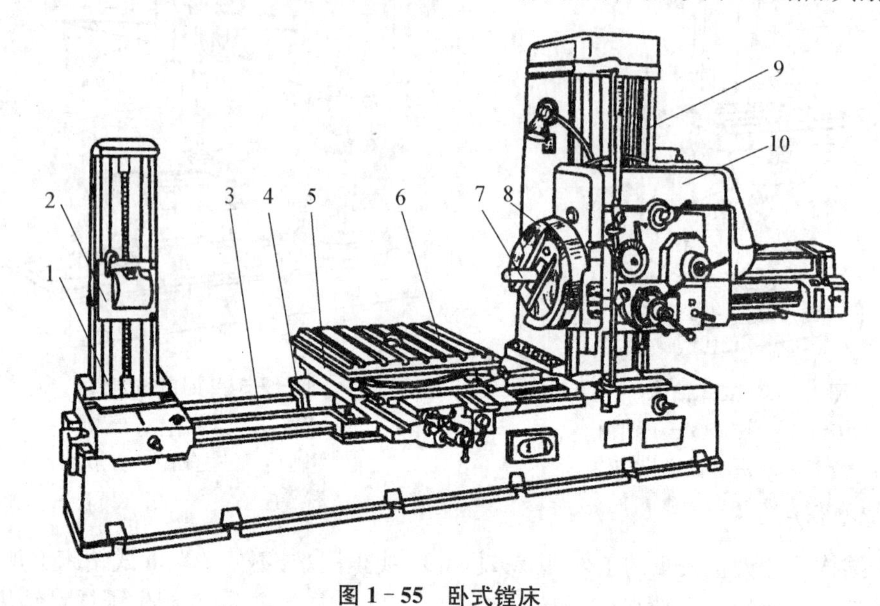

图 1-55　卧式镗床

1—后立柱；2—后立柱支承；3—床身；4—下滑座；5—上滑座；6—工作台；7—主轴；8—平旋盘；9—立柱；10—主轴箱

卧式镗床的典型加工方法如图 1-56 所示。

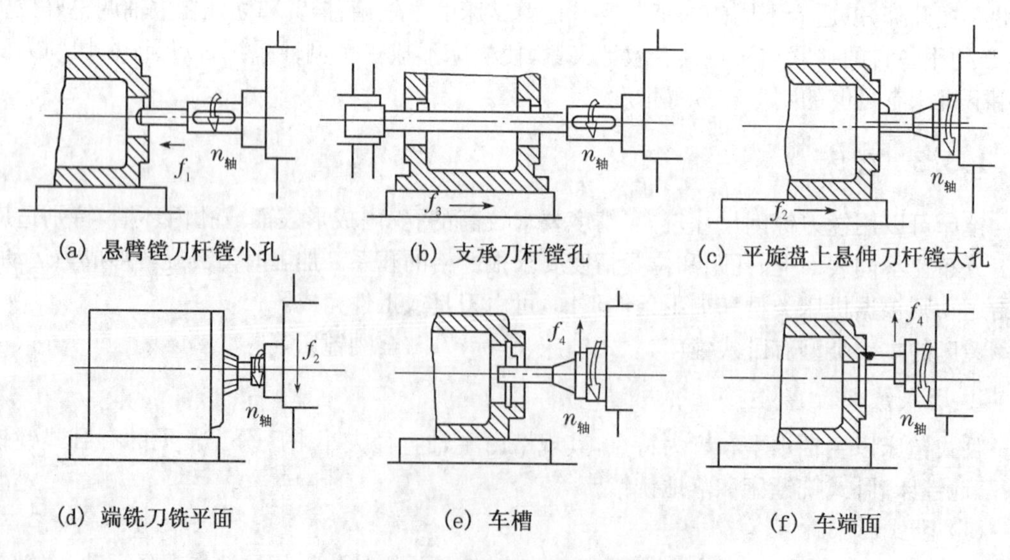

图 1-56　卧式镗床的典型加工方法

(2) 落地镗床

落地镗床是加工大型、重型工件的镗床，一般不设工作台，工件安装在与机床分开的大型回转平台上。

如图1-57所示，落地镗床由床身1、滑板2、立柱3、主轴4、平旋盘5、主轴箱6等部件组成。滑板2可沿床身1上的导轨移动，主轴箱6可沿立柱3上的导轨做升降运动，主轴4除做旋转运动外，还可做轴向进给运动，平旋盘5做旋转运动，其上的刀架可做径向进给运动。落地镗床的主轴直径一般大于125 mm。

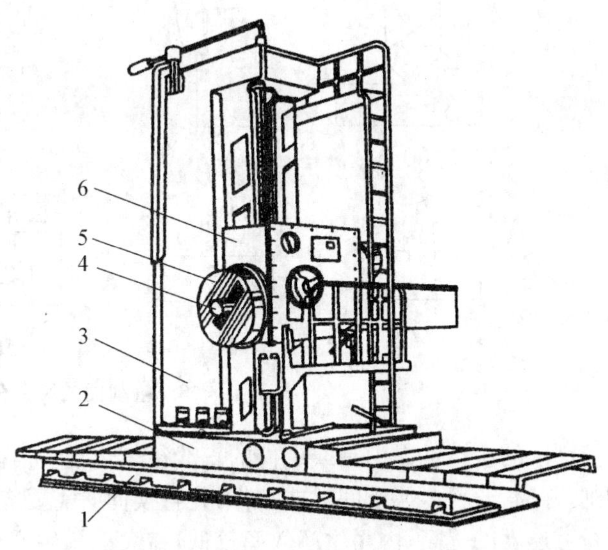

图1-57 落地镗床

1—床身；2—滑板；3—立柱；4—主轴；5—平旋盘；6—主轴箱

2. 坐标镗床

坐标镗床用于孔本身精度及位置要求都很高的孔系加工，如钻模、镗模和量具等零件上的精密孔加工，也能钻孔、扩孔、铰孔、锪平面、切槽等。坐标镗床主要零部件的制造和装配精度都很高，具有良好的刚度和抗震性，并配备有坐标位置的精密测量装置，除进行孔系的精密加工外，还能进行精密刻度、样板的精密划线、孔间距及直线尺寸的精密测量等。

坐标镗床按其布局形式不同，可分为立式单柱、立式双柱和卧式坐标镗床等。立式单柱坐标镗床结构简单，操作方便，但刚性较差，一般为中、小型镗床。立式双柱坐标镗床刚性较强，承载能力大，一般为大、中型机床，适用于中等及较大工件的镗削加工。卧式坐标镗床工件高度不受限制，装夹和加工工件时比较方便，可在工作时一次安装中完成几个方位上的孔与平面等的加工，所以应用较广。

3. 金刚镗床

金刚镗床因采用金刚石镗刀而得名，它是一种高速精密镗床，其特点是切削速度高，而切削深度和进给量极小，因此可以获得质量很高的表面和精度很高的尺寸。金刚镗床主要用于成批、大量生产中，如汽车厂、拖拉机厂、柴油机厂加工连杆轴瓦、活塞、油泵壳体等零件上的精密孔。金刚镗床种类很多，按其布局形式分为单面、双面和多面金刚镗床；按其主轴位置分为立式、卧式和倾斜式金刚镗床；按其主轴数量分为单轴、双轴和多轴金刚镗床。

1.5.4 刨床和拉床

1. 刨床

刨床是指利用刨刀与工件的相对直线运动进行切削加工的机床。刨床主要用于加工各种平面、沟槽和成形表面，如图1-58所示。

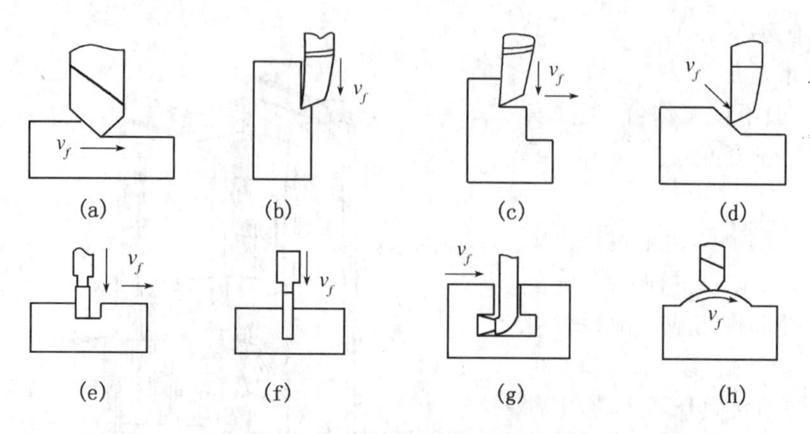

图 1-58　刨削加工的主要应用

刨床的主运动是刀具或工件的直线往复运动，进程时进行切削称为工作行程，返程时不切削，称为空行程，属于间歇式工作，并且换向时需要克服较大的惯性力，限制了切削速度和空行程速度的提高，因而生产效率较低，在大批量生产中常被铣削和拉削所代替. 但由于刨床及其所用刀具结构简单，调整方便，在单件小批量生产中加工形状复杂的表面比较经济，且生产准备工作省时。在机修和工具车间，仍广泛应用。

刨床类机床主要有牛头刨床、龙门刨床和插床三种类型。

(1) 牛头刨床

牛头刨床如图 1-59 所示，因其滑枕刀架形似牛头而得名，它主要用于加工小型零件。牛头刨床工作时，装有刀架的滑枕由床身内部的滑杆带动，沿床身顶部的导轨作直线往复运动，使刀具实现切削过程的主运动，滑枕的运动速度和行程长度均可调节；工件安装在工作台上，并可沿横梁上的导轨作间隙的横向运动，实现切削过程的进给运动；横梁可沿床身的竖直导轨上、下移动，以调整工件与刨刀的相对位置。

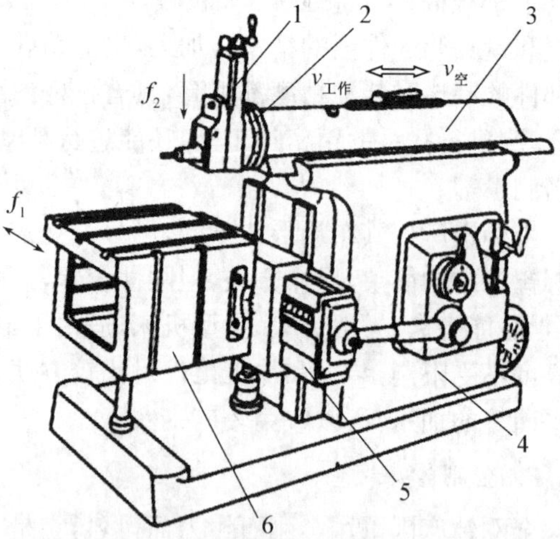

图 1-59　牛头刨床

1—刀架；2—转盘；3—滑枕；
4—床身；5—横梁；6—工作台

(2) 龙门刨床

龙门刨床如图 1-60 所示，主要用于加工大型或重型零件上的各种平面、沟槽和导轨面，也可在工作台上一次装夹数个中小型零件进行多件加工。

其主运动是工作台 9 沿床身 10 的水平导轨所做的直线往复运动。床身 10 的两侧固定有左、右立柱 3 和 7，两立柱顶部用顶梁 4 连接，形成结构刚性较好的龙门框架。横梁 2 上装有两个垂直刀架 5 和 6，可在横梁导轨上沿水平方向做进给运动。横梁可沿左、右立柱的导轨上下移动，以调整垂直刀架的位置，加工时由夹紧机构夹紧在两个立柱上。左、右立柱上分别装有左、右侧刀架 1 和 8，可分别沿立柱导轨做垂直进给运动。在加工中，为避免刀具返程碰伤工件表面，龙门刨床刀架夹持刀具的部分都设有返程自动让刀装置。

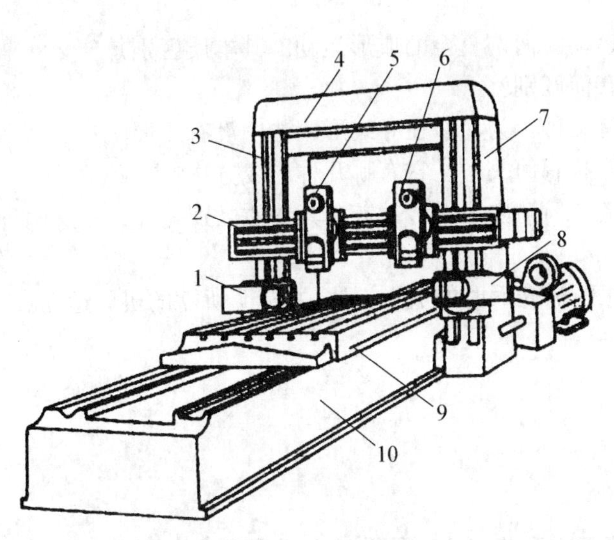

图 1－60　龙门刨床

1、8—左、右侧刀架；2—横梁；3、7—立柱；4—顶梁；
5、6—垂直刀架；9—工作台；10—床身

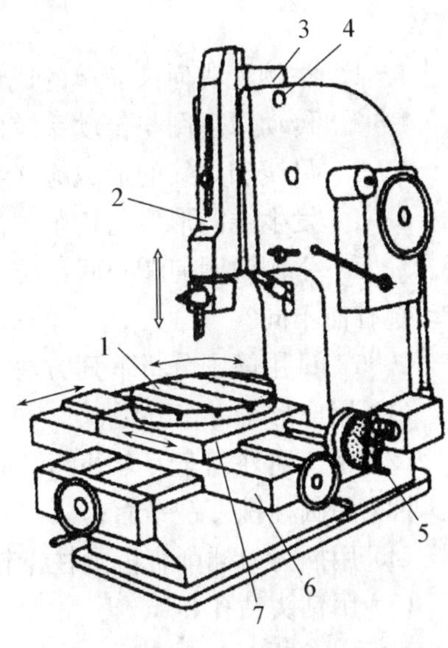

图 1－61　插床

1—圆工作台；2—滑枕；3—滑枕导轨座；
4—销轴；5—分度装置；6—床鞍；7—溜板

(3) 插床

插床实质上是立式刨床，主运动是滑枕带动插刀所做的直线往复运动，图 1－61 所示为插床的外形。插床主要用于加工工件的内表面，如内孔中的键槽及多边形孔等，也可用于加工成形内外表面。

2. 拉床

拉床是用拉刀进行加工的机床，可加工各种形状的通孔、平面及成形表面等。如图 1－62 所示是适用拉削的一些典型表面形状。拉床的运动比较简单，只有主运动，被加工表面在一次拉削中成形。因为拉削力较大，拉床的主运动通常采用液压驱动。

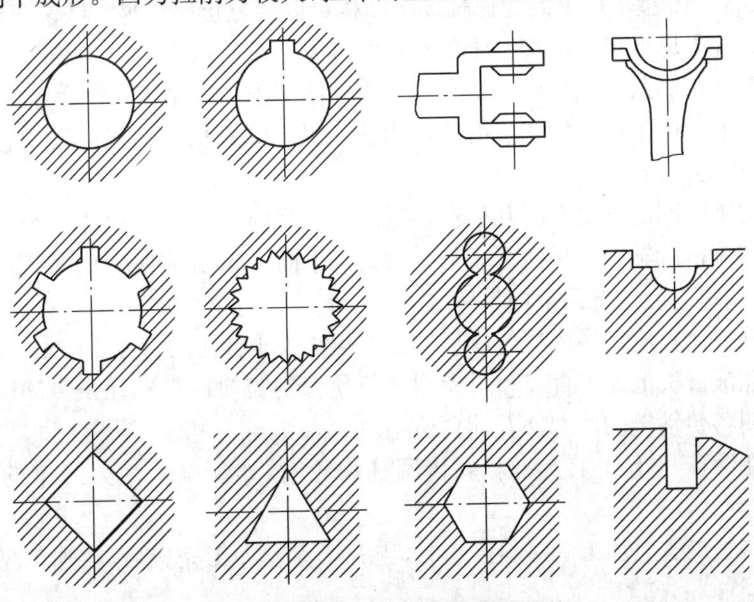

图 1－62　适于拉削的典型表面形状

习 题

1-1 举例说明何谓简单的成形运动？何谓复合的成形运动？其本质区别是什么？

1-2 传动原理图与传动系统图有何区别？

1-3 母线和导线的形成方法各有几种？为什么在导线形成法中没有成形法？

1-4 发生线的形成与切削刃的形状有何关系？它有哪几种形成方法？

1-5 举例说明何谓外联系传动链？何谓内联系传动链？其本质区别是什么？这两种传动链有何不同？

1-6 试用简图分析下列方法加工所需表面时的成形方法，并标明所需的机床运动。

(1) 用成形车刀车外圆；

(2) 用普通外圆车刀车外圆锥面；

(3) 用圆柱铣刀铣平面；

(4) 用插齿刀插削直齿圆柱齿轮；

(5) 用钻头钻孔。

1-7 分析 CA6140 型车床进给箱基本变速组 8 种传动比和增倍变速组 4 种传动比的特点？

1-8 CA6140 型车床主传动链中，能否用双向牙嵌式离合器或双向齿轮式离合器代替双向多片式摩擦离合器实现主轴的开停及换向？在进给传动链中，能否用单向摩擦离合器代替齿轮式离合器 M_3、M_4、M_5？为什么？

1-9 卧式车床进给传动系统中，为何既有光杠又有丝杠来实现刀架的直线运动？可否单独设置丝杠或光杠？为什么？

1-10 为什么卧式车床溜板箱中要设置互锁机构？丝杠传动与纵向、横向机动进给能否同时接通？纵向和横向机动进给之间是否需要互锁？为什么？

1-11 CA6140 型车床在正常工作中安全离合器自行打滑，试分析原因并指出解决的方法。

1-12 CA6140 型车床上的快速辅助电动机可以随意正反转吗？试说明理由。

1-13 万能外圆磨床上磨削圆锥面有哪几种方法？各适用于什么场合？

1-14 万能外圆磨床的砂轮主轴和头架主轴能否采用齿轮传动？为什么？

1-15 无心外圆磨床工件托板的顶面为什么做成倾斜的？工件中心为什么必须高于砂轮与导轮的中心连线？

1-16 内圆磨削的方法有哪几种？各适用于什么场合？

1-17 试分析卧轴矩台平面磨床与立轴圆台平面磨床在磨削方法、加工质量以及生产率等方面的不同。它们的适用范围有何区别？

1-18 分析比较应用展成法与成形法加工圆柱齿轮各自的特点。

1-19 在滚齿机上加工直齿和斜齿圆柱齿轮分别需要调整哪几条传动链？画出传动原理图，并说明各传动链的两端件及计算位移。

1-20 在滚齿机上加工直齿和斜齿圆柱齿轮时，如何确定滚刀刀架的扳转角度与方向？

1-21 在滚齿机上加工一对斜齿轮时，当一个齿轮加工完成后，在加工另一个齿轮前应当进行哪些挂轮计算和机床调整工作?

1-22　在其他条件不变,而只改变下列某一条件情况下,滚齿机上哪些传动链的换向机构应变向?

(1) 滚切右旋齿改为滚切左旋齿;

(2) 由使用右旋滚刀改变为左旋滚刀;

(3) 由加工直齿齿轮改变为加工斜齿齿轮。

1-23　各类机床中,可用来加工外圆表面、内孔、平面和沟槽的各有哪些机床? 它们的适用范围有何区别?

1-24　铣床能进行哪些表面的加工?

1-25　摇臂钻床可实现哪几个方向的运动?

1-26　摇臂钻床主轴结构有哪些特点?

1-27　铣削加工需要哪些运动?

1-28　铣床有哪些主要类型? 各有何优缺点?

1-29　刨削加工有何特点? 拉削加工有何特点?

1-30　能加工孔的机床有哪些?

第2章 数控机床

2.1 概 述

随着神舟六号载人飞船的成功发射，宇航技术再一次引起人们的关注。其实，和宇航部门一样，在造船、机床、重型机械及国防等许多领域，有许许多多的零件存在着精度要求高、形状复杂、加工批量小且改型频繁的特点。这些零件的数量约占机械制造工业产品总量的75%～80%。如果采用普通机床来加工这些零件，不仅存在效率低、劳动强度大的问题，有时甚至不能加工；采用组合机床或自动化机床加工这类零件也会因为要经常改装与调整设备，使得加工方案显得极不合理。

近年来随着单件小批量生产所占比重越来越大，生产的市场竞争也变得日益激烈起来。生产厂商提高产品质量的同时，还要通过频繁的改型来满足市场不断变化的需要。即使是大批量生产，也改变不了产品长期一成不变的做法。

机械加工工艺的自动化是实现机械产品质量与生产率"双赢"的最重要的措施之一。它不仅能提高产品的质量，提高生产效率，降低生产成本，还能够大大地改善工人的劳动条件。于是，一种新型的数字程序控制机床应运而生并逐渐被市场接受，为单件小批量生产精密复杂零件提供了自动化的加工手段。

1952年，美国麻省理工学院成功研制了世界上第一台数控机床——三坐标立式数控铣床，其数控系统采用的是电子管电路。1959年3月，克耐·社列克公司开发出了世界上第一台加工中心，数控机床的发展道路从此迈进了加工中心的又一新阶段。从1960年开始，数控机床在各个方面都得到了迅速的发展，德国、日本等一些工业国家更是陆续地开发、生产数控机床，并将这种新技术在生产中予以广泛的应用。20世纪80年代初，国际上出现了以一台或多台加工中心、车削中心为主体，再配以工件自动装卸和监控检验装置的柔性制造单元。近几十年来正是由于微电子和计算机技术的不断发展，数控机床的数控系统也得到了不断的更新，发展异常迅速。经测算，几乎每2～3年数控系统便得以更新换代。

2.1.1 数控技术的基本概念

数控技术，简称数控(Numerical Control, NC)是一种利用数字化信息对机床运动及加工过程进行控制的一种方法。由于现代数控都采用了计算机进行控制，也可以称为计算机数控(Computerized Numerical Control, CNC)。

为了对机械运动及加工过程进行数字化信息控制，必须具备相应的硬件和软件。用来实现数字化信息控制的硬件和软件的整体称为数控系统(Numerical Control System)，数控系统的核心是数控装置(Numerical Controller)。由于数控系统、数控装置的英文缩写亦采用NC(或CNC),在实际应用中,在不同场合NC(或CNC)具有三种不同含义,既可以在广义上代表一种控制技术,又可以在狭义上代表一种控制系统的实体,此外还可以代表一种具体的控制装置——数控装置。

数控系统和计算机技术的发展保持同步,至今已经历了从电子管、晶体管、集成电路、计算机到微处理机的演变,系统的功能日益增强,应用领域日益扩大,发展异常迅速,更新换代十分频繁。

采用数控技术进行控制的机床,称为数控机床(NC机床)。它是一种综合应用了计算机技术、自动控制技术、精密测量技术和机床设计等先进技术的典型机电一体化产品,是现代制造技术的基础。机床控制也是数控技术应用最早、最广泛的领域,数控机床的水平代表了当前数控技术的性能、水平和发展方向。

数控机床种类繁多,有钻铣镗床类、车削类、磨削类、电加工类、锻压类、激光加工类和其他特殊用途的专用数控机床等,凡是采用数控技术进行控制的机床称为NC机床。

带有自动刀具交换装置(Automatic Tool Changer, ATC)的数控机床(带有回转刀架的数控车床除外)称为加工中心(Machine Center, MC)。它通过刀具的自动交换,可以一次装夹完成多工序的加工,实现了工序的集中和工艺的复合,从而缩短了辅助加工时间,提高了机床的效率,减少了零件安装、定位次数,提高了加工精度。加工中心是目前数控机床中产量最大、应用最广的数控机床。

在加工中心的基础上,通过增加多工作台(托盘)自动交换装置(Auto Pallet-Changer, APC)以及其他相关装置,组成的加工单元称为柔性加工单元(Flexible Manufacturing Cell, FMC)。FMC不仅实现了工序的集中和工艺的复合,而且通过工作台(托盘)的自动交换和较完善的自动检测、监控功能,可以进行一定时间的无人化加工,从而进一步提高设备的加工效率。FMC既是柔性制造系统的基础,又可作为独立的自动化加工设备使用。因此,其发展速度较快。

在FMC和加工中心的基础上,通过增加物流系统、工业机器人以及相关设备,并由中央控制系统进行集中、统一控制和管理,这种制造系统称为柔性制造系统(Flexible Manufacturing System, FMS)。FMS不仅可以进行长时间的无人化,而且可以实现多品种零件的全部加工和部件装配,实现了车间制造过程中的自动化,它是一种高度自动化的先进制造系统。

随着科学技术的发展,为了适应市场的需求多变的形势,对现代制造业来说,不仅需要发展车间制造过程的自动化,而且要实现从市场预测、生产对策、产品设计、产品制造直到产品销售的全面自动化。将这些要求综合,构成完整的生产制造系统,统称计算机集成制造系统(Computer Integrated Manufacturing System, CIMS)。CIMS将一个工厂的生产、经营活动进行了有机的集成,实现了更高效益、更高柔性的智能化生产,是当今自动化制造技术发展的最高阶段。

数控系统是所有数控设备的核心。数控系统的主要控制对象是坐标轴的位移(包括移动、速度、方向、位置等),其控制信息主要来源于数控加工或运动控制程序。因此作为数控系统的最基本组成应包括:程序的输入/输出装置、数控装置、伺服驱动这三部分。

(1) 程序的输入/输出装置。程序的输入/输出装置的作用是进行数控加工或运动控制程序、加工与控制数据、机床参数以及坐标轴位置、检测开关的状态等数据的输入、输出。键盘和显示器是任何数控设备都必备的最基本输入/输出装置。此外,根据数控系统的不同,还可以配光电阅读机、磁带机或软盘驱动器等。作为外围设备,计算机是目前常用的输入/输出装置之一。

(2) 数控装置是数控系统的核心。它由输入/输出接口线路、控制器运算器和存储器等部分组成。数控装置的作用是将输入装置输入的数据,通过内部的逻辑电路或控制软件进行编译、运算和处理,并输出各种信息和指令,以控制机床的各部分进行规定的动作。

在这些控制信息和指令中,最基本的是坐标轴的进给速度、进给方向和进给位移量指令,它经插补运算后生成,提供给伺服驱动,经驱动器放大,最终控制坐标轴的位移。它直接决定了刀具或坐标轴的移动轨迹。

此外,根据系统和设备的不同,如:在数控机床上,还可能有主轴的转速、转向和起停指令;刀具的选择和交换指令;冷却、润滑装置的起、停指令;工件的松开、夹紧指令;工作台的分度等辅助指令。在基本的数控系统中,它们是通过接口,以信号的形式提供外部辅助控制装置,由辅助控制装置,对以上信号进行必要的编译和逻辑运算,放大后驱动相应的执行元件,带动机床机械部件、液压气动等辅助装置完成指令规定的动作。

(3) 伺服驱动。伺服驱动通常由伺服放大器(亦称驱动器)、伺服单元和执行机构等部分组成。在数控机床上,目前一般都采用交流伺服电动机作为执行机构;在先进的高速加工机床上,已经开始使用直流电动机。另外,在 20 世纪 80 年代以前生产的数控机床上,也有采用直流伺服电动机的情况;对于简易数控机床,步进电动机也可以作为执行元件。伺服放大器的形式决定于执行元件,它必须与驱动电动机配套使用。

以上是数控系统最基本的组成部分。随着数控技术的发展和机床性能水平的提高,对系统的功能要求也日益增强,为了满足不同机床的控制要求,保证数控系统的完整性和统一性,并方便用户使用。常用的较为先进的数控系统,一般都带有内部可编程控制器作为机床的辅助控制装置。此外,在金属切削机床上,主轴驱动装置也可以成为数控系统的一部分;在闭环数控机床上,测量检测装置也是数控系统必不可少的部分。对于先进的数控系统,有时甚至采用计算机作为系统的人机界面和数据的管理、输入/输出设备,从而使数控系统的功能更强、性能更完善。

总之,数控系统的组成决定于控制系统的性能和设备的具体控制要求,其配置和组成具有很大的区别,除加工程序的输入/输出装置、数控装置、伺服驱动这三个最基本的组成部分外,还可能有更多的控制装置。

2.1.2 数控机床的分类

不同的数控机床的结构性能都不一样,按照不同的标准我们可以按照以下几种不同的分类方法进行分类。

1. 按控制系统的特点分类

(1) 点位控制数控机床

点位控制机床的特点是只控制移动部件的终点位置即控制移动部件由一个位置到另一个位置的精确定位,而对它们运动过程中轨迹没有严格要求,在移动和定位过程中不进行任何加工,如图 2-1(a)所示。因此,为了尽可能地减少移动部件的运动时间和定位时间,通常先快速移动到接近终点坐标，然后以低速准确移动到定位点，以保证良好的定位精度。例如，数控坐标镗床、数控钻床、数控冲床、数控点焊机、数控折弯机等都是点位控制数控机床。

(2) 直线控制数控机床

直线控制数控机床的特点是刀具相对于工件的运动不仅要控制两点之间的准确位置(距离)，还要控制两点之间移动的速度和轨迹，如图 2-1(b)所示。一些数控车床、数控磨床和数控铣床等都属于直线控制系统，这类机床的数控装置的控制功能比点位系统复杂，不仅控制直线运动轨迹，还要控制进给速度以适应不同材质的工件。

(3) 轮廓控制数控机床

轮廓控制又称连续控制，大多数数控机床具有轮廓控制功能。其特点是能同时控制两个以上的轴，具有插补功能。它不仅控制起点和终点的位置，而且要控制加工过程中每一点的位置和速度，加工出任意形状的曲线或曲面组成的复杂零件，如图 2-1(c)所示。属于这类机床的有数控车床、数控铣床、加工中心等。

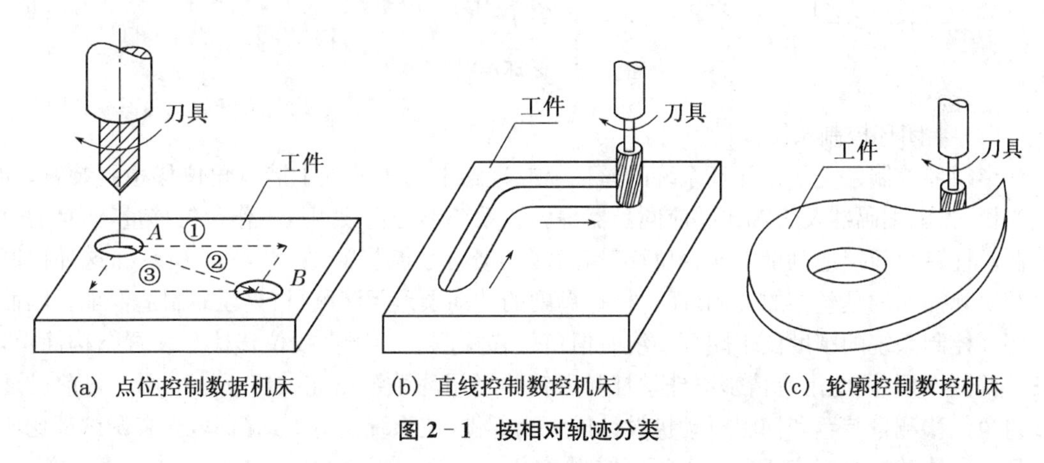

图 2-1 按相对轨迹分类

2. 按执行机构的控制方式分类

(1) 开环控制系统

开环控制系统是指不带反馈装置系统，如图 2-2 实线部分所示。其执行机构通常采用功率步进电动机或电液脉冲马达。数控装置发出的脉冲指令通过环形分配器和驱动电路，使步进电动机转过相应的步距角，再经过传动系统，带动工作台或刀架移动。移动部件的速度与位移量是由输入脉冲的频率和脉冲数决定，位移精度主要取决于该系统各有关零件的制造精度。

开环控制具有结构简单、系统稳定、容易调试、成本低等优点，但是系统对移动部件的误差没有补偿和校正，所以精度低。一般适用于经济型数控机床或旧机床的数控化改造。

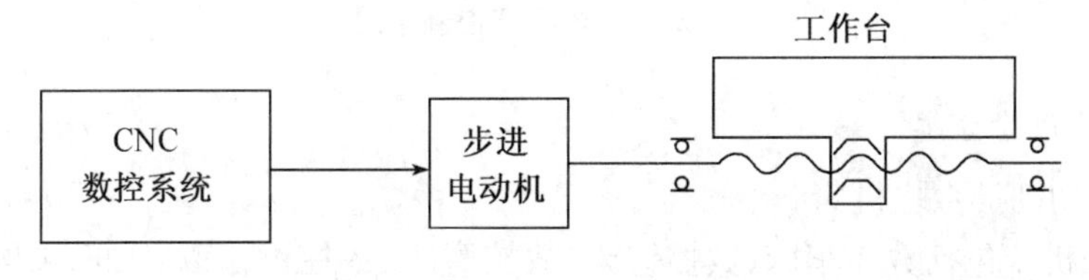

图 2-2 开环控制系统

(2) 闭环控制系统

闭环控制系统是指在机床的运动部件上安装位移测量装置，如图 2-3 所示。加工中将测量到的实际位置值反馈到数控装置中，与输入的指令位移相比较，用比较的差值控制移动部件，直到差值为零，即实现移动部分的最终精确定位。从理论上讲，闭环控制系统的控制精度主要取决于检测装置的精度，它完全可以消除由于传动部分制造中存在的误差给工件加工带来的影响。

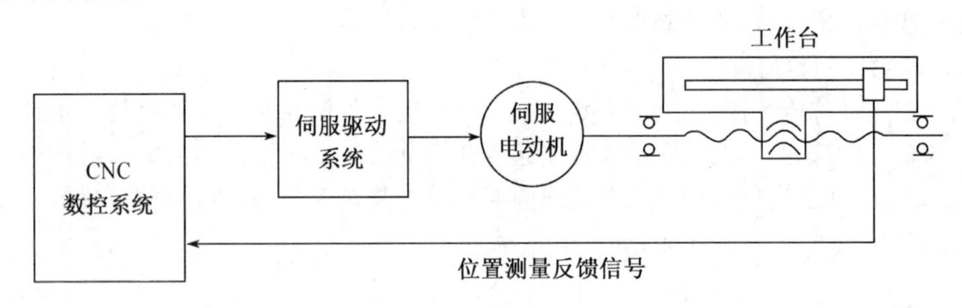

图 2-3　闭环控制系统

(3) 半闭环控制系统

半闭环控制系统是在开环系统的丝杠上或进给电动机的轴上装有角位移检测装置，如圆光栅、光电编码器及旋转式感应同步器等。该系统不是直接测量工作台位移量，而是通过检测丝杠转角间接地测量工作台位移量，然后反馈给数控装置，如图 2-4 所示。这种控制系统实际控制的是丝杠的转动，而丝杠螺母副的转动误差无法测量，只能靠制造保证。因而半闭环控制系统的精度低于闭环系统。但角位移检测装置比直线位移检测装置结构简单，安装调试方便，因此配有精密滚珠丝杠和齿轮的半闭环系统正在被广泛地采用。目前已逐步将角位移测量装置和伺服电动机设计成一个部件，使系统变得更加简单，安装调试都比较方便。中档数控机床广泛采用半闭环控制系统。

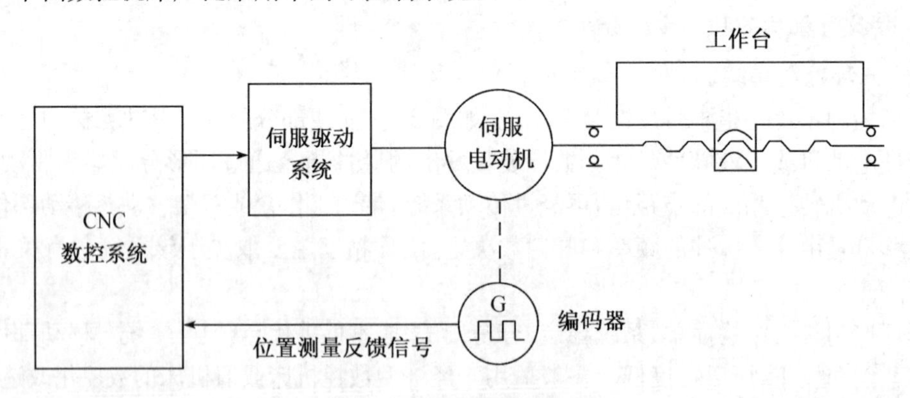

图 2-4　半闭环控制系统

3. 按工艺用途分类

(1) 金属切削类数控机床

这类数控机床包括数控车床、数控铣床、数控磨床、数控镗床以及加工中心。切削类数控机床发展最早，目前种类繁多，功能差异也较大。这里需特别强调的是加工中心，也称为可自动换刀的数控机床。这类数控机床都带有一个刀库，可容纳 10～100 多把刀具。其特点：工件一次装夹可完成多道工序。为进一步提高生产率，有的加工中心使用双工作台，一面加工，一面装卸，工作台可自动交换等。

(2) 金属成形类数控机床

这类数控机床包括数控折弯机、数控组合冲床、数控弯管机、数控回转头压力机等。这类机床起步晚，但目前发展很快。

(3) 数控特种加工机床

如数控线(电极)切割机床、数控电火花加工、火焰切割机、数控激光切割机等。

(4) 其他类型的数控机床：如数控三坐标测量机床等。

4. 按数控机床的性能分类

按照功能水平分类，可以把数控机床分类为高、中、低档(经济型)三类。该种分法没有一个确切的定义，但可以给人们一个清晰的一般水平概念。数控机床水平的高低由主要技术参数、功能指标和关键部件的功能水平来决定，如分辨率和进给速度、多坐标联动功能、显示功能、通信功能等，见表 2－1。

表 2－1　数控机床的性能分类指标

项　目	低档	中档	高档
分辨率和进给速度	10 μm、8～15 m/min	1 μm、15～24 m/min	0.1 μm、15～100 m/min
伺服进给类型	开环、步进电动机系统	半闭环直流或交流伺服系统	闭环直流或交流伺服系统
联动轴数	2 轴	3～5 轴	3～5 轴
主轴功能	不能自动变速	自动无级变速	自动无级变速、C 轴功能
通信能力	无	RS－232C 或 DNC 接口	MAP 通信接口、联网功能
显示功能	数码管显示、CRT 字符	CRT 显示字符、图形	三维图形显示、图形编程
内装 PLC	无	有	有
主 CPU	8 bit CPU	16 bit 或 32 bit CPU	64 bit CPU

2.1.3　数控机床的组成及工作原理

数控机床作为一种典型的机电一体化设备，其组成主要包括机床控制系统和机床本体两大部分。如果我们从机械的角度来看待数控机床与普通机床的区别，其实两者的基本布局有很多相似之处，并不存在特大的差异。数控机床与普通机床最主要的区别在于，数控机床具有功能强大的、智能化的电气控制系统，即计算机数控系统。一般标准型数控机床的组成如图 2－5 所示。

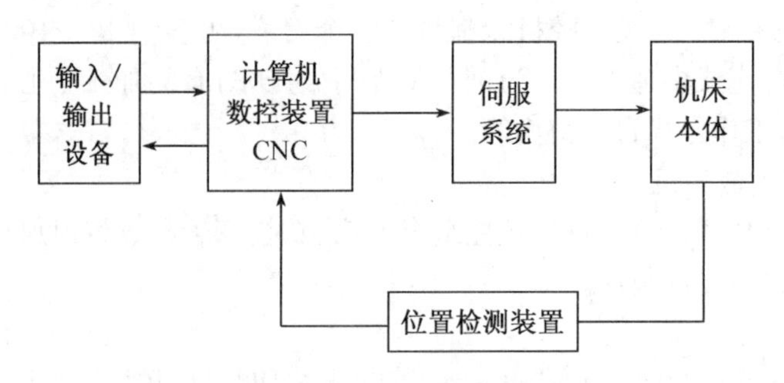

图 2-5 数控机床基本组成

数控机床各组成部分的功能和工作原理如下：

1. 输出、输入设备

输入设备的主要功能是将零件加工程序、机床参数及刀具补偿等数据输入到计算机数控装置。具体地说，数控机床上的输入设备主要有键盘、光电阅读机、磁盘及磁带接口、通信接口等。输出设备主要是将零件的加工过程和机床的运行状态等打印或显示输出，以便工作人员操作。数控机床输出设备主要有 CRT 显示器、LED 显示器、LCD 显示器以及各种信号的指示灯、报警蜂鸣器等。RS-232 接口是一种标准串行的输入、输出接口，能够实现零件加工程序的打印、数控机床之间或数控机床与计算机之间的数据通信等。

2. 计算机数控装置

计算机数控装置简称数控装置或 CNC 装置，是数控机床最重要的控制核心。计算机数控装置的作用相当于一个人的大脑，主要负责接收输入设备输入的加工信息、储存与计算机有关数据、逻辑判断以及控制输入输出等，同时计算机数控装置还要向机床的各个驱动机构发出运动指令，协调机床各部分并准备执行零件的加工程序。

3. 伺服系统

伺服系统是数控机床的电气驱动部分。它不但要接收计算机数控装置发出的各种动作命令，还必须精确驱动机床进给轴或主轴运动。伺服系统的性能是影响数控机床加工精度和生产效率的主要因素之一。

4. 机床本体

机床本体就是用来完成各种切削加工的机械部分，是数控机床的主体部分。机床本体具有以下特点：

(1) 数控机床采用了高性能的主轴及伺服传动系统，机械传动结构简化，传动链较短。

(2) 数控机床机械结构具有较高的刚度，阻尼精度及耐磨性，热变形小。

(3) 更多地采用高效传动部件，如滚珠丝杠副，直线滚动导轨等。

数控机床的机械结构，除了主运动系统、进给系统以及如液压、气动、冷却和润滑部分等一般辅助部分外，还有一些特殊部分，如刀库、自动换刀装置、自动托盘交换装置等。

5. 位置检测装置

位置检测装置在数控机床中有着相当重要的作用。位置检测装置通过传感器对机床的转速及进给实际位置进行检测，并将角位移或直线位移转换成电信号，反馈到计算机数控装置，与给定位置进行比较。计算机数控装置针对反馈量与理论值进行比较，进而向伺服系统发出运动指令，对产生的误差进行补偿，以确保机床的移动部件能够精确地移动到所要求的位置。

综上所述，数控机床的基本工作过程为：操作人员首先根据零件加工图样的要求、零件加工的工艺过程、工艺参数和刀具位移数据，再按编程手册的有关规定编写零件加工程序，然后借助输入设备通过一定的方式将加工零件的数控程序输入到计算机数控装置。加工程序输入到数控装置后，在数控系统内部控制软件的支持下，经过处理与计算，由计算机数控装置发出相应的运动指令，控制伺服系统驱动机床的移动部件按预定的轨迹运动，完成零件的自动切削加工。

2.1.4 数控机床的特点

除少数使用步进电机驱动的简易数控机床以及作为特殊用途的数控机床外，一般来说，数控机床都具有以下特点：

1. 加工精度高

数控机床加工精度之所以比普通机床高的原因主要有以下几个方面：

(1) 数控机床的脉冲当量小，位置分辨高。机床的脉冲当量决定了机床理论上可以达到的定位精度，在数控机床上，脉冲当量一般都达到了 0.001 mm，高精度数控机床则更小，因此它能实现比普通机床更精确的定位。

(2) 数控系统具备误差自动补偿功能。在数控机床上，进给传动系统的反向间隙与丝杠的螺距误差等均可由数控系统进给系统自动补偿，因此，数控机床能在同等条件下，提高零件的加工精度。

(3) 数控机床的传动系统与机床结构设计，都具有比普通机床更高的刚度和稳定性，部件的制造、装配精度均比较高，提高了机床本身的精度与稳定性。

2. 适应性强

数控机床能实现多个坐标的联动，所以数控机床能完成复杂型面的加工，特别是对于可用数学方程式和坐标点表示的形状复杂的零件，加工非常方便。当改变加工零件时，数控机床只需更换零件加工的 NC 程序，不必用凸轮、靠模、样板或其他模具等专用工艺装备，且可采用成组技术的成套夹具。因此，生产准备周期短，有利于机械产品的迅速更新换代。所以，数控机床的适应性非常强。

3. 加工质量稳定

对于同一批零件，由于使用同一机床和刀具及同一加工程序，刀具的运动轨迹完全相同，且数控机床是根据数控程序自动进行加工，可以避免人为的误差，这就保证了零件加工的一致性，好且质量稳定。

4. 生产效率高

数控机床上可以采用较大的切削用量，有效地节省了机动工时。还有自动换速、自动换刀和其他辅助操作自动化等功能，使辅助时间大为缩短，而且无须工序间的检验与测量，所以，比普通机床的生产率高 3～4 倍甚至更高。

数控机床的主轴转速及进给范围都比普通机床大。目前数控机床的最高进给速度可达到 100 m/min 以上，最小分辨率达 0.01 μm。一般来说，数控机床的生产能力约为普通机床的三倍，甚至更高。数控机床的时间利用率高达 90%，而普通机床仅为 30%～50%。工序集中，一机多用，数控机床特别是带自动换刀的数控加工中心，在一次装夹的情况下，几乎可以完成零件的全部加工工序，一台数控机床可以代替数台普通机床。这样可以减少装夹误差，节约工序之间的运输、测量和装夹等辅助时间，还可以节省车间的占地面积，带来较高的经济效益。

加工中心的工艺方案与普通机床的常规工艺方案不同，常规工艺以"工序分散"为特点，而加工中心则以工序集中为原则，着眼于减少工件的装夹次数，提高重复定位精度。

5. 减轻劳动强度

在输入程序并启动后，数控机床就自动地连续加工，直至零件加工完毕。这样就简化了工人的操作，使劳动强度大大降低。数控机床是一种高技术的设备，尽管机床价格较高，而且要求具有较高技术水平的人员来操作和维修，但是数控机床的优点很多，它有利于自动化生产和生产管理，使用数控机床的经济效益还是很高的。

6. 有利于现代化管理

采用数控机床加工，能准确地计算零件加工工时和费用，简化了检验工、夹具，减少了半成品的管理环节，有利于生产管理的现代化。数控机床使用了数字信息控制，适合数字计算机管理，使它成为计算机辅助设计、制造及管理一体化的基础。

2.1.5 数控机床坐标轴和运动方向

规定数控机床坐标轴及运动方向，是为了准确地描述机床的运动，简化程序的编制方法，并使所编程序有互换性。目前国际标准化组织已经统一了标准坐标系。我国机械工业部也颁布了 JB 3051—82《数字控制机床坐标和运动方向的命名》的标准，对数控机床的坐标和运动方向做了明文规定。

1. 坐标和运动方向命名的原则

数控机床的进给运动是相对的，有的是刀具相对于工件的运动(如车床)，有的是工件相对于刀具的运动(如铣床)。为了使编程人员能在不知道是刀具移向工件，还是工件移向刀具的情况下，可以根据图样确定机床的加工过程，特规定：永远假定刀具相对于静止的工件坐标系而运动。

2. 标准坐标系的规定

在数控机床上加工零件，机床的动作是由数控系统发出的指令来控制的。为了确定机床的运动方向和移动的距离，就要在机床上建立一个坐标系，这个坐标系就叫标准坐标系，也叫机床坐标系。在编制程序时，就可以以该坐标系来规定运动方向和距离。

数控机床上的坐标系是采用右手直角笛卡尔坐标系，如图 2-6 所示。在图中，大拇指的方向为 X 轴的正方向，食指为 Y 轴的正方向。图 2-7(a)，(b)，(c)，(d)分别表示了几种机床标准坐标系。

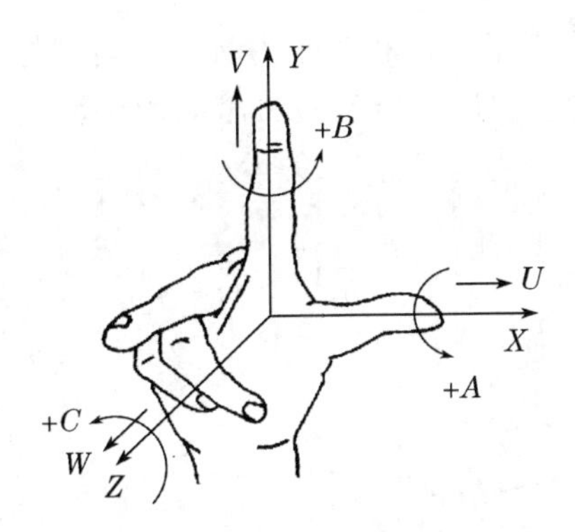

图2-6　右手直角笛卡儿坐标系统

3. 运动方向的确定

JB 3051—82中规定:机床某一部件运动的正方向,是增大工件和刀具之间的距离的方向。

(1) Z坐标的运动

Z坐标的运动,是由传递切削力的主轴所决定,与主轴轴线平行的坐标轴即为Z坐标。对于工件旋转的机床,如车床、外圆磨床等,平行于工件轴线的坐标为Z坐标。而对于刀具旋转的机床,如铣床、钻床、镗床等,则平行于旋转刀具轴线的坐标为Z坐标。如图2-7(a)、(b)所示。如果机床没有主轴(如牛头刨床),Z轴垂直于工件装卡面,如图2-7(d)所示。

Z坐标的正方向为增大工件与刀具之间距离的方向。如在钻镗加工中,钻入和镗入工件的方向为Z坐标的负方向,而退出为正方向。

(2) X坐标的运动

规定X坐标为水平方向,且垂直于Z轴并平行于工件的装夹面。X坐标是在刀具或工件定位平面内运动的主要坐标。对于工件旋转的机床(如车床、磨床等),X坐标的方向是在工件的径向上,且平行于横滑座。刀具离开工件旋转中心的方向为X轴正方向,如图2-7(a)所示。对于刀具旋转的机床(如铣床、镗床、钻床等),如Z轴是垂直的,当从刀具主轴向立柱看时,X运动的正方向指向右,如图2-7(b)所示。如Z轴(主轴)是水平的,当从主轴向工件方向看时,X运动的正方向指向右方,如图2-7(c)。

(3) Y坐标的运动

Y坐标轴垂直于X、Z坐标轴,其运动的正方向根据X和Z坐标的正方向,按照右手直角笛卡尔坐标系来判断。

(4) 旋转运动A、B、C

如图2-6所示,A、B、C相应地表示其轴线平行于X、Y、Z的旋转运动。A、B、C正方向,相应地表示在X、Y和Z坐标正方向上,右旋螺纹前进的方向。

(5) 附加坐标

如果在X、Y、Z主要坐标以外,还有平行于它们的坐标,可分别指定为U、V、W。如还有第三组运动,则分别指定为P、Q、R。

(6) 对于工件运动的相反方向

对于工件运动而不是刀具运动的机床,必须将前述为刀具运动所做的规定,做相反的安排。用带“′”的字母，如$+X'$，表示工件相对于刀具正向运动指令。而不带“′”的字母，如$+X$，则表示刀具相对于工件的正向运动指令。二者表示的运动方向正好相反。如图 2-7 所示。对于编程人员、工艺人员只考虑不带“′”的运动方向。

(7) 主轴旋转运动方向

主轴的顺时针旋转运动方向(正转)，是按照右旋螺纹旋入工件的方向。

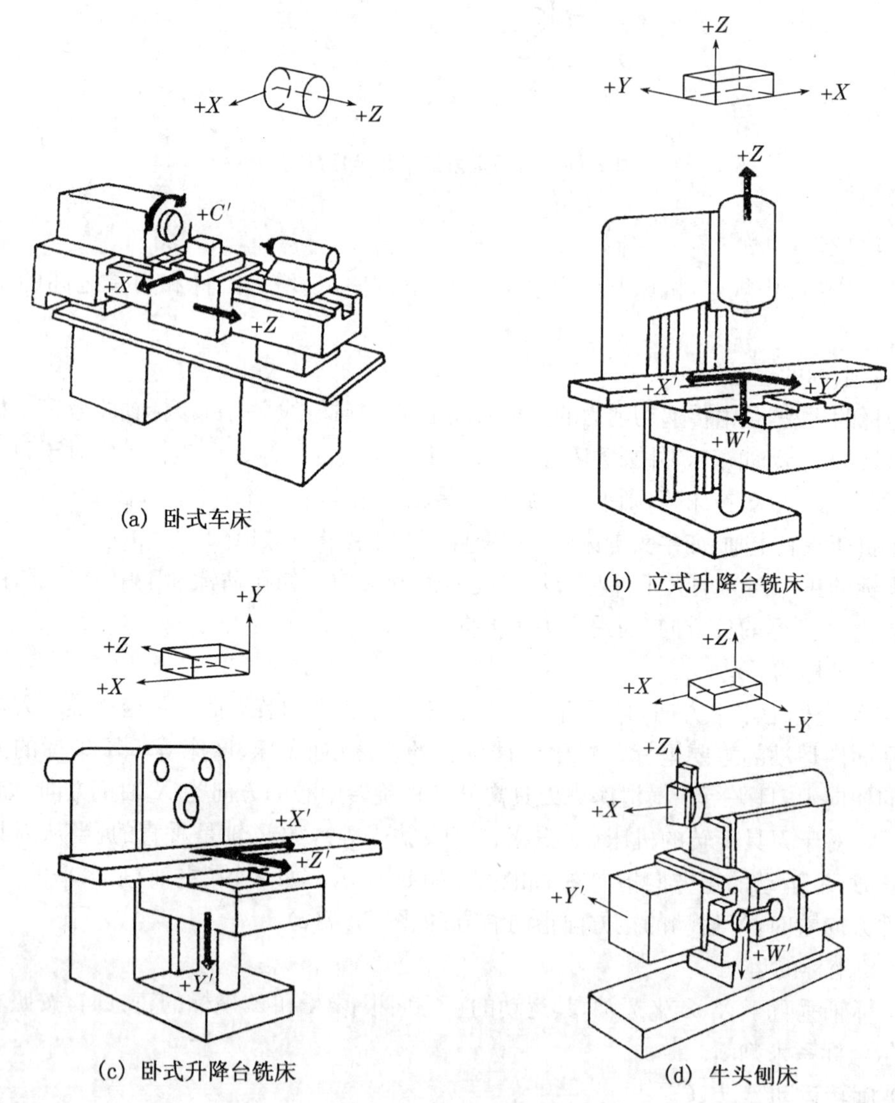

(a) 卧式车床

(b) 立式升降台铣床

(c) 卧式升降台铣床

(d) 牛头刨床

图 2-7 机床标准坐标系

2.1.6 数控机床的主要性能指标

1. 精度指标

(1) 分辨率与脉冲当量

分辨率是指两个相邻的分散细节之间可以分辨的最小间隙。对测量系统而言，分辨率是可以测量的最小增量；对控制系统而言，分辨率是可以控制的最小唯一位移量。数控装置每发出一个脉冲信号,反映到机床移动部件上的移动量,称为脉冲当量。脉冲当量是设计数控机床的原始数据之一,其数值大小决定数控机床的加工精度和表面质量。脉冲当量越小,数控机床加工精度和加工质量越高。简易数控机床的脉冲当量为 0.01 mm,普通数控机床的脉冲当量为 1 μm,最精密的数控系统的分辨率已达 0.001 μm。

(2) 定位精度与重复定位精度

定位精度是指数控机床工作台等移动部件在确定的终点所达到的实际位置的精度,因此移动部件实际位置与理想之间的误差称为定位误差。定位误差包括伺服系统、检测系统、进给系统等误差,还包括移动部件导轨的几何误差等。定位误差将直接影响零件加工的位置精度。

重复定位精度是指在同一台数控机床上,应用相同程序、相同代码加工一批零件,所得到连续结果的一致程度。重复定位精度受伺服系统特性、进给系统的间隙与刚性以及摩擦特性等因素的影响。一般情况下,重复定位精度是成正态分布的偶然性误差,它影响一批零件加工的一致性,是一项非常重要的性能指标。

(3) 分度精度

分度精度是指分度工作台在分度时,理论要求回转的角度值和实际回转的角度值的差值。分度精度即影响零件加工部位在空间的角度位置,同时还会对孔系加工的同轴度等造成一定的影响。

2. 加工性能指标

(1) 最高主轴转速和最大加速度

最高主轴转速是指主轴所能达到的最高转速,它是影响零件表面加工质量,生产效率以及刀具寿命的主要因素之一。最大加速度是反映主轴速度提高能力的性能指标,也是加工效率的重要指标。

(2) 最快位移速度和最高进给速度

最快位移速度是指进给轴在非加工状态下的最高移动速度。最高进给速度是指进给轴在非加工状态下的最高移动速度。这两个物理量在很大程度上会对零件的加工质量造成影响,也是影响生产效率以及刀具寿命的主要因素。这两个性能指标受数控装置的运算速度、机床动态特征及工艺系统刚度等因素控制。

3. 可控轴数与联动轴数

数控机床的可控轴数是指机床数控装置能够控制的坐标轴数目。一般数控机床可控轴数和数控装置的运算处理能力、运算速度及内存容量等有关。世界上最高级数控装置的可控轴数已达到了 24 轴,我国目前最高数控装置的可控轴数为 6 轴。

数控机床的联动轴数是指机床数控装置控制的坐标轴同时达到空间某一点的坐标数目。目前有两轴联动、三轴联动、四轴联动、五轴联动等。其中,三轴联动的数控机床通常是 X、Y、Z 三个直线坐标联动,可以加工空间复杂曲面,多用于数控铣床;四轴或五轴联动是指同时控制 X、Y、Z 三个直线坐标轴以及与一个或两个围绕这些直线坐标旋转的坐标轴,可以加工宇航叶轮、螺旋桨等零件;而二轴半联动是特指可控轴数为三轴,而联动轴为二轴的数控机床。

4. 可靠性指标

(1) 平均故障时间 $MTBF$

平均故障时间是指一台数控机床在使用中平均两次故障间隔的时间，即数控机床在寿命范围内，总工作时间和总故障时间之比。平均故障时间的计算公式如下：

$$MTBF=\text{总工作时间}/\text{总故障次数}$$

显然，平均故障时间越长越好。

(2) 平均修复时间 $MTTR$

平均修复时间是指一台数控机床从开始出现故障直到能正常工作所用的平均修复时间，其计算公式如下：

$$MTTR=\text{总故障停机时间}/\text{总故障次数}$$

考虑到实际系统出现故障总是难免的，故对于可维修的系统，总希望一旦出现故障，修复的时间越短越好，即平均修复时间越短越好。

(3) 平均速度 a

如果把 $MTBF$ 看作设备正常的时间，把 $MTTR$ 看作设备不能工作的时间，那么正常工作时间与总共时间之比称为设备的平均速度 a，即

$$a=MTBF/(MTBF+MTTR)$$

平均速度反映了设备提供正确使用的能力，是衡量设备可靠性的一个重要指标。

5. 运动性能指标

数控机床的运动性能指标主要包括主轴转速、进给速度、坐标行程、摆角范围和刀库容量以及换刀时间等。

(1) 主轴转速

数控机床的主轴一般均采用直流或交流调速主轴电动机驱动，选用高速精密轴承支承。主轴一般具用较宽的调速范围和足够高的回转精度、刚度及抗震性。目前，数控机床主轴转速已普遍达到 5 000～10 000 r/min，甚至更高，这对各种小孔加工以及提高零件加工质量和表面质量都极为有利。

(2) 进给速度

数控机床的进给速度是影响零件加工质量、生产效率以及刀具寿命的重要因素，它受数控装置的运算速度、机床运动特性及工艺系统刚度等因素的限制。

(3) 坐标行程

数控机床坐标轴 X、Y、Z 的行程大小构成数控机床的空间加工范围，决定了加工零件的大小。坐标行程是直接体现机床加工能力的指标参数。

(4) 摆角范围

具有摆角坐标的数控机床，其转角大小也直接影响加工零件空间部位的能力。但转角太大又造成机床的刚度下降，会给机床的设计带来困难。

(5) 刀具容量和换刀时间

刀库容量和换刀时间对数控机床的生产率有直接影响。刀具容量是指刀库能存放加工刀具的数量。目前常见的中小型加工中心多为 16～60 把，大型加工中心达 100 把以上。换刀时间指将主轴上使用的刀具与装在刀库上的下一个工序需用的刀具进行交换所需要的时

间。目前，国内一般为10～20 s，国外不少数控机床仅为4～5 s。

2.1.7 数控机床的发展趋势

数控机床是机器制造业乃至整个工业生产中不可缺少的复杂工具。随着微电子技术和计算机技术的发展，数控系统的性能日趋完善，数控机床的应用领域日趋扩大。总的发展趋势是朝着高速度化、高精度化、多功能化、小型化、系统化、多样化、成套性与高可靠性等方向发展，以满足社会生产发展中的各种需要。

1. 高速度、高精度化

速度、精度是机械制造技术的关键性指标。由于采用了高速CPU芯片、多CPU控制系统以及带高分辨率检测元件的交流数字伺服系统，同时采用了改善机床动态、静态特征等有效措施，机床的速度、精度已大大提高。

提高微处理器的位数和速度是提高数控系统的最有效的手段。现代数控系统已经逐步由16位CPU过渡到32位CPU，日本已开发出64位CPU的数控系统。日本的FANUC公司的数控系统已广泛采用32位CPU，如FANUC－15数控系统采用32位机，实现了最小位移单位为0.1 μm，最大进给速度达到100 m/min。

在数控机床的高速化中，提高主轴旋转非常重要。由于主轴旋转的高速化，使得切削时间比过去缩短了80%。目前很多数控机床采用高速内装式主轴电动机，使主轴的驱动不必通过齿轮箱，而是直接把电动机与主轴连接成一体装入主轴部件中，可将主轴转速提高到4 000～5 000 r/min。第十三届欧洲国际机床展览会上展示的数控机床，其主轴最高转速已达7 000～10 000 r/min。

提高数控机床的加工精度，可通过减少数控系统的误差和采用补偿技术实现，如提高数控系统的分辨率；使CNC控制单元精细化；提高位置检测精度（日本交流伺服电动机有的已安装每转可产生100万个脉冲的内藏位置检测器，位置检测精度能达到0.01脉冲）。目前加工中心的定位精度就由过去的±5提高到±1。

2. 多功能化

数控加工中心（Machining Center，MC）可以将许多工序和许多工艺过程集中到一台机床上完成，实现自动换刀及自动更换工件，一次装夹完成全部加工工序，可以减少辅助时间，实现一机多用，最大限度地提高机床的开机率和利用率。

3. 高效化

数控机床加工提倡以减少工序及辅助时间为主要目的的复合加工，而且正向着多轴、多系列控制功能方向发展。工件在一台机床上一次装夹后，通过自动换刀、旋转主轴头或转台等各种措施，完成多工序、多表面的复合加工，数控技术的进步提供了多轴和多轴联动控制，如FANUC－15系统的可控轴数和联动轴数为2～15轴，西门子880系统控制轴数可达24轴。磨床的砂轮线速度可达120～160 m/min，甚至200 m/min。自动换刀时间可在1 s以下，托盘交换时间8 s左右。

4. 智能化

所谓智能化数控系统，是指具有似人智能特征，智能数控系统通过对影响加工精度和效率的物理量进行检测、建模、提取特征、自动感知加工系统的内部状态及外部环境，快速做出实现最佳目标的智能决策，对进给速度、切削深度、坐标移动、主轴转速等工艺参数进行实时控制，使机床的加工过程处于最佳状态。

(1) 在数控系统中引进自适应控制技术。数控机床中因工件毛坯余量不匀、材料硬度不一致、刀具磨损、工件变形、润滑或冷却液等因素的变化将直接或间接影响加工效果。自适应控制是在加工过程中不断检查某些能代表加工状态的参数，如切削力、切削温度等，通过评价函数计算和最佳化处理，对主轴转速、刀具(或工作台)进给速度等切削用量参数进行校正，使数控机床能够始终在最佳的切削状态下工作。

(2) 设置故障自诊断功能。数控机床工作过程中出现故障时，控制系统能自动诊断，并立即采取措施排除故障，以适应长时间在无人环境下的正常运行要求。

(3) 具有人机对话自动编程功能。可以把自动编程机具有的功能，装入数控系统，使零件的程序编制工作可以在数控系统上在线进行，用人机对话方式，通过 CRT 彩色显示和手动操作键盘的配合，实现程序的输入、编辑和修改，并在数控系统中建立切削用量专家系统，从而达到提高编程效率和降低操作人员技术水平的要求。

(4) 应用图像识别和声控技术。由机床自己辨别图样，并自动地进行数控加工的智能化技术和根据人的语言声音对数控机床进行自动控制的智能化技术。

5. 先进制造系统

(1) 柔性制造单元(Flexible Manufacturing Cell, FMC)

FMC 在早期是作为简单和初级的柔性制造技术而发展起来的。它在 MC 的基础上增加了托盘自动交换装置或机器人、刀具和工件的自动测量装置、加工过程的监控功能等，它和 MC 相比具有更高的制造柔性和生产效率。

如图 2-8 所示为配有托盘交换系统构成的 FMC。托盘上装夹有工件，在加工过程中，它与工件一起流动，类似通常的随行夹具。环形工作台用于工件的输送与中间存储，托盘座在环形导轨上由内侧的环链拖动而回转，每个托盘座上有地址识别码。当一个工件加工完毕，数控机床发出信号，由托盘交换装置将加工完的工件(包括托盘)拖至回转台的空位处，然后转至装卸工位，同时将待加工工件推至机床工作台并定位加工。

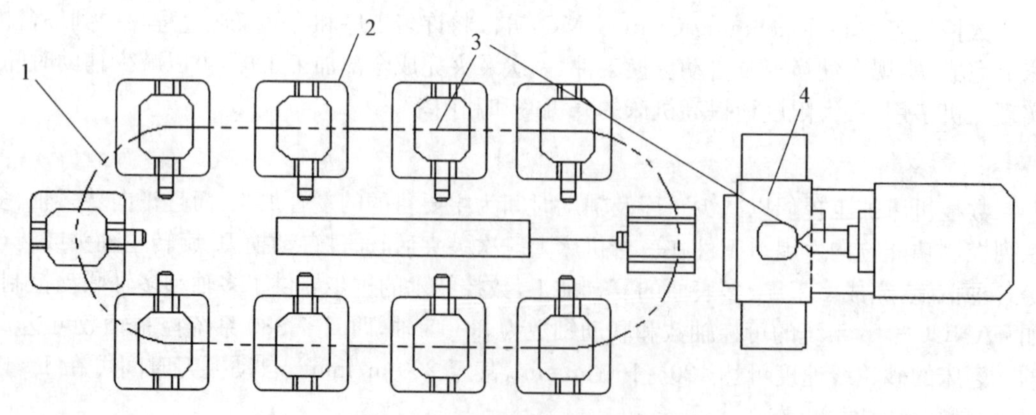

图 2-8　带有托盘交换系统的 FMC

1—环形交换工作台；2—托盘座；3—托盘；4—加工中心

在车削 FMC 中一般不使用托盘交换工件，而是直接由机械手将工件安装在卡盘中，装卸料由机械手或机器人实现，如图 2-9 所示。

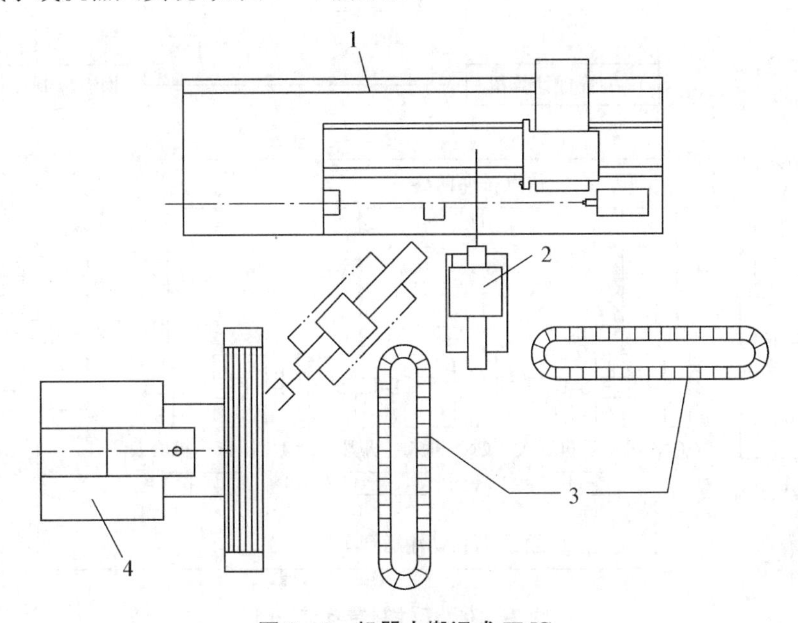

图 2-9　机器人搬运式 FMC

1—车削中心；2—机器人；3—物料传送装置

FMC 是在加工中心(MC)、车削中心(TC)的基础上发展起来的，又是 FMS 和 CIMS 的主要功能模块。FMC 具有规模小，成本低(相对 FMS)，便于扩展等优点，它可在单元计算机的控制下，配以简单的物料传送装置，扩展成小型的柔性制造系统，适用于中小企业。

(2) 柔性制造系统(Flexible Manufacturing System, FMS)

FMS 是集自动化加工设备、物流和信息流自动处理为一体的智能化加工系统。FMS 由一组 CNC 机床组成，它能随机地加工一组具有不同加工顺序及加工循环的零件。实行自动运送材料及计算机控制，以便动态地平衡资源的供应，从而使系统自动地适应零件生产混合的变化及生产量的变化。

如图 2-10 所示为一柔性制造系统框图。柔性制造系统由加工系统、物料输送系统和信息系统组成。

① 加工系统。该系统由自动化加工设备、检验站、清洗站、装配站等组成，是 FMS 的基础部分。加工系统中的自动化加工设备通常由 5～10 台 CNC 机床、加工中心及其附属设备(例如工件装卸系统、冷却系统、切屑处理系统和刀具交换系统等)组成，可以以任意顺序自动加工各种工件、自动换工件和刀具。

FMS 中常需在适当位置设置检验工件尺寸精度的检验站，由计算机控制的坐标测量机担任检验工作。其外形类似三坐标数控铣床，在通常安装刀具的位置上装置检测触头，触头随夹持主轴按程序相对工件移动，检测工件上一些预定点的坐标位置。计算机读入这些预定点的坐标值之后，经过运算和比较，可算出各种几何尺寸(如外圆内孔的直径、平面的平面度、平行度、垂直度等)的加工误差，并发出通过或不通过等命令。

清洗站的任务是清除工件夹具和装载平板上的切屑和油污。

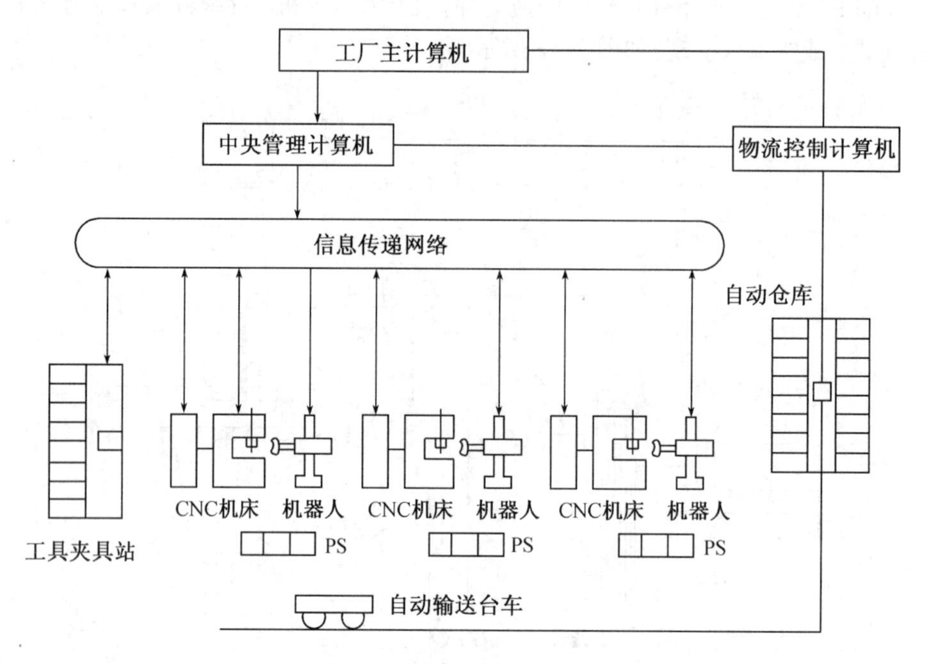

图 2－10　柔性制造系统框图

工件装卸站设在物料处理系统中靠近自动化仓库和 FMS 的入口处。由于装卸操作系统较复杂,大多数 FMS 均采用人力装卸。

② 物料输送系统。物料输送系统在计算机控制下主要实现工件和刀具的输送及入库存放,它由自动化仓库、自动输送小车、机器人等组成。

在 FMS 中,工件一般通过专用夹具安装在托盘上,工件输送时连同整个托盘一起由自动输送小车进行输送。在计算机的控制下,根据作业调度计划自动从工件存贮区将工件取出送到指定的机床上加工,或者从机床上取出完成该工序加工的工件送到另一机床上加工。自动输送小车在自动化仓库和各个制造单元之间完成工件输送任务。

自动化仓库包括仓库多层货架、出入库装卸站、堆装起重机、传动齿轮和导轨等组成,它能通过物料输送工作站的指令实现毛坯、加工成品的自动入库及出库。

刀具输送是利用机器人实现刀具进出系统以及系统中央刀库和各加工设备刀库之间的刀具输送。

③ 信息系统。信息系统由主计算机、分级计算机及其接口、外围设备和各种控制装置的硬件和软件组成。其主要功能是实现各系统之间的信息联系,确保系统的正常工作。对 FMS,计算机系统一般分为三级,第一级为主计算机,又称为管理计算机,其任务是:一是用来向下一级计算机实时发布命令和分配数据;二是用来实时采集现场工况;三是用来观察系统的运行情况。第二级为过程控制计算机,包括计算机群控(DNC)、刀具管理计算机和工件管理计算机,其作用是接受主计算机的指令,根据指令对下属设备实施具体管理。第三级由各设备的控制计算机构成,执行各种操作任务。

在柔性制造系统中,加工零件被装夹在随行夹具或托盘上,自动地按加工顺序在机床间逐个输送,工序间输送的工件一般不再重新装夹。专用刀具和夹具也能在计算机控制下自动调度和更换。如果在系统中设置有测量工作站，则加工零件的质量也能在测量工作站上检查，甚至进一步实现加工质量的反馈控制。系统只需要最低限度的操作人员，并能实现夜班无人作业，操作人员只负责启停系统和装卸工件。FMS是一种具有很高柔性的自动化制造系统，因此它最适合于多品种、中小批量的零件生产。

(3) DNC

DNC是Direct Numerical Control或Distributed Numerical Control的简称，意为直接数字控制或分布数字控制。DNC最早的含义是直接数字控制，其研究开始于20世纪60年代。它指的是将若干台数控设备直接连接在一台中央计算机上，由中央计算机负责NC程序的管理和传送。当时的研究目的主要是为了解决早期数控设备(NC)因使用纸带输入数控加工程序而引起的一系列问题和早期数控设备的高计算成本等问题。DNC的基本功能是下传NC程序。随着技术的发展，现代DNC还具有制造数据传送(NC程序上传、NC程序校正文件下传、刀具指令下传、托盘零点值下传、机器人程序下传、工作站操作指令下传等)、状态数据采集(机床状态、刀具信息和托盘信息等)、刀具管理、生产调度、生产监控、单元控制和CAD/CAPP/CAM接口等功能。

(4) 计算机集成制造系统(Computer Integrated Manufacturing System, CIMS)

CIMS是用于制造业工厂的综合自动化大系统。它在计算机网络和分布式数据库的支持下，把各种局部的自动化子系统集成起来，实现信息集成和功能集成，走向全面自动化，从而缩短产品开发周期、提高质量、降低成本。它是工厂自动化的发展方向，未来制造业工厂的模式。

① CIMS的概念。计算机集成制造系统是在信息技术、自动化技术、计算机技术及制造技术的基础上，通过计算机及其软件，将制造工厂的全部生产活动——设计、制造及经营管理(包括市场调研、生产决策、生产计划、生产管理、产品开发、产品设计、加工制造以及销售经营)等与整个生产过程有关的物料流与信息流实现计算机高度统一的综合化管理，把各种分散的自动化系统有机地集成起来，构成一个优化的完整的生产系统，从而获得更高的整体效益，缩短产品开发制造周期，提高产品质量，提高生产率，提高企业的应变能力，以赢得竞争。

② CIMS的构成。CIMS包括制造工厂的生产、经营的全部活动，应具有经营管理、工程设计和加工制造等主要功能。图2-11所示为CIMS的构成。它是在CIMS数据库的支持下，由信息管理模块、设计和工艺模块和制造模块组成。

设计和工艺模块主要包括：计算机辅助设计(CAD)、计算机辅助工程(CAE)、成组技术(GT)、计算机辅助工艺规程设计(CAPP)、计算机辅助数控编程技术等，目的是使产品的开发更高效、优质、并自动化地进行。

柔性制造系统是制造模块的主体，主要包括：零件的数控加工、生产调度、刀具管理、质量检测和控制、装配、物料储运等。

信息管理模块主要包括：市场预测、经营决策、各级生产计划、生产技术准备、销售及售后跟踪服务、成本核算、人力资源管理等，通过信息的集成，达到缩短产品生产周期、减少占用的流动资金、提高企业的应变能力。

公用数据库是CIMS的核心，对信息资源进行存储与管理，并对各个计算机系统进行通信，实现企业数据的共享和信息集成。

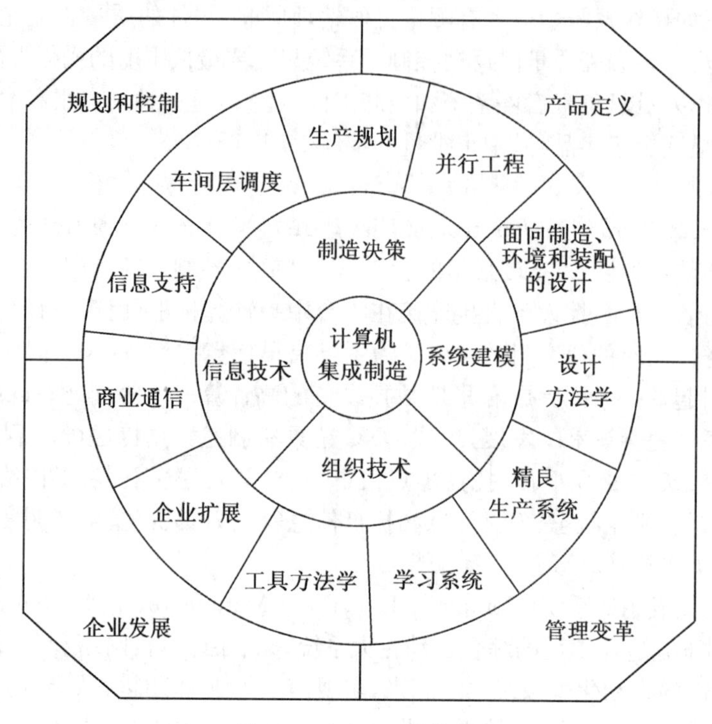

图 2-11 CIMS 的构成

由上述可知，CIMS 是建立在多项先进制造技术基础上的高技术制造系统，为赶上工业先进国家的机械制造水平，我国 863 计划将 CIMS 作为自动化领域中的一个主题项目进行研究，开展了关键技术的攻关工作，确定了若干试点工厂，取得了一批重要的研究成果。CIMS 的实施过程中要实现工程设计、制造过程、信息管理、工厂生产等技术和功能的集成，这种集成不是现有生产系统的计算机化，而原有的生产系统集成很困难，独立的自动化系统异构同化非常复杂，所以要考虑在实施 CIMS 计划时的收益和支出。

2.2 数控车床

2.2.1 数控车床用途与布局

1. 数控车床的用途

车削加工是机械加工中应用最为广泛的方法之一，主要用于回转体零件的加工。数控车床的加工工艺主要包括车外圆、车端圆、车锥面、车成形面、钻孔、镗孔、铰孔、切槽、车螺纹、滚花、攻螺纹等。如果借助于标准夹具(如四爪单动卡盘)或专用夹具，那么在车床上还可以完成非回转体零件上的回转表面加工。

根据被加工零件的类型及尺寸不同，车削加工所用的车床有卧式、立式、仿形等多种类型。按被加工表面不同，所用的车刀也有外圆车刀、内圆车刀、端面车刀、镗孔刀、螺纹车刀、切断刀等不同类型。恰当地选择和使用夹具，不仅可以可靠地保证加工质量，提高生产率，还能够有效地拓展车削加工工艺范围。

2. 数控车床的布局

数控车床与普通车床相比较,其结构仍然是由床身、主轴箱、刀架、进给传动系统、液压、冷却、润滑等部分组成。通过数字控制系统,伺服电动机能够驱动刀具作纵向和横向的连续进给运动。因此,数控车床的进给运动系统与普通车床的进给系统在结构上存在着一定的差别。普通车床的主轴运动经过挂轮架、进给箱、溜板箱传到刀架,实现了纵向的进给运动。数控车床则是采用伺服电动机经滚珠丝杠传到滑板和刀架,实现纵向与横向的进给运动。应该说,数控车床大大地简化了进给传动系统方面的结构。

数控车床的主轴、尾座等部件相对床身的布局形式与普通车床基本一致,而在刀架和导轨的布局形式上发生了根本的变化。这种变化直接影响了它的使用性能以及结构与外观。

(1) 床身和导轨的布局

数控车床的床身和导轨有四种布局形式,床身导轨与水面的相对位置如图2-12所示。其中,图2-12(a)和(c)为平床身,图2-12(b)为平床身斜滑板,图2-12(d)为立床身。

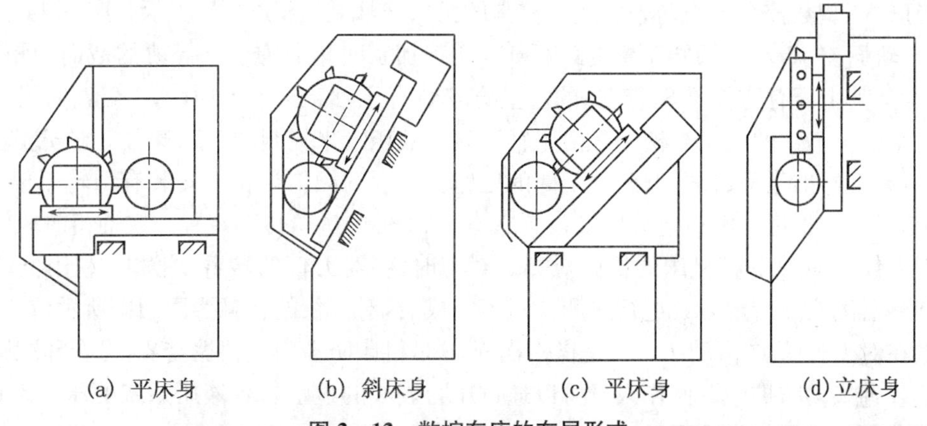

图2-12 数控车床的布局形式

平床身机床的工艺性好,便于导轨面的加工。水平床身配上水平放置的刀架能够提高刀架的运动精度,一般可用于大型数控车床或小型精密数控车床的布局。不过水平床身下部空间小,造成了排屑的困难。从结构尺寸上看,刀架的水平放置也使得滑板横向尺寸较长,从而加大了机床宽度方向的结构尺寸,机床占地面积较大。如果在水平床身上配置倾斜放置的滑板以及倾斜式的导轨防护罩,那么一方面得以保留水平床身工艺性好的特点,另一方面机床宽度方向的尺寸也较水平配置滑板布局形式的尺寸有所减小,排屑也更为方便。

斜床身配置斜滑板的布局形式与平床身配置斜滑板的布局形式一样,常常被中小型数控车床所采用。这是由于这两种布局形式排屑容易,热铁屑不会堆积在导轨上,也便于安装自动排屑器;操作方便,易于安装机械手,可实现单机自动;占地面积小,外形简洁美观,容易实现半封闭式防护。

斜床身配置斜滑板机床的斜床身导轨倾斜角度一般有四种,分别为30°、45°、60°和90°。床身倾斜角度小的排屑不便;倾斜角度大的导轨导向性差,受力情况也差。导轨倾斜角度的大小还会影响机床外形尺寸高度与宽度的比例。综合考虑以上因素,中小规格数控车床床身的倾斜度以60°为宜。

(2) 刀架的布局

刀具作为数控车床的重要部件之一,对机床整体布局及工作性能有着很大影响。两轴联动的数控车床一般采用12工位的回转刀架,也有部分机床采用6工位、8工位、10工位的回转刀架。回转刀架在机床上的布局形式有两种形式。一种适用于加工轴和盘类零件的回转刀架,其回转轴与主轴平行;另一种适用于加工盘类零件的回转刀架,其回转轴于主轴垂直。

四轴控制数控车床的床身上安有两个独立滑板和回转刀架,被称为双刀架四坐标数控车床。数控系统对每个刀架的切削进给分别进行控制,两刀可同时切削同一工件的不同部位。这样不仅扩大了机床的加工范围,还能极大地提高加工效率。四坐标数控机床能够加工曲轴、飞机零件等形状复杂且批量较大的工件。

3. MJ-50型数控车床的用途、布局与技术参数

MJ-50型数控车床配有FANUC或SIEMENS等数控系统,可以完成轴类零件内外圆柱面、圆锥面、螺纹表面、成形回转体表面等的加工,对于盘类零件进行钻孔、扩孔、铰孔、镗孔等加工操作。

MJ-50型数控车床为两坐标连续控制的卧式车床,如图2-13所示。床身14为平床身,其导轨面支承着30°倾斜布置的滑板13,切削加工时排屑方便。导轨的截面为矩形,支承刚性好,其上配有防护罩8。床身的左上方安装有主轴箱4,主轴由AC交流伺服电动机驱动。主轴卡盘3的夹紧与松开是由主轴尾端的液压缸来控制的。床身右上方安装有尾座12,该机床有标准型号、择配型两种不同的尾座。滑板的倾斜导轨上安装有回转刀架11,其刀盘上有10个工位。滑板上分别安装有 X 轴和 Z 轴的进给传动装置。主轴箱前端面上可安装对刀仪2,实现数控机床的机内对刀。对刀时,将对刀仪的转臂9摆出,利用上端的接触式传感器测头对所用刀具进行检测。对刀完成后,对刀仪的转臂摆回图中所示位置,并将测头锁在对刀仪防护罩7中。10是操作面板,5是机床防护门。根据需要,可选择配置手动防护门或者气动防护门。操作人员可以通过压力表6的显示了解液压系统的压力。1是主轴卡盘夹紧与松开的脚踏开关。

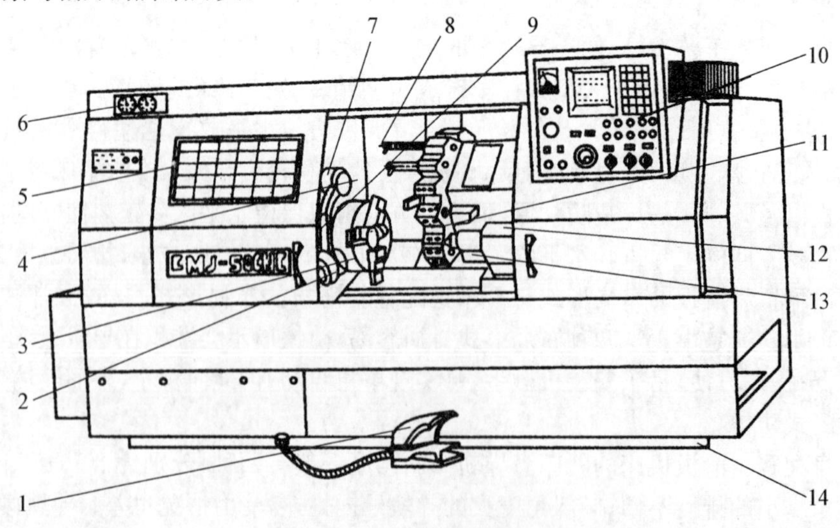

图2-13 MJ-50型数控车

1—脚踏开关;2—对刀仪;3—主轴卡盘;4—主轴箱;5—防护门;6—压力表;
7、8—防护罩;9—转臂;10—操作面板;11—回转刀架;12—尾座;13—滑板;14—床身

MJ-50型数控车床的主要技术参数如下：

(1) 机床主要参数

允许最大工件回转直径　550 mm
最大切削直径　310 mm
最大切削长度　650 mm
主轴转速范围　35～3 500 r/min(连续无级)
恒扭矩范围　35～437 r/min
恒功率范围　437～3 500 r/min
主轴通孔直径　80 mm
拉管通孔直径　65 mm
刀架有效行程　*X*轴 182 mm；*Z*轴 675 mm
快速移动最快速度　*X*轴 10 m/min；*Z*轴 15 m/min
可装刀具数　10把
刀具规格　车刀 25 mm×25 mm；镗刀 ϕ2 mm～ϕ45 mm
选刀方式　刀盘就近转位
分度时间　单步 0.8 s；180°2.2 s
尾座套筒直径　90 mm
尾座套筒行程　130 mm
主轴可调电动机　连续 30 min；超载 11/15 kW
进给伺服电动机　*X*轴 AC 0.9 kW；*Z*轴 AC 1.8 kW
机床外形尺寸(长×宽×高)　2 995 mm×1 667 mm×1 796 mm

(2) 数控系统的主要技术规格

机床配置的FANUC-OTE系统的主要技术规格见表2-2。

表2-2　FANUC-OTE系统基本规格

<table>
<tr><th>序号</th><th>名称</th><th colspan="2">规格</th></tr>
<tr><td>1</td><td>控制轴数</td><td colspan="2">X轴,Y轴,手动方式同时仅一轴</td></tr>
<tr><td>2</td><td>最小设定单位</td><td>X轴,Z轴 0.001 mm</td><td>0.000 1 in</td></tr>
<tr><td rowspan="2">3</td><td rowspan="2">最小移动单位</td><td>X轴 0.005 mm</td><td>0.000 05 in</td></tr>
<tr><td>Z轴 0.001 mm</td><td>0.000 1 in</td></tr>
<tr><td rowspan="2">4</td><td rowspan="2">最大编程尺寸</td><td colspan="2">±9 999.999 mm</td></tr>
<tr><td colspan="2">±999.999 9 mm</td></tr>
<tr><td>5</td><td>定位</td><td colspan="2">执行G00指令时,机床快速运动并减速停止在终点</td></tr>
<tr><td>6</td><td>直线插补</td><td colspan="2">G01</td></tr>
<tr><td>7</td><td>全象限圆弧插补</td><td colspan="2">G029(顺圆)G03(逆圆)</td></tr>
<tr><td>8</td><td>快速倍率</td><td colspan="2">LOW,25%,50%,100%</td></tr>
<tr><td>9</td><td>手摇轮连续进给</td><td colspan="2">每次仅一轴</td></tr>
</table>

（续表）

序号	名称	规格
10	切削进给率	G98(mm/min)指令每分钟进给量;G99(mm/r)指令每转进给量
11	进给倍率	从0～150%范围内以10%递增
12	自动加/减速	快速移动时依比例加减速,切削时依指数加减速
13	停顿	G04(0～9 999.999 s)
14	空运行	空运行时为连续进给
15	进给保持	在自动运行状态下暂停 X、Z 轴进给, 按程序启动按钮可以恢复自动运行
16	主轴速度命令	主轴转速由地址 3 和 4 位数字指令指定
17	刀具功能	由地址 T 和 2 位刀具编号+2 位刀具补偿号组成
18	辅助功能	由地址 M 和两位数字组成,每个程序段中只能指令一个 M 码
19	坐标系设定	G50
20	绝对值/增量混合编程	绝对值编程和增量值编程可在同一程序段中使用
21	程序号	0+4 位数字(EIA 标准),+4 位数字(ISO 标准)
22	序列号查找	使用 MDI 和 CRT 查找程序中的顺序号
23	程序号查找	使用 MDI 和 CRT 查找 0 或(:)后面 4 位数字的程序号
24	读出器/穿孔机接口	PPR 式携式纸带读出器
25	纸带读出器	250 字符/s(50 Hz)　300 字符/s(60 Hz)
26	纸带代码	EIA(RS-244A)　ISO(R-40)
27	程序段跳	将机床上该功能开关置于"ON"位置上时, 跳过程序中带"/"符号的程序段
28	单步程序执行	使程序一段一段地执行
29	程序保护	存储器内的程序不能修改
30	工作程序的存储和编辑	80 m/264 ft
31	可寄存程序	63 个
32	紧急停止	按下紧急停止按钮,所有指令停止,机床也立即停止运动
33	机床锁定	仅滑板不能移动
34	可编程控制器	PMC-L 型
35	显示语言	英文
36	环境条件	环境温度:运行时 0～45 ℃, 运输和保管时 -20～60 ℃, 相对湿度低于 75%

2.2.2　数控车床的传动与结构

1. 主传动系统及主轴箱结构

(1) 主运动传动系统

MJ－50型数控车床的传动系统如图2－14所示。其中，主运动传动系统由功率为11/15kW的可调电动机驱动，经一级1∶1的带传动带动主轴旋转，使主轴在35～3500 r/min的转速范围内实现无级调速，主轴箱内不再有齿轮传动变速机构，因此减少了原齿轮传动对主轴精度的影响，且具有维修方便的特点。

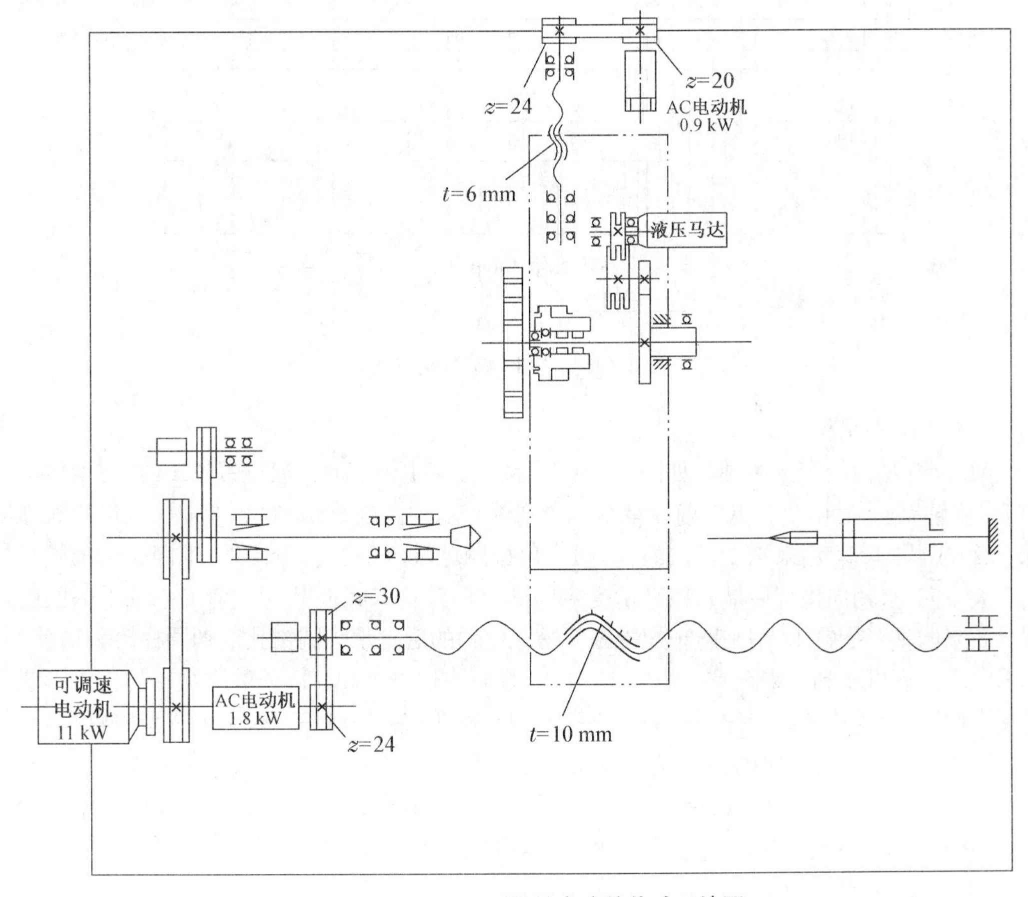

图2－14　MJ－50型数控车床的传动系统图

主轴传递的功率或扭矩与转速之间的关系如图2－15所示。当机床处在连续运转的状态，主轴处于恒功率区域Ⅱ(实线)内时，转速在437～3 500 r/min范围之间，主轴能够传递电动机的全部功率11 kW。在这个区域内，主轴的最大输出扭矩(245 N·m)随着主轴转速的增高而变小。主轴处于恒扭矩区域Ⅰ(实线)时，其转速为在35～437 r/min范围内的某级转速，主轴虽然不需要传递全部功率，但主轴的输出扭矩不变。在这个区域内，主轴所传递的功率随着主轴转速的降低而降低。图中虚线所示为电动机超载(允许超载30 min)时恒功率区域和横扭矩区域的情况，电动机的超载功率为15 kW，超载的最大输出扭矩为334 N·m。

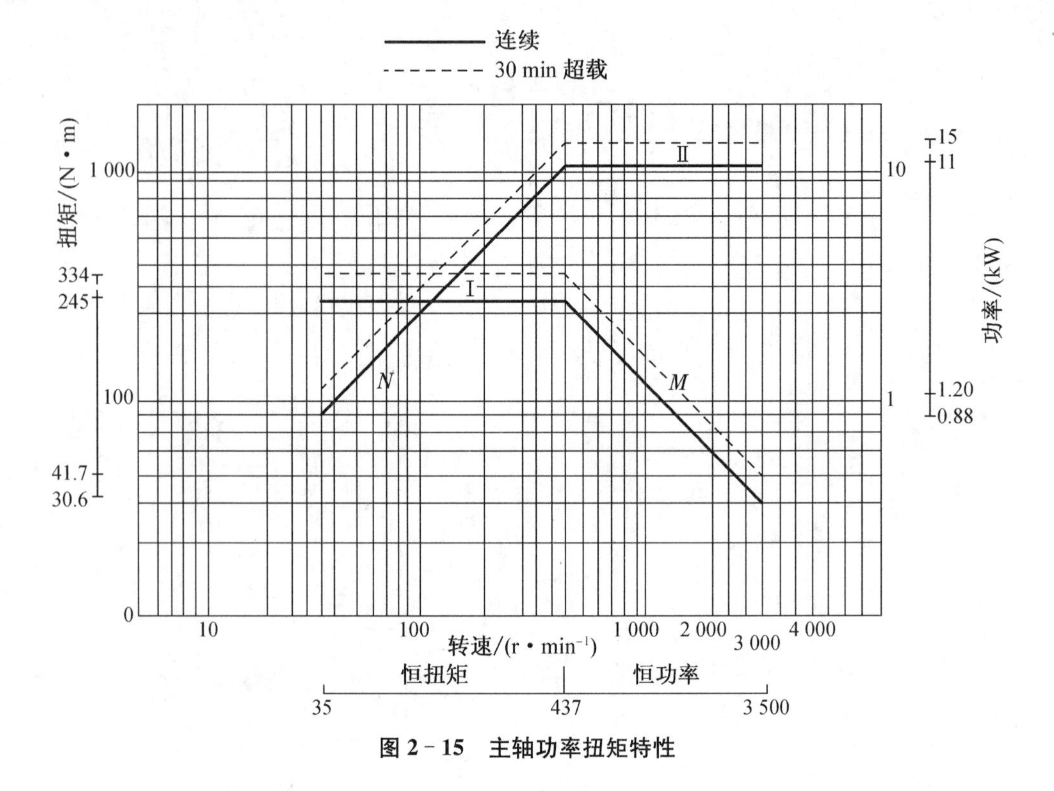

图 2-15　主轴功率扭矩特性

(2) 主轴箱结构

MJ-50 型数控车床主轴箱如图 2-16 所示。交流主轴电动机通过带轮 15 把运动传动主轴 7。主轴有前、后两个支承。前支承由一个圆锥孔双列圆柱滚子轴承 11 和一对角接触球轴承 10 组成,轴承 11 用来承受径向载荷,两个角接触球轴承一个大口向外(朝向主轴前端),另一个大口向里(朝向主轴后端),用来承受双向的轴向载荷和径向载荷。前支承轴承的间隙用螺母 8 来调整。螺钉 12 用来防止螺母 8 回松。主轴的后支承为圆锥孔双列圆柱滚子轴承 14,轴承间隙由螺母 1 和 6 来调整。螺钉 17 和 13 是防止螺母 1 和 6 回松的。主轴的支承形式为前端定位,主轴受热膨胀后伸长。前后支承所用圆锥孔双列圆柱滚子轴承的支承刚性好,允许的极限转速高。前支承中的角接触球轴承能受较大轴向载荷,且允许的极限转速高。主轴所采用的支承结构适宜低速大载荷的需要。主轴运动经过同步带轮 16 和 3 以及同步带 2 带动脉冲编码器 4,使其与主轴同速运转。脉冲编码器用螺钉 5 固定在主轴箱体 9 上。

(3) 液压卡盘结构

如图 2-17(a)所示,液压卡盘固定安装在主轴前端,回转液压缸 1 与接套 5 用螺钉 7 连接,接套通过螺钉与主轴后端面连接,使回转液压缸随主轴一起转动。卡盘的加紧与松开,由回转液压缸通过一根空心拉杆 2 来驱动。拉杆后端与液压缸内的活塞 6 用螺纹连接,连接套 3 两端的螺纹分别与拉杆 2 和滑套 4 连接。图 2-17(b)为卡盘内楔形机构示意图,当液压缸内压力油推动活塞和拉杆向卡盘方向移动,滑套 4 向右移动,由于滑套上楔形槽的作用,使得卡爪座 11 带着卡爪 12 沿径向向外移动,则卡盘松开。反之,液压缸内的压力油推动活塞和拉杆向主轴后端移动时,通过楔形机构使卡爪夹紧工件。卡盘体 9 用螺钉 10 固定安装在主轴前端。8 为回转液压缸的箱体。

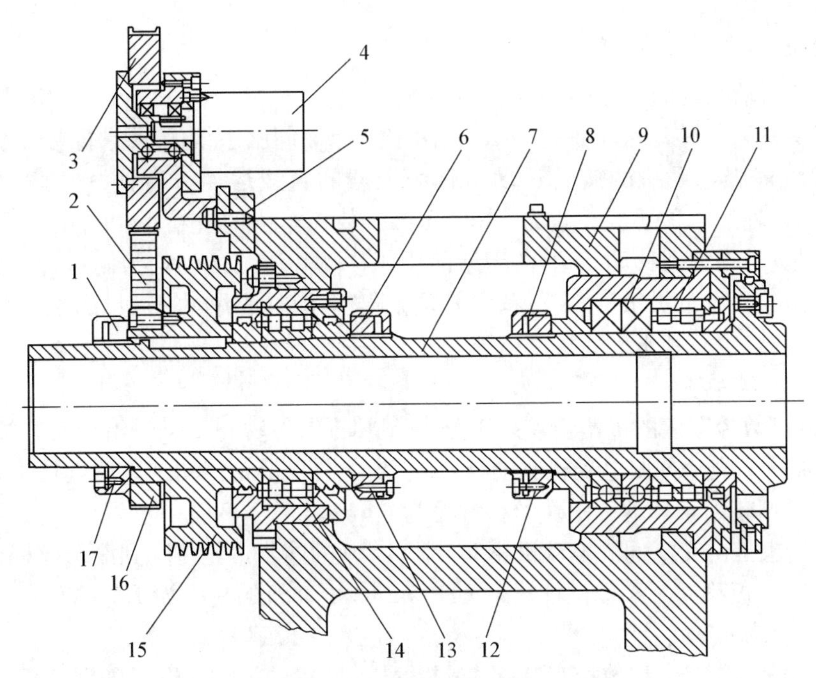

图 2－16　MJ－50 型数控车床主轴箱结构简图

1、6、8—螺母；2—同步带；3、16—同步带轮；4—脉冲编码器；5、12、13、17—螺钉；
7—主轴；9—主轴箱体；10—球轴承；11、14—滚子轴承；15—带轮

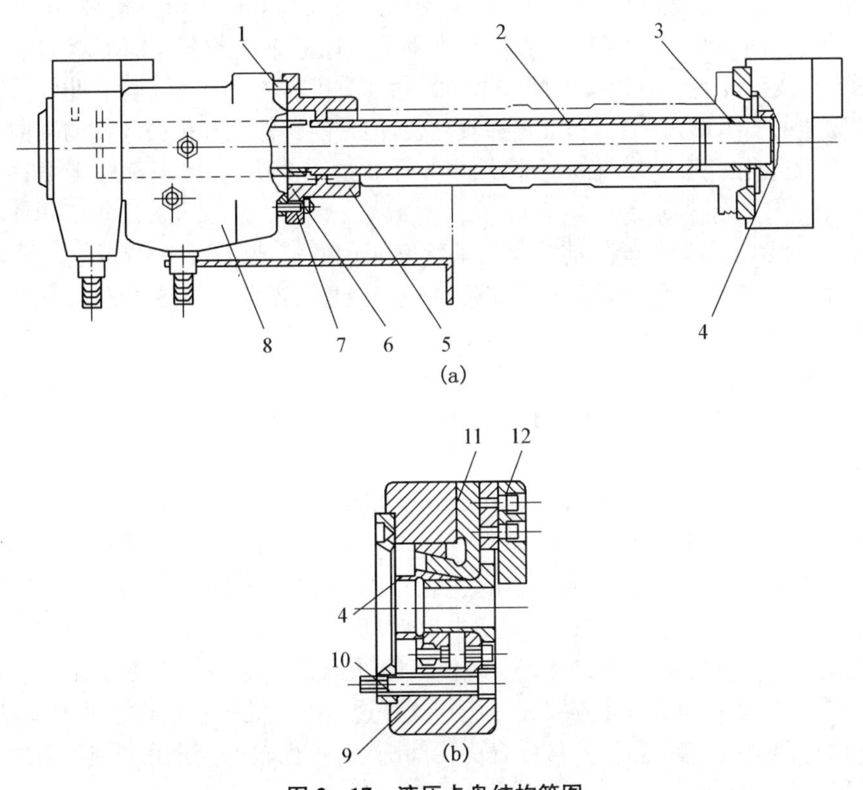

图 2－17　液压卡盘结构简图

1—回转液压缸；2—拉杆；3—连接套；4—滑套；5—接套；6—活塞；
7、10—螺钉；8—箱体；9—卡盘体；11—卡爪座；12—卡爪

2. 进给传动系统及传动装置

(1) 进给传动系统的特点

数控车床的进给传动系统是控制 X、Z 两个坐标轴伺服系统的重要组成部分。进给传动系统能够将伺服电动机的旋转运动转化为刀架的直线运动。X 轴最小移动量一般为 0.000 5 mm,Z 轴最小移动量一般为 0.001 mm。数控车床的进给系统采用滚珠丝杠螺母传动副,通过其带动刀架移动。这样,刀架的快速移动和进给运动均为同一传动路线,可以有效地提高进给系统的灵敏度、定位精度并防止爬行,同时消除丝杠螺母的配合间隙和丝杠两端的轴承间隙,也有利于提高传动精度。

(2) 进给传动系统

MJ－50 型数控车床的进给传动系统分为 X 轴进给传动和 Z 轴进给传动。X 轴进给由功率为 0.9 kW 的交流伺服电动机驱动,经 20/24 的同步带轮传动到滚珠丝杠上,滚珠丝杠上的螺母带动回转刀架移动。滚珠丝杠螺距为 6 mm。

Z 轴进给也是由交流伺服电动机驱动,经 24/30 的同步带轮传动到滚珠丝杠,滚珠丝杠上是螺母带动滑板移动。滚珠丝杠螺距为 10 mm。电动机的功率为 1.8 kW。

(3) 进给系统传动装置

图 2－18 是 MJ－50 型数控车床 X 轴进给传动装置的结构简图。如图 2－18(a)所示,AC 伺服电动机 15 经同步带轮 14 和 10 以及同步带轮 12 带动滚珠丝杠 6 回转,其上螺母 7 带动[图 2－18(b)]刀架 21 沿滑板 1 的导轨移动,实现 X 轴的进给运动。电动机轴与同步带轮 14 用键 13 连接。滚珠丝杆有前后两个支承。前支承 3 由三个角接触球轴承组成,其中一个轴承大口向前两个轴承大口向后,分别承受双向的轴向载荷。前支承的轴承由螺母进行预紧。后支承 9 为一对角接触球轴承,轴承大口相背放置,由螺母 11 进行预紧。这种丝杠两端固定的支承形式,结构和工艺都较复杂,但是能够保证和提高丝杠的轴向刚度。脉冲编码器 16 安装在伺服电动机的尾部,图中 5 和 8 是缓冲块,在出现意外碰撞时可以起保护作用。

A—A 剖面图表示滚珠丝杠前支承的轴承座 4 用螺钉 20 固定在滑板上。滑板导轨如 B—B 剖面图所示为矩形导轨,镶条 17、18、19 用来调整刀架与滑板导轨的间隙。

图 2－18(b)中 22 为导轨护板,26、27 为机床参考点的限位开关和撞块。镶条 23、24、25 用于调整滑板与床身导轨的间隙。因为滑板顶面导轨与水平面倾斜 30°,回转刀架的自身重力使其下滑,滚珠丝杠和螺母不以自锁阻止其下滑,固机床依靠 AC 伺服电动机的电磁制动来实现自锁。

MJ－50 型数控车床 Z 轴进给传动装置简图如图 2－19 所示。AC 伺服电动机 14 经同步带轮 12 和 2 以及同步带 11 传动到滚珠丝杠 5,由螺母 4 带动滑板连同刀架沿床身 13 的矩形导轨移动[图 2－19(b)],实现 Z 轴的进给运动。如图 2－19(b)所示,电动机轴与同步带轮 12 之间用锥环无键连接,局部放大图中 19 和 20 是锥面相互配合的内、外锥环,当拧紧螺钉 17 时,法兰 18 的端面压迫外锥环 20,使其向外膨胀,内锥环 19 受力后向电动机轴收缩,从而使电动机轴与同步带轮连接在一起。这种连接方式无须在被连接件上开键槽,而且两锥环的内外圆锥面压紧后,使连接配合面无间隙,对中性较好。选用锥环对数的多少,取决于所传递扭矩的大小。

滚珠丝杠的左支承由三个角接触球轴承 15 组成。其中,右边两个轴承与左边一个轴承

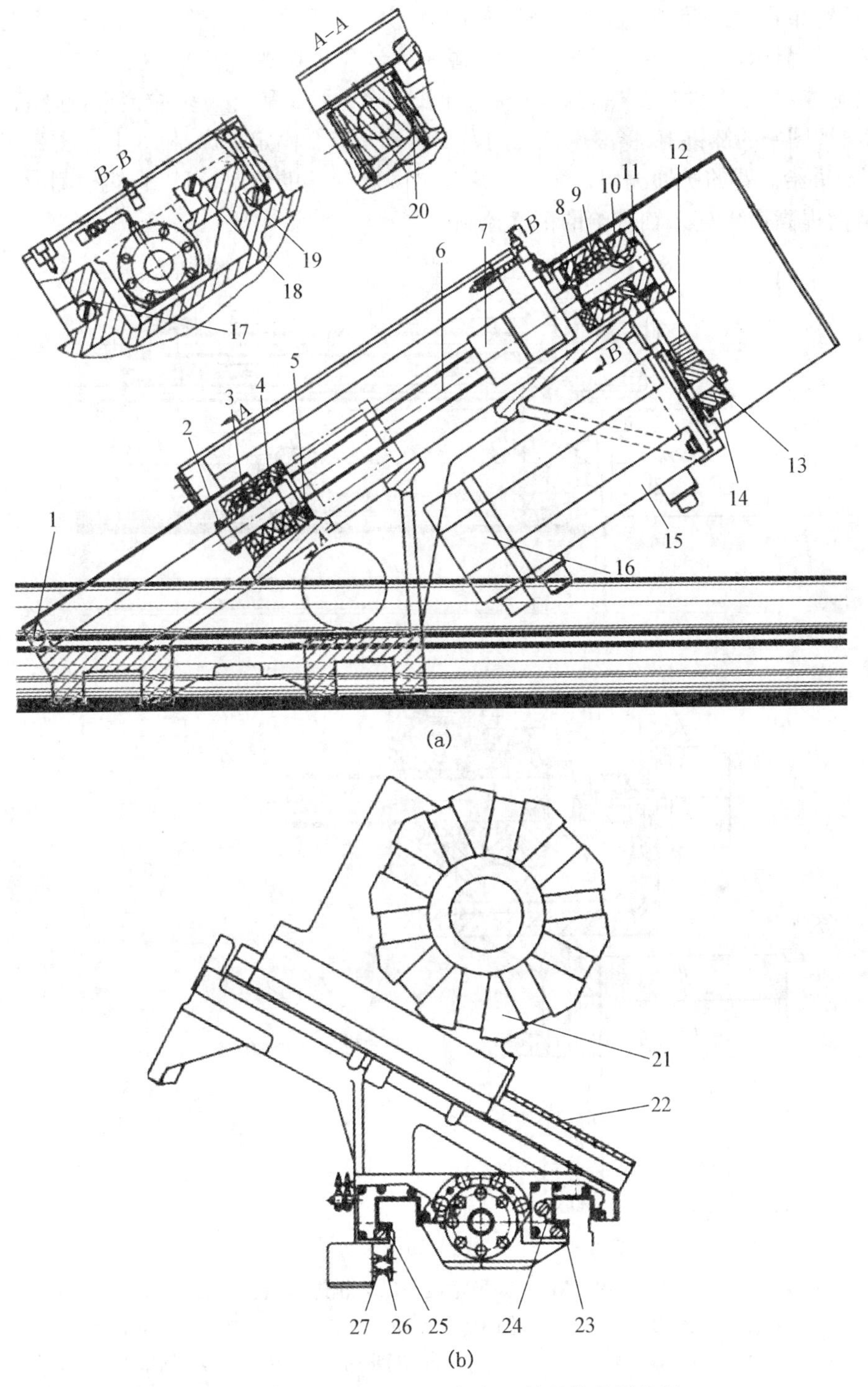

图 2-18　MJ-50 型数控车床 *X* 轴进给装置简图

1、2、7、11—螺母；3—前支承；4—轴承座；5、8—缓冲块；6—滚珠丝杠；9—后支承；
10、11、14—同步带轮；12—同步带；13—键；15—伺服电动机；16—脉冲编码器；
17、18、19、23、24、25—镶条；20—螺钉；21—刀架；22—导轨护板；26—限位开关；27—撞块

的大口相对布置，由螺母 16 进行预紧。如图 2－19(a)所示，滚珠丝杠的右支承 7 为一个圆柱滚子轴承，只用于承受径向载荷，轴承间隙用螺母 8 来调整。滚珠丝杠的支承形式为左端固定，右端浮动，留有丝杠受热膨胀后轴向伸长的余地。3 和 6 为缓冲挡板，起超程保护作用。B 向视图中的螺钉 10 将滚珠丝杠的右支承轴承座 9 固定在床身 13 上。图 2－19(b)所示为 Z 轴进给装置的脉冲编码器 1 与滚珠丝杠 6 相连接的情况，可以直接检测丝杠的回转角度，从而提高系统对 Z 轴进给的精度控制。

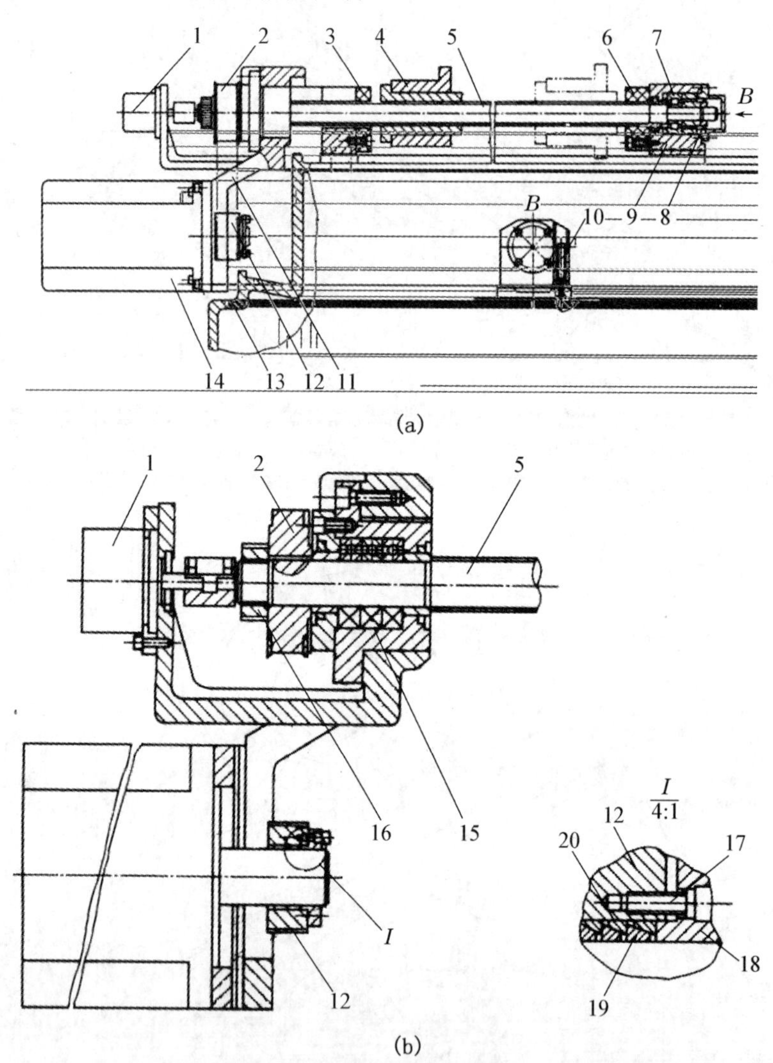

图 2－19　MJ－50 型数控车床 Z 轴进给装置简图

1—脉冲编码器；2、12—同步带轮；3、6—缓冲挡块；4、8、16—螺母；5—滚珠丝杠；7—右支承；9—轴承座；10、17—螺钉；11—同步带；13—床身；14—伺服电动机；15—角接触球轴承；18—法兰；19—内锥环；20—外锥环

3. 自动回转刀架

数控车床自动回转刀架的转位换刀过程如下：

(1) 当接收到数控系统的换刀指令后，刀盘松开；

(2) 刀盘旋转到指令要求的刀位；

(3) 刀盘夹紧并发出转位结束即刀位确认信号。

图2-20为MJ-50型数控车床的回转刀架结构简图。回转刀架的固紧与松开以及刀盘的转位均由液压系统驱动、PC顺序控制来实现。11是安装刀具的刀盘，它与刀架主轴6固定连接。当刀架主轴6带动刀盘旋转时，其上的鼠牙盘13和固定在刀架上的鼠牙盘10脱开，旋转到指定刀位后，刀盘的定位有鼠牙盘的啮合来完成。

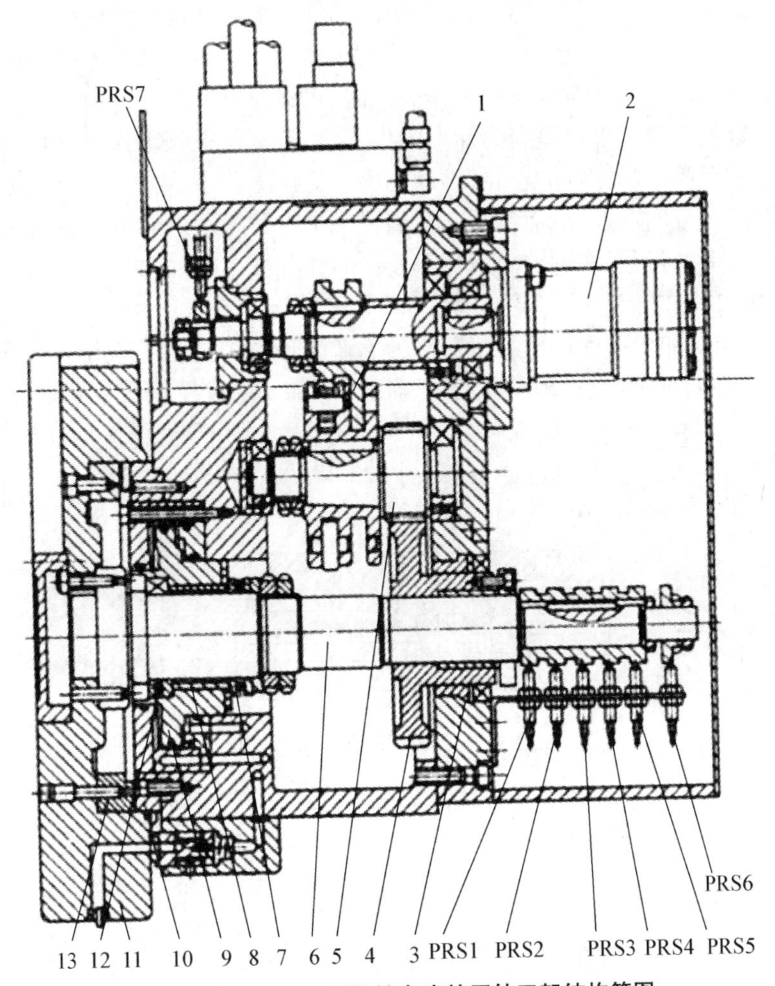

图2-20　MJ-50型数控车床的回转刀架结构简图

1—分度凸轮；2—液压马达；3—衬套；4、5—齿轮；6—刀架主轴；7、12—推力球轴承；8—双列滚针轴承；9—活塞；10、13—鼠牙盘；11—刀盘

活塞9支承在一对推力轴承7和12及双列滚针轴承8上，它可以通过推力轴承带动刀架主轴移动。当接到换刀指令时，活塞9及刀架主轴6在压力油推动下向左移动，使鼠牙盘13与10脱开，液压马达2启动带动平板共轭分度凸轮1转动，经齿轮5和齿轮4带动刀架

主轴及刀盘旋转。刀盘旋转的准确位置，通过开关 PRS1、PRS2、PRS3、PRS4 的通断组合来检测确认。当刀盘旋转到指定的刀位后，接近开关 PRS7 通电，向数控系统发出信号，指令液压马达停转，这时压力油推动活塞 9 向右移动，使鼠牙盘 10 和 13 啮合，刀盘被定位夹紧。接近开关 PRS6 确认夹紧并向数控系统发出信号，宣告刀架的转位换刀循环完成。

在机床自动运转状态下，当指定换刀的刀号后，数控系统会自动判断、实现刀盘的就近转位换刀，即会自动选择刀盘的正反转。但手动操作时，从刀盘方向观察，只允许刀盘顺时针转动换刀。

4. 机床尾座

MJ－50 型数控车床出厂时一般配置尾座，图 2－21 为尾座结构简图。尾座体的移动由滑板带动移动。尾座体发生移动后，由手动控制的液压缸将其锁紧在床身上。

在调整机床时，可用手动控制尾座套筒移动。顶尖 1 与尾座套筒 2 用锥孔连接，尾座套筒可带动顶尖一起移动。在机床自动工作循环时，可通过加工程序由数控系统控制尾座套筒的移动。当数控系统发出尾座套筒伸出的指令后，液压电磁阀动作，压力油通过活塞杆 4 的内孔进入尾座套筒 2 液压缸的左腔，推动尾座套筒伸出。当数控系统指令使其退回时，压力油进入套筒液压缸的右腔，从而使尾座套筒退回。这种尾座也称为可编程尾座。

尾座套筒移动的行程，靠调整套筒外部连接的行程杆 10 上面的移动挡块 6 来控制。图 2－21 所示移动挡块的位置在右端极限位置时套筒的行程最长。

当套筒伸出到位时，行程杆上的挡块 6 压下确认开关 9，向数控系统发出尾座套筒到位信号。反之，行程杆上的固定挡块 7 压下确认开关 8，向数控系统发出套筒退回的确认信号。

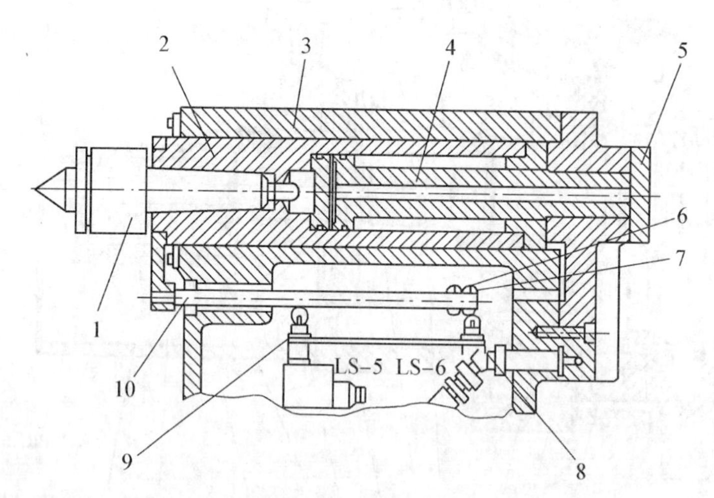

图 2－21　MJ－50 型数控车床尾座结构简图

1—顶尖；2—尾座套筒；3—尾座壳体；4—活塞杆；5—端盖；
6、7—挡块；8、9—确认开关；10—行程杆

2.2.3　数控车床的液压原理图及换刀控制

MJ－50 型数控车床卡盘的夹紧与松开、卡盘夹紧力的高低压转换、回转刀架的松开与固紧、刀架刀盘的正转与反转、尾座套筒的伸出与退回都是由液压系统驱动的，液压系统中各电磁阀、电磁铁的动作都是由数控系统的 PC 控制实现的。

1. 液压系统原理图

图 2－22 是 MJ－50 型数控车床液压系统原理图。机床的液压系统采用单向变量液压泵，系统压力通常调到 4MPK，压力大小由压力表 14 显示。泵出口的压力油经过单向阀进入控制油路。

(1) 卡盘动作的控制

主轴卡盘的夹紧与松开，由一个二位四通电磁阀 1 控制。卡盘的高压夹紧与低压夹紧的转换，由电磁阀 2 控制。当卡盘处于正卡(也称外卡)且在高压夹紧状态下，夹紧力的大小由减压阀 6 来调整，由压力表 12 来显示卡盘压力。系统压力油依次流经减压阀 6—电磁阀 2(左位)—电磁阀 1(左位)液压缸右腔，致使活塞杆左移，卡盘夹紧。这时液压缸左腔的油液经阀 1(左位)直接回油箱。反之，系统压力油依次流经减压阀 6—电磁阀 2(左位)—电磁阀 1(右位)—液压缸左腔，致使活塞杆右移，卡盘松开。这时液压缸油腔的油液经阀 1(右位)直接回油箱。当卡盘处于正卡且在低压夹紧的状态下，夹紧力的大小由减压阀 7 来调整。系统压力油经减压阀 7—电磁阀 2(右位)—电磁阀 1(左位)—液压缸右腔，卡盘夹紧。反之，系统压力油经减压阀 7—电磁 2(右位)—电磁 1(右位)—液压缸左腔，卡盘松开。

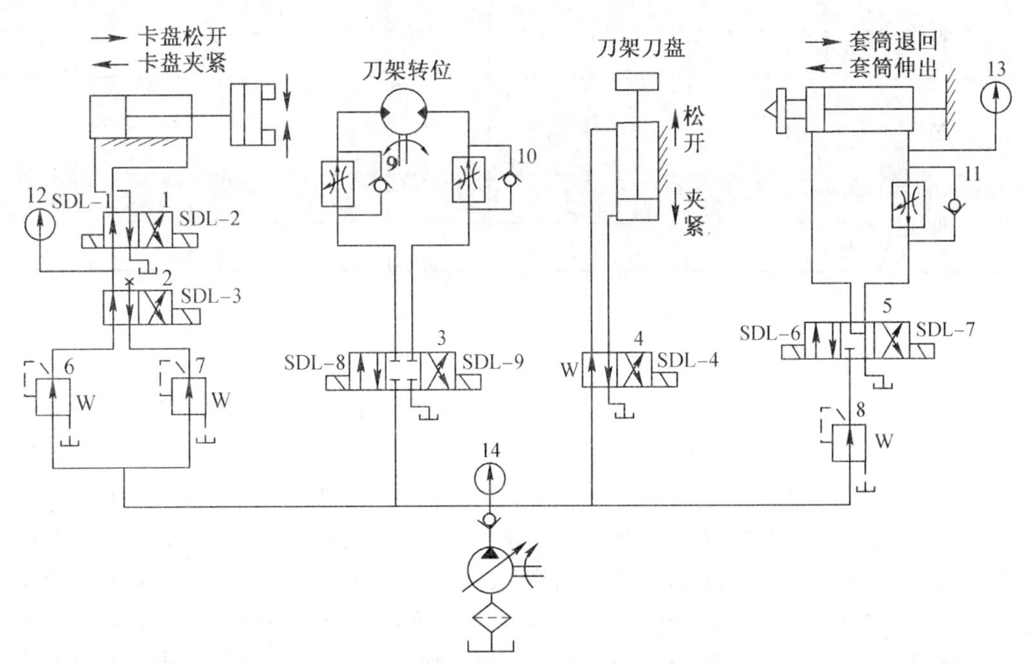

图 2－22　MJ－50 型数控车床液压系统原理

（2）回转刀架动作的控制

回转刀架换刀时，首先是刀盘松开，接着刀盘就近转位到达指定的刀位，最后刀盘复位固紧。刀盘的固紧松开，由一个二位四通电磁阀 4 控制。刀盘的旋转有正转和反转两个方向，它由三位四通电磁阀 3 控制，其旋转速度分别由调速阀 9 和 10 控制。电磁阀 4 在右位时，刀盘松开，系统压力油经电磁阀 3(左位)经调速阀 9 到液压马达，刀架正转。若系统压力油经电磁阀 3(右位)经调速阀 10 到液压马达，则刀架反转。电磁阀 4 在左位时，刀盘固紧。

（3）尾座套筒动作的控制

尾座套筒的伸出与退回由三位四通电磁阀 5 控制，套筒伸出时的预紧力大小通过减压阀 8 来调整，并由压力表 13 显示。系统压力油经减压阀 8 经电磁阀 5(左位)到液压缸左腔，套筒伸出。这时液压缸油腔油液经阀 11 和电磁阀 5(左位)回油箱。反之，系统压力油经减压阀 8、电磁阀 5(右位)、阀 11 到液压缸右腔，套筒退回。这时液压缸左腔的油液经电磁阀 5(右位)直接回油箱。

各电磁阀的电磁铁动作顺序见表 2－3。

表 2－3　电磁动作开关

			SDL－1	SDL－2	SDL－3	SDL－4	SDL－8	SDL－9	SDL－6	SDL－7
卡盘正卡	高压	夹紧	－	－	－					
		松开	＋	＋	－					
	低压	夹紧	－	－	＋					
		松开	＋	＋	＋					
卡盘反卡	高压	夹紧	－	－	－					
		松开	＋	＋	－					
	低压	夹紧	－	－	＋					
		松开	＋	＋	＋					

2. 回转刀架转位换刀的控制

回转刀架转位换刀的流程图如图 2－23 所示。回转刀架的自动转位换刀是由 PC 顺序控制实现的。在机床自动加工过程中，当完成需要换刀时，加工程序中的 T 代码指令回转刀架转位换刀。这时由 PC 输出执行信号，首先使电磁铁线圈 SDL－4 得电动作，刀盘松开，同时刀盘的夹紧确认开关 PRS6 断电并延时 200 ms。随后根据 T 代码指定的刀具号，由液压马达驱动刀盘就近转位选刀。若 SDL－8 得电则刀架正转，若 SDL－9 得电则刀架反转。刀架转位后是否到达 T 代号指定的刀具位置，由一组刀号确认开关 PRS1～PRS4 与奇偶校验开关 PRS5 来确认。如果指令的刀具已到位，开关 PRS7 通电，发出液压马达停转信号，使电磁铁线圈 SDL－8 或 SDL－9 失电，液压马达停转。同时，SDL－4 失电，刀盘固紧，即完成了一次回转刀架的转位换刀动作。

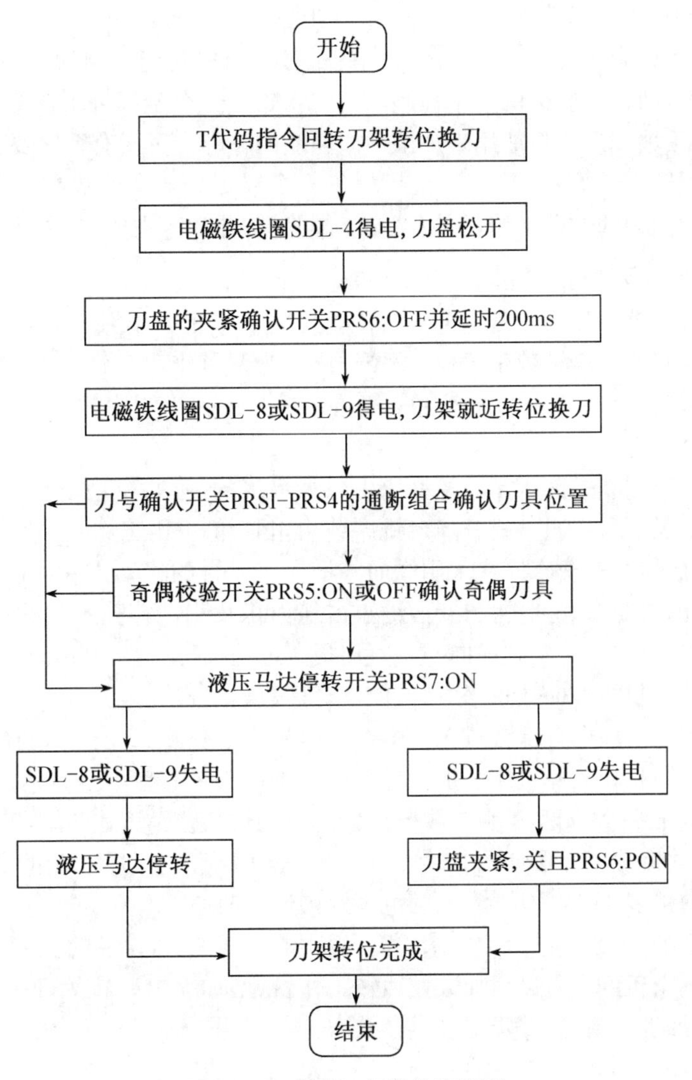

图 2-23 回转刀架转位流程图

2.3 数控铣床

2.3.1 数控铣床的用途和分类

1. 数控铣床的用途

数控铣床作为一种用途广泛的机床,可以加工平面(水平面、垂直面)、沟槽(键槽、T形槽、燕尾槽)、分齿零件(齿轮、花键槽、螺旋形表面)及各种曲面。此外,数控铣床还可运用于对回转体表面、内孔的加工,并能切断加工。数控铣床工作时,工件装在工作台上或分度头等附件上,铣刀旋转为主运动,辅以工作台或铣头的进给运动,使工件获得所需的加工表面。由于是多刀断续切削,因而铣床的生产率较高。数控铣床可分为立式和卧式两种。一般数控铣床是指规格较小的升降台式数控铣床，其工作台宽度多在 400 mm 以下。规格较大的数控铣床，例如工作台宽度在 500 mm 以上的数控铣床的功能以向加工中心靠近。数控铣床多为三坐标两轴联动，也称两轴半控制，即在 X、Y、Z 三个坐标轴中任意两轴可以联动。

一般情况下，数控铣床只能用来加工平面曲线的轮廓。对于有特殊要求的数控铣床，还可以加进一个回转的 A 坐标或 C 坐标，即增加一个数控分度头或数控回转工作台，这时机床的数控系统为四轴的数控系统，可用来加工螺旋槽、叶片等立体曲面零件。

2. 数控铣床的分类

数控铣床从主轴部件的角度可分为数控立式铣床、数控卧式铣床和数控立卧转换铣床。按照数控系统控制的坐标轴数量，可将数控铣床分为两轴半联动铣床、三轴联动铣床、四轴及五轴联动铣床等。

(1) 数控立式铣床

主轴垂直的数控立式铣床是数控铣床中数量最多的一种，应用范围也最为广泛。小型数控铣床一般情况下与普通立式升降台铣床结构相似，都采用工作台移动、升降台及主轴不动的方式；中型数控立式铣床往往采用纵向与横向工作台的移动方式，且主轴呈铅垂状态；大型数控铣床，因需要考虑到扩大行程，缩小占地面积及刚性等技术问题，大多采用龙门架移动式，其主轴可以在龙门架的横向与垂直溜板上运动，而龙门架则沿床身作纵向运动。

从机床系统控制的坐标数量来看，目前三坐标数控立式铣床仍占大多数，一般能够进行三坐标联动的加工。但也有部分机床只能对三坐标中的任意二个坐标进行联动加工，这种运用三轴可控二轴联动数控机床的加工称为两轴半加工。有些数控铣床的主轴能够绕 X、Y、Z 坐标轴中其中一个或两个轴作数控摆角运动，这些基本都是四轴和五轴数控立式铣床，五轴龙门式数控铣床外形如图 2 - 24 所示。一般情况下，机床控制的坐标轴越多，特别是要求联动的轴越多，机床的功能、加工范围及可选择的加工对象也越多。但随之而来的是机床的结构更复杂，对数控系统的要求更高，编程的难度更大，设备的价格也更高。

数控立式铣床还可以通过附加数控回转工作台、增加靠模装置等来扩展机床的自身功能、加工范围和加工对象，进一步提高生产效率。

(2) 数控立式铣床

与通用卧式铣床相同，数控立式铣床的主轴轴线平行于水平面。为了扩大加工范围和扩充功能，卧式数控铣床通常采用增加数控转盘或万能数控转盘来实现四轴或五轴的加工。这种数控铣床不但可以加工工件侧面上的连续回转轮廓，而且还能够实现在工件的一次安装中，通过转盘不断改变工位，从而执行“四面加工”。尤其是万能数控转盘可以把工件上各种不同角度或空间角度的加工面摆成水平来加工，可以省去许多专用夹具或专用角度成形铣刀。选择带数控转盘的卧式铣床对箱体类零件或需要在一次安装中改变工位的工件进行加工是非常适合的。

(3) 立、卧两用铣床

立、卧两用数控铣床主轴的方向可以更换，能达到在一台机床上既能进行立式加工，又能进行卧式加工。立、卧两用数控铣床的使用范围更广，功能更全，选择加工的对象和余地更大，能给用户带来很多方便。特别是当生产批量较小，品种较多，又需要立、卧两种方式加工时，用户可以通过购买一台这样的立、卧式两用铣床解决很多实际问题。

立、卧式两用数控铣床主轴方向的更换有手动和自动两种。采用数控万能主轴头的立、卧两用数控铣床，其主轴头可以任意转换方向，可以加工出与水平面呈各种不同角度的工件表面。如果立、卧两用数控铣床增加数控转盘，就可以实现对工件的“五面加工”。即除了工件与转盘贴和的定位面外，其他表面都可以在一次安装中进行加工。

3. 数控铣床的结构特征

(1) 数控铣床的主轴开启与停止、主轴正反转与主轴变速等可以按程序介质上编入的程序自动执行。主轴套筒内一般都设有自动拉、退刀装置，能在数秒内完成装刀与卸刀，换刀比较方便。但是这样会使得主轴的结构更加复杂。

(2) 为了要把工件上各种复杂的形状轮廓连续加工出来，必须控制刀具沿设定的直线、圆弧或空间的直线、圆弧轨迹运动，因此要求数控铣床的伺服系统能在多坐标方向同时协调动作，并保持预定的相互关系。这就要求机床应能实现多坐标联动。

4. XK5040A型数控铣床的用途、布局与参数

图2-24所示为XK5040A型数控铣床的布局图，床身6固定在底座1上，用于安装与支承机床各部件。操纵台10上有CT显示器、机床操纵按钮和各种开关和指示灯。纵向工作台16、横向溜板12安装在升降台15上，通过纵向进给伺服电动机13、横向进给伺服电动机14和垂直升降进给伺服电动机4的驱动，完成X、Y、Z坐标的进给。强电柜2中装有机床电气部分的接触器、继电器等。变压器箱3安装在床身立柱的后面。数控柜7内装有机床数控系统。保护开关8、11可控制纵向行程硬限位。挡铁9为纵向参考点设定挡铁。主轴变速手柄和按钮板5用于手动调整主轴的正、反转、停止及切削液开停等。

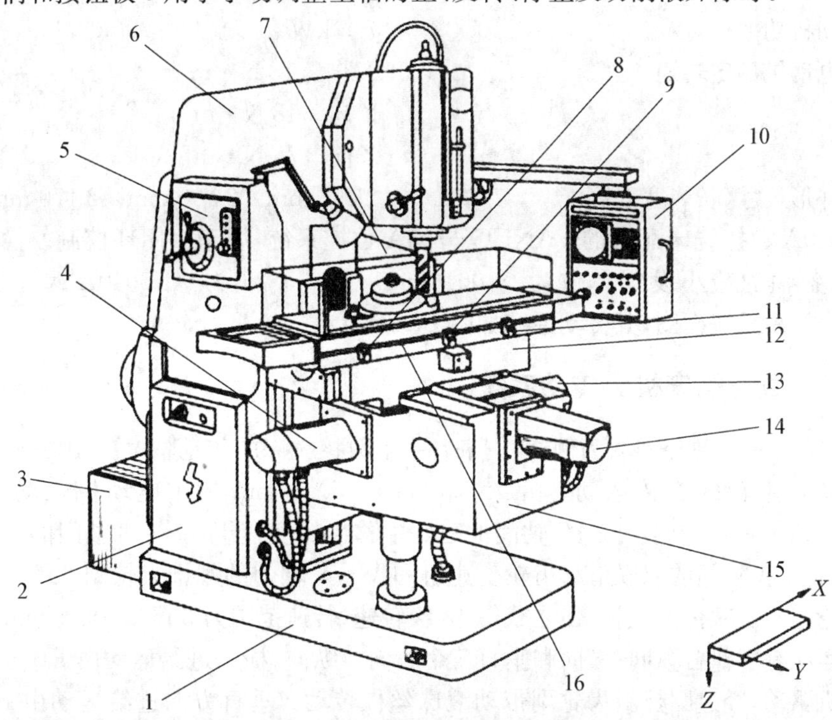

图2-24　XK5040A型数控铣床

1—底座；2—强电柜；3—变压器箱；4—垂直升降进给伺服电动机；5—按钮板；6—床身；7—数控柜；8、11—保护开关；9—挡铁；10—操纵台；12—横向溜板；13—纵向进给伺服电动机；14—横向进给伺服电动机；15—升降台；16—纵向工作台

XK5040 型数控铣床的主要技术参数如下：

工作台工作面积(长×宽)	1 600 mm×400 mm
工作台最大纵向行程	900 mm
工作台最大横向行程	375 mm
工作台最大垂直行程	400 mm
工作台 T 形槽数	3 个
工作台 T 形槽宽	18 mm
工作台 T 形槽间距	100 mm
主轴孔锥度	7∶24;莫氏 50°
主轴孔直径	27 mm
主轴套筒移动距离	70 mm
主轴端面到工作台面距离	50～450 mm
主轴中心线至床身垂直导轨距离	430 mm
主轴台侧面至床身垂直导轨距离	30～405 mm
主轴转速范围	30～1 500 r/min
主轴转速级数	18
工作台进给量	纵向 10～1 500 mm/min
横向 10～1 500 mm/min	
垂直 10～600 mm/min	
主电动机功率	7.5 kW
伺服电动机额定转矩	*X* 向　18 N·m
	Y 向　18 N·m
	Z 向　35 N·m
机床外形尺寸(长×宽×高)	2 495 mm×2 100 mm×2 170 mm

XK5040A 数控铣床配置的 FANUC-3MA 数控系统，属于半闭环控制。检测器为脉冲编码器，各轴的最小设定单位为 0.001 mm。图 2-25 为 XK5040A 型数控铣床的 FANUC-3MA 系统框图，其传动系统如图 2-26 所示。

2.3.2　数控铣床机床传动系统

以 XK5040A 型数控铣床为例，我们来看一下数控铣床的传动情况。XK5040A 型数控铣床主运动是主轴的旋转运动。由 7.5 kW、1 450 r/min 的主电动机驱动，经 ϕ140/ϕ285 mm 三角带传动，在经Ⅰ～Ⅱ轴间的三联滑移齿轮变速组、Ⅱ～Ⅲ轴间的三联滑移齿轮变速组、Ⅲ～Ⅳ轴间的双联滑移齿轮变速组和Ⅳ～Ⅴ轴间的圆锥齿轮副 29/29 及Ⅴ～Ⅵ轴间的齿轮副 67/67 传至主轴，使之获得 18 级转速，转速范围为 30～1 500 r/min。

进给运动有工作台纵向、横向和垂直三个方向。纵向、横向进给运动由 FB-15 型直流伺服电动机驱动，经过圆柱斜齿轮副带动滚珠丝杠转动。垂直方向进给运动由 FB-25 型带制动器的直流伺服电动机驱动，经圆锥齿轮副带动滚珠丝杠转动。进给系统传动齿轮间隙的消除，采用双片斜齿轮间隙消除机构(图 2-27)。调整螺母 1，即能靠弹簧 2 自动消除间隙。

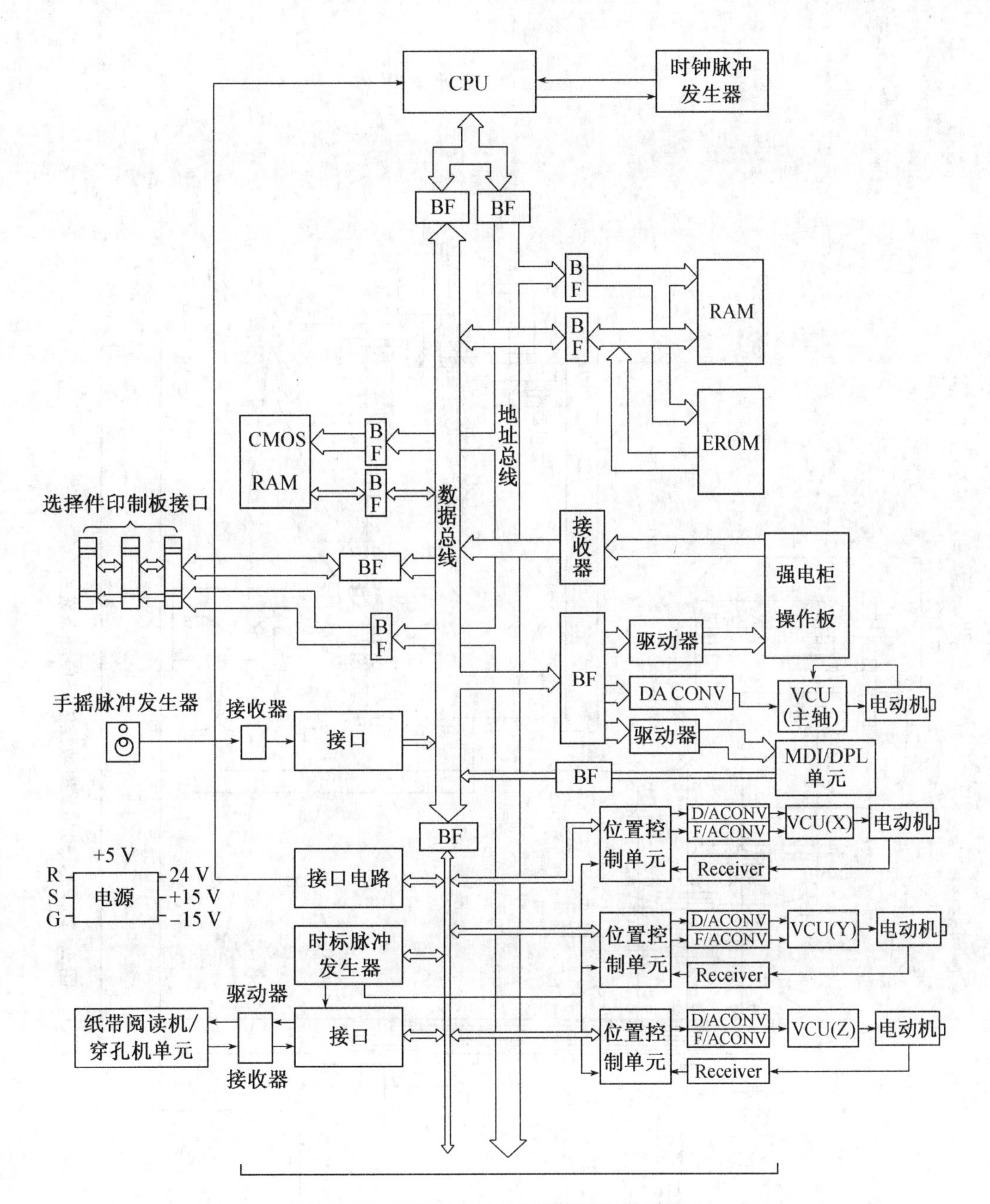

图 2－25　XK5040A 型数控铣床的系统框图

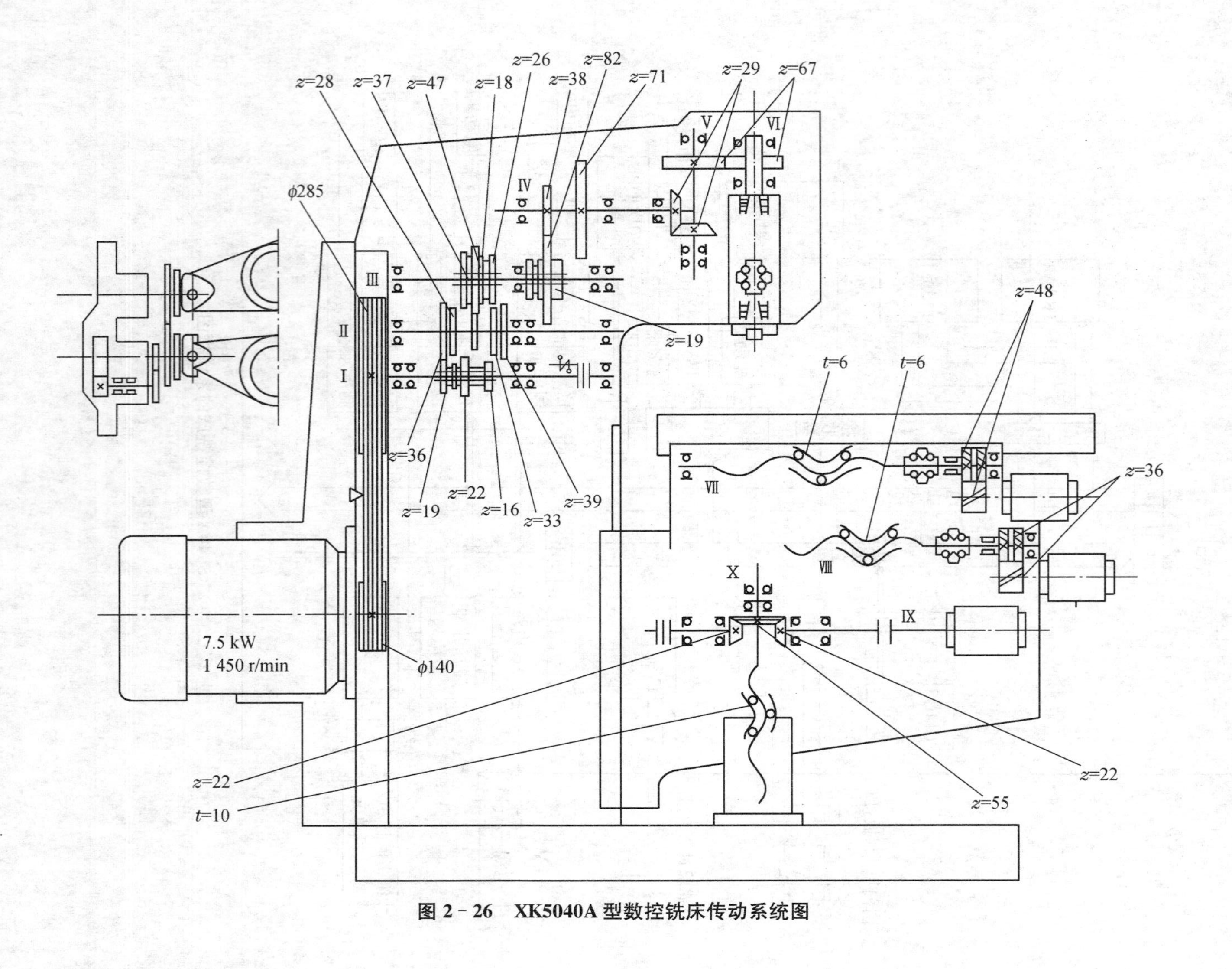

图 2-26 XK5040A 型数控铣床传动系统图

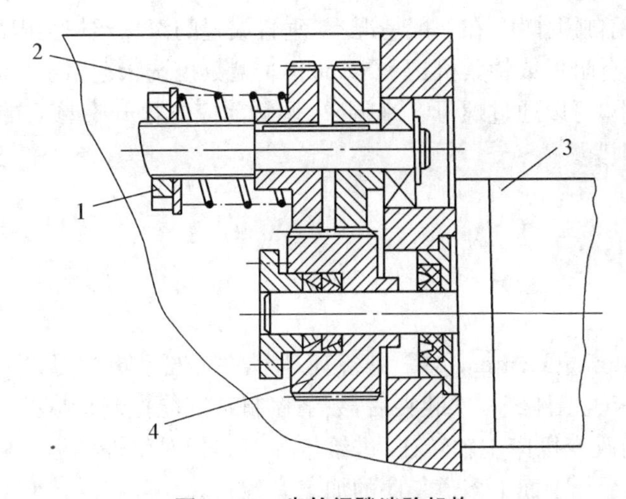

图 2-27 齿轮间隙消除机构

1—螺母;2—弹簧;3—电动机;4—齿轮

2.3.3 升降台自动平衡装置的工作原理及调整

XK5040A 型数控铣床升降台自动平衡装置如图 2-28 所示。伺服电动机 1 经过锥环连接带动十字联轴节以及圆锥齿轮 2、3 使升降丝杠转动,工作台上升或下降。同时圆锥齿轮 3 带动圆锥齿轮 4,经超越离合器和摩擦离合器相连,这一部分称作升降台自动平衡装置。

当圆锥齿轮 4 转动时,通过锥销带动单向超越离合器的星轮 5。工作台上升时,星轮的转向是使滚子 6 和外壳 7 脱开方向,外壳不转摩擦片不起作用;而工作台下降时,星轮的转向使滚子 6 楔在星轮与外壳 7 之间,外壳 7 随着圆锥齿轮 4 一起转动。经过花键与外壳连在一起的内摩擦片与固定的外摩擦片之间产生相对运动,由于内、外摩擦片之间由弹簧压紧,有一定摩擦阻力,所以起到阻尼作用,上升与下降的力量得以平衡。

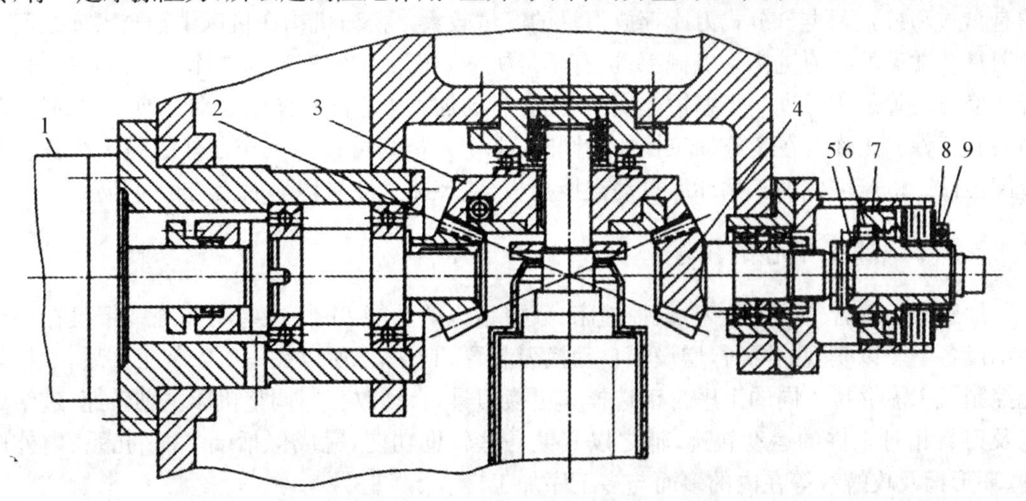

图 2-28 升降台自动平衡装置

1—伺服电动机;2、3、4—圆锥齿轮;5—星轮;6—滚子;7—外壳;8—螺母;9—锁紧螺钉因为滚珠丝杠无自锁作用，在一般情况下，垂直放置的滚珠丝杠会因部件的质量作用而自动下落，所以必须有阻尼或锁紧机构。XK5040A 型数控铣床选用了带制动器的伺服电动机。阻尼力量的大小，可以通过螺母 8 来调整，调整前应先松开螺母 8 的锁紧螺钉 9，调整后应将锁紧螺钉再锁紧。

2.4 加工中心

加工中心(Machining Center，MC)是备有刀库，并能自动更换刀具，对工件进行多工序加工的数字控制机床。工件经一次装夹后，数字控制系统能控制机床按不同的工序自动选择和更换刀具，自动改变机床主轴转速、进给量和刀具相对工件的运动轨迹及其他辅助机能，依次完成工件几个加工面上多道工序的加工。

加工中心由于工序的集中和能够自动换刀，在很大程度上减少了工件的装夹、检测和机床调整等时间，从而可以使机床进行实际切削加工的时间到达机床开动总时间的 80%左右(普通机床仅为 15%～20%)；同时也减少了工序之间的工件周转、搬运和存放时间，缩短了生产周期，具有明显的经济效果。加工中心适用于零件形状比较复杂、精度要求较高、产品更换频繁的中小批量生产。

20 世纪 70 年代以来，加工中心得到了迅速发展，出现了可换主轴箱加工中心，这种加工中心备有多个能够自动更换的且装有刀具的多轴主轴箱，能对工件同时进行多孔加工。这种多工序集中的加工形式后来也渐渐扩展到了其他类型的数控机床，例如车削中心。

加工中心按主轴的布置方式分为立式和卧式两类。卧式加工中心一般具有分度转台或数控转台，可加工工件的各个侧面，也可作多个坐标的联合运动，以便加工复杂的空间曲面。立式加工中心一般不带转台，仅能完成顶面加工。还有带立、卧两个主轴的复合式加工中心，和主轴能调整成立、卧可调式加工中心，能对工件进行多达五个面的加工。

加工中心的自动换刀装置由存放刀具的刀库和换刀机构组成。刀库的种类很多，常见的有盘式和链式两类。链式刀库存放刀具的容量较大。换刀机构在机床主轴与刀库之间交换刀具。常见的换刀机构是机械手；也有不带机械手而由主轴直接与刀库交换刀具的，称无臂式换刀装置。为了进一步缩短非切削时间，有的加工中心配有两个自动交换工件的托板。当装有工件的工作台在实施加工操作的同时，操作人员则可以在工作台外的另一个托板上装卸工件。机床完成加工循环后自动交换托板，使装卸工件与切削加工的时间相重合。

2.4.1 加工中心的用途

加工中心综合了数控铣床、数控镗床、数控钻床的功能，在将这些功能统一聚集在一台加工设备上予以实现的同时，增设了自动换刀装置和刀库。所以在一次安装工件后，数控系统控制机床能够按不同的工序自动选择和更换刀具，自动改变与调整机床主轴转速、进给量以及刀具相对工件的运动轨迹，辅之以其他一些辅助功能，完成包括端平面、孔系、内外倒角、环形槽及攻螺纹等在内的多面与多工序加工。

由于加工中心能集中完成多种工序，使得工件装夹、测量和调整的时间大大减少，缩短了工件周转、搬运存放的时间，大大增强了机床的切削利用率，有效地提高了工件的加工精度。一般来说，数控加工中心的切削利用率能够达到通用机床的4～5倍，是数控机床中生产率和自动化程度最高的综合性机床。

现代加工中心一般包括以下功能：

(1) 加工中心是在数控镗床、数控钻床和数控铣床的基础上增加自动换刀装置，工件在一次装夹之后，可以连续完成对工件表面进行钻孔、扩孔、铰孔、镗孔、攻螺纹、铣削等多种工步的加工，使得加工工序高度集中。一般带有自动分度回转工作台或自动转角度的主轴箱，加工中心在完成工件一次装夹后，自动完成多平面，多角度的工序加工。

(2) 加工中心能够自动改变机床主轴转速、进给量以及刀具相对工件的运动轨迹，并实现其他一些辅助功能。

(3) 一些带有交换工作台的加工中心，当工件在工作位置上进行加工的同时，其他的工件能够在装卸位置的工作台上进行装卸，不会对工件的正常加工造成影响，从而提高了生产效率。

2.4.2　加工中心的分类

加工中心按照不同的划分标准，存在着几种不同的分类方法。

1. 按主轴加工时空间位置不同划分

按主轴加工时空间位置的不同，加工中心可以分为卧式、立式加工中心以及龙门式加工中心和万能加工中心。

(1) 卧式加工中心

主轴轴线为水平设置的加工中心称为卧式加工中心，而卧式加工中心有多种形式，如固定立柱式或固定工作台式等。固定立柱式的卧式加工中心的立柱不动，其主轴箱在立柱上做上下移动，而工作台可在两个水平方向移动；固定工作台式的卧式加工中心的三个坐标方向的运动由立柱和主轴箱的移动来定位，安装工件的工作台是固定不动的(指直线运动)。

卧式加工中心往往具有3～5个运动坐标轴，其中最常见的是三个直线运动坐标轴和一个回转运动坐标轴(回转工作台)。这使得加工中心能在工件一次装夹后完成除安装面和顶面以外的其余四个面的加工。因此卧式加工中心最适合加工箱体类工件。

(2) 立式加工中心

主轴轴线为垂直设置的加工中心称为立式加工中心，这种加工中心的结构有很多共性，多为固定立柱式，工作台为十字滑台。与卧式加工中心相比，立式加工中心的结构相对比较简单，具有设备占地面积小、质量小、价格便宜等几个特点，比较适合盘盖类工件。

(3) 龙门式加工中心

龙门式加工中心形状与龙门铣床相似，其主轴多为垂直设置的，与其他加工中心一样，它也带有自动换刀装置。龙门式加工中心带有可换的主轴头附件，数控装置的软件功能的齐全程度也相当突出，从而能实现一机多用的目的，尤其适用于大型或形状复杂工件的制造生产。比如，航空、航天工业及大型汽轮机上的某些零件的加工，都需要使用这类多坐标龙门式加工中心。

(4) 万能加工中心

万能加工中心具有立式或卧式加工中心的功能。在工件一次装夹后，能完成除安装面外的所有五个面的加工。从而可以省去工件加工过程中的二次装夹，不但缩短了生产时间，更重要的是,这样大大提高了生产效率,积极有效地降低了加工成本。所以,万能加工中心也常常被称为五面加工中心。

常见的五面加工中心有两种形式。一种是主轴可做90°旋转,使得万能加工中心既可像卧式加工中心那样切削,也可像立式加工中心那样切削;另一种是使工作台能够携带装夹的工件做90°旋转,使得主轴在不改变方向的前提下更好更有效地完成五面加工。不过,无论哪种形式的五面加工中心,都存在结构复杂、造价高的缺点。

2. 按工艺用途不同划分

按工艺用途的不同,加工中心可以分为镗铣加工中心和复合加工中心。镗铣加工中心分为立式镗铣加工中心、卧式镗铣加工中心和龙门镗铣加工中心。这种类型的加工工艺以镗铣为主,可用于箱体、壳体以及各种复杂零件特殊曲线和曲面轮廓的多工序加工,比较适合于多品种小批量生产。而复合加工中心主要指万能加工中心,其主轴头可自动回转,进行立、卧加工,尤其是在主轴自动回转后,能够在水平和垂直方向实现刀具自动变换。

3. 按换刀形式不同划分

按换刀形式的不同,加工中心可以分为三种不同的加工中心。一种是由刀库和机械手组成换刀装置的加工中心,一种是通过刀库和主轴箱相互配合完成换刀,根本就不存在机械手的加工中心;以及以孔加工为主,采用转塔刀库形式的加工中心。

4. 按工作台数量不同划分

按工作台数量的不同,加工中心可以分为单工作台、双工作台和多工作台三种不同的加工中心。

2.4.3 加工中心的结构

加工中心自问世以来,在其发展过程中出现过各种类型的加工中心。这些不同的类型可能在结构上存在着一定的差异,但是就总体而言可以将组成结构分为以下几个组成部分:

(1) 基础部件。由床身、立柱和工作台等几大部件组成,是加工中心的基础结构。基础部件一般是铸铁件,也可以是焊接钢结构件,主要承受着加工中心的静载荷以及在加工时的切削载荷。因此作为加工中心质量和体积最大的部件,基础部件必须具有很高的刚度。

(2) 主轴组件。由主轴箱、主轴电机、主轴以及主轴轴承等零件组成。主轴的启动、停止和转动等动作均有数控系统控制,通过装在主轴上的刀具参与完成切削运动,是切削加工的功率输出部件。主轴是加工中心的关键部件,其结构的优劣对切削加工有着密切的联系,对加工中心的性能有着很大的影响。

(3) 控制系统。任何一台加工中心的数控部分都是由CNC装置、可编程序控制器、伺服驱动装置以及电机等部分组成。控制系统是加工中心执行顺序控制动作和完成加工过程的控制中心。CNC系统一般由中央处理器、存储器和I/O接口组成,中央处理器由存储器、运算器、控制器和总线组成。CNC系统主要作用是输入、存储、处理相关数据,完成插补运算以及机床各种控制功能。

(4) 伺服系统。将来自数控装置的信号转换为机床移动部件的运动,这是伺服系统的主要功能。伺服系统的性能是直接决定机床的加工精度、表面质量和生产效率的主要因素之一。加工中心普遍采用半闭环、闭环和混合环三种控制方式,反馈环节的加入使得伺服系统的性能得到了进一步的提高。

(5) 自动换刀装置。由刀库、机械手和驱动机构等部件组成。刀库是加工中心在加工过程中可能使用的全部刀具的存储地。刀库的容量从几把到几百把不等,形式也分盘式、鼓式和链式等多种形式。需换刀时,根据数控系统指令,由机械手(或通过别的方式)将刀具从刀库取出装入或者换装入主轴中。机械手的结构根据刀库与主轴的相对位置及结构的不同也均有多种不同的形式,如单臂式、双臂式、回转式和轨道式等。不过也有一些加工中心并不需要用机械手,而是利用主轴箱或刀库的移动来实现换刀。各种加工中心在换刀过程、选刀方式、刀库结构、机械手类型等方面各不相同,但均须在数控装置及可编程序控制器的控制下,由电机和液压或气动机构驱动刀库和机械手实现刀具的选择与交换。

(6) 辅助系统。加工中心的辅助系统包括润滑、冷却、排屑、防护、液压和随机检测系统等部分。尽管辅助系统并不直接参加切削运动,但对加工中心的加工效率、加工精度及可靠性起到保障作用,因此也是加工中心不可缺少的组成部分。

2.4.4 车削加工中心和镗铣加工中心介绍

车削中心主要指带动力刀架和C轴功能的全功能数控车床(有的车削中心为五轴两动,即具有Y轴)。车削中心一次装卡可实现车削和铣削加工,有很强的加工能力。车削中心的结构特点和普通数控车床相比较,除C轴功能和动力刀架这一特点外没有大的区别。

一般如无特别说明,我们提到的加工中心都是指数控镗铣加工中心。数控镗铣加工中心常按主轴在空间所处的状态,分为立式加工中心和卧式加工中心。加工中心的主轴在空间处于垂直状态的,称为立式加工中心;主轴在空间处于水平状态的,称为卧式加工中心。主轴可作垂直和水平转换的,称为立卧式加工中心或复合加工中心。

加工中心的主机部分包括床身、主轴箱、工作台、底座、立柱、横梁、进给机构、刀库、换刀机构、辅助系统(气液、润滑、冷却)等。加工中心在结构上具有以下这些特点:

(1) 机床的刚度高、抗震性好。

(2) 机床的传动系统结构简单,传递精度高、速度快。加工中心传动装置主要有滚珠丝杠副、静压蜗杆-蜗母条、预加载荷双齿轮-齿条。它们由伺服电动机直接驱动,进给速度快,一般速度可达20 m/min,最高可达100 m/min。

(3) 主轴系统结构简单,主轴系统无齿轮箱变速系统(也有保留3～2级齿轮传动的)。目前,加工中心基本都采用全数字交流伺服主轴,其转速可达数万转。主轴功率大,调速范围宽,定位精度高。

(4) 加工中心的导轨都采用了耐磨损材料和新结构,能长期保持导轨的精度,在高速重切削下,又保证运动部件不振动,低速进给时不爬行及运动中的高灵敏度。

JCS-018A型立式加工中心,它采用了软件固定型计算机控制的FANUC数控系统。把工件一次装夹后可自动连续的完成铣、钻、镗、铰、锪、攻丝等多种加工工序。该机床适用于小型板类、盘类、壳具类、模具类等复杂零件的多品种小批量加工。这类机床对于中小批量生产的机械加工部门,可以节省大量工艺设备,缩短生产准备周期,确保工件加工质量,提高生产效率。图2-29是JCS-018A型加工中心外观图。

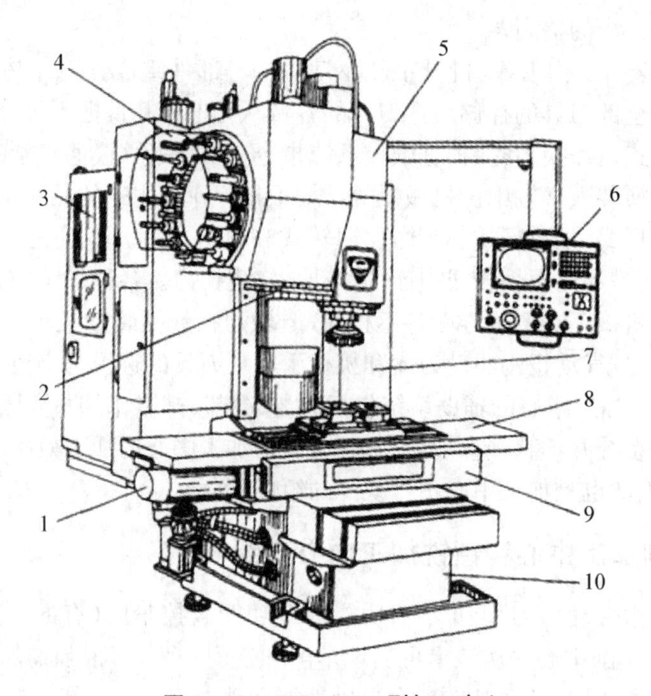

图 2-29　JCS-018A 型加工中心

1—X 轴伺服电机；2—换刀机械手；3—数控柜；4—刀库；5—主轴箱；
6—操纵台；7—驱动电源柜；8—纵向工作台；9—滑座；10—床身

从图 2-29 中可看出 X 轴伺服电动机可完成左、右运动，Z 轴与 Y 轴伺服电动机分别可完成上、下进给运动和前、后进给运动，主轴电动机完成主轴的运动。X 轴、Z 轴、Y 轴伺服电动机都由数控系统控制，可单独或联动。动力从主轴电动机经过二对交换皮带轮传到主轴。机床主轴无齿轮传动，使主轴转动时噪声低，振动小，热变形小。机床床身上固定有各种器件，其中运动部件有滑座，它可由 Y 轴伺服电机带动，滑座上有工作台可由 X 轴伺服电机带动，主轴箱在立柱上可由 Z 轴伺服电机带动上、下移动。此机床有刀库，可装各类钻、铣类刀具并自动换刀。

2.5　数控机床的辅助装置

2.5.1　数控回转工作台

数控回转工作台的功用有两个：一是使工作台进行圆周进给运动，二是工作台进行分度运动。它按照控制系统的指令，在需要时分别完成上述运动。

数控回转工作台，从外形看来和通用机床的分度工作台并没有多大差别，但在结构上则具有一系列的特点。用于开环系统中的数控回转工作台是由传动系统、间隙消除装置及蜗轮夹紧装置等组成。当接到控制系统的回转指令后，首先要把蜗轮松开，然后开动电液脉冲马达，按照指令脉冲来确定工作台回转的方向、速度、角度大小以及回转过程中速度的变化等参数。当工作台回转完毕后，再把蜗轮夹紧。

数控回转工作台的定位精度完全由控制系统决定。因此，对于开环系统的数控回转工作台，要求它的传动系统中没有间隙，否则在反向回转时会产生传动误差，影响定位精度。现以 JCS－013 型自动换刀数控卧式镗铣床的数控回转工作台为例介绍如下，如图 2－30 所示。

数控回转工作台由电液脉冲马达 1 驱动，在它的轴上装有主动齿轮 3($z_1=22$)，它与从动齿轮 4($z_2=66$)相啮合，齿的侧隙靠调整偏心环 2 来消除。从动齿轮 4 与蜗杆 10 用楔形的拉紧销钉 5 来连接，这种连接方式能消除轴与套的配合间隙。蜗杆 10 系双螺距式，即相邻齿的厚度是不同。因此，可用轴向移动蜗杆的方法来消除蜗杆 10 和蜗轮 11 的齿侧间隙。调整时，先松开壳体螺母套筒 7 上的锁紧螺钉 8，使锁紧瓦 6 把丝杠 9 放松，然后转动丝杠 9，它便和蜗杆 10 同时在壳体螺母套筒 7 中做轴向移动，消除齿向间隙。调整完毕后，再拧紧锁紧螺钉 8，把锁紧瓦 6 压紧在丝杠 9 上，使其不能再作转动。

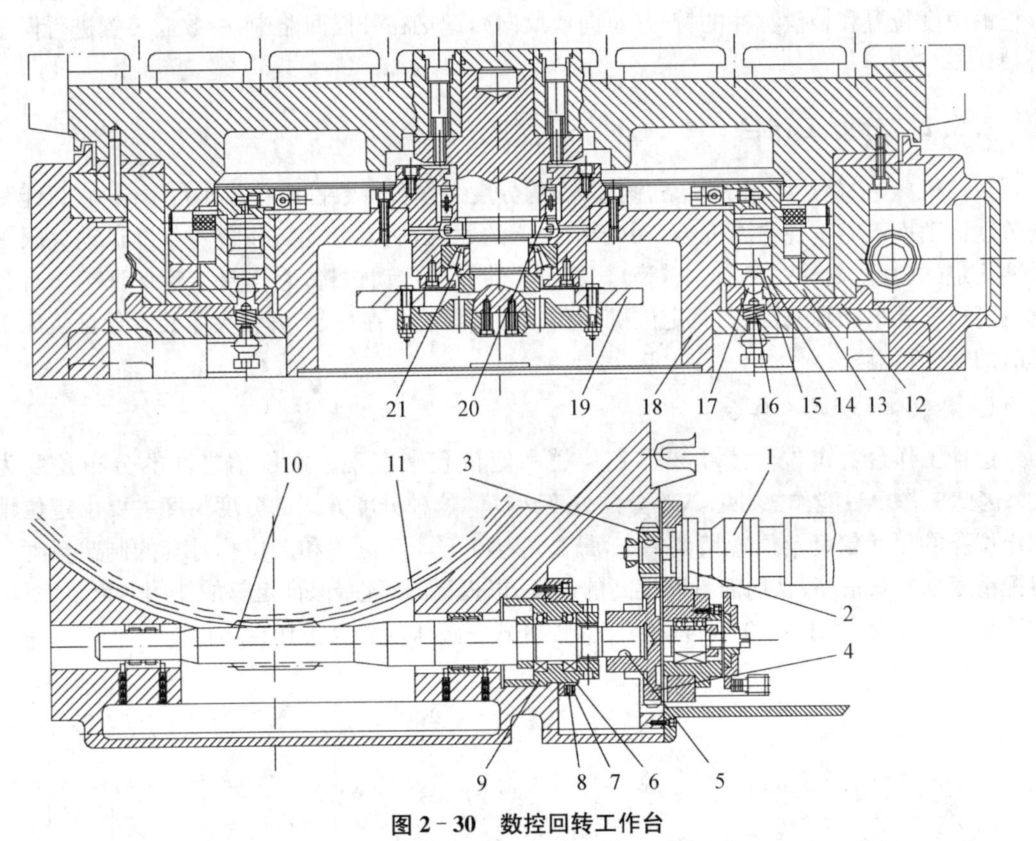

图 2－30　数控回转工作台

1—电液脉冲马达；2—偏心环；3—主动齿轮；4—从动齿轮；5—销钉；6—锁紧瓦；7—套筒；8—螺钉；9—丝杠；10—蜗杆；11—蜗轮；12、13—夹紧瓦；14—液压缸；15—活塞；16—弹簧；17—钢球；18—底座；19—光栅；20、21—轴承

蜗杆 10 的两端装有双列滚针轴承做径向支承，右端装有两只止推轴承承受轴向力，左端可以自由伸缩，保证运转平稳。蜗轮 11 下部的内、外两面均装有加紧瓦 12 和 13。当蜗轮 11 不回转时，回转工作台的底座 18 内均布有八个液压缸 14，其上腔进压力油时，活塞 15

下行，通过钢球 17，撑开加紧瓦 12 和 13，把蜗轮 11 夹紧。当回转工作台需要回转时，控制系统发出指令，使液压缸上腔油液流回油箱。由于弹簧 16 恢复力的作用，把钢球 17 抬起，加紧瓦 12 和 13 就不夹紧蜗轮 11，然后由电液脉冲马达 1 通过传动装置，使蜗轮 11 和回转工作台一起按照控制指令作回转运动。回转工作台的导轨面由大型滚柱轴承支承，并由圆锥滚子轴承 21 和双列圆柱滚子轴承 20 保持准确的回转中心。

数控回转工作台设有零点，当它作返零控制时，先用挡块碰撞限位开关(图 2－30 中未示出)，使工作台由快速变为慢速回转，然后在触点开关的作用下，使工作台准确的停在零位。数控回转工作台可作任意角度的回转或分度，由光栅 19 进行读数控制。光栅 19 沿其圆周上有 21 600 条刻线，通过 6 倍频线路，刻度的分辨能力为 10 s。

这种数控回转工作台的驱动系统采用开环系统，其定位精度主要取决于蜗杆蜗轮副的运动精度，虽然采用高精度的五级蜗杆蜗轮副，并用双螺距蜗杆实现无间隙传动，但还不能满足机床的定位精度(±10 s)。因此，需要在实际测量工作台静态定位误差之后，确定需要补偿的角度位置和补偿脉冲的符号(正向或反向)，记忆在补偿回路中，由数控装置进行误差补偿。

2.5.2　分度工作台

数控机床(主要是钻床、镗床和铣镗床)的分度工作台与数控回转工作台不同，它只能完成分度运动而不能实现圆周进给。由于结构上的原因，通常分度工作台的分度运动只限于某些规定的角度(如 90°、60°或 45°等)。机床上的分度传动机构，它本身很难保证工作台分度的高精度要求，因此常需要将定位机构和分度机构结合在一起，并由夹紧装置保证机床工作时的安全可靠。

1. 定位销式分度工作台

这种工作台的定位分度主要靠定位销和定位孔来实现。定位销之间的分布角度为 45^{0}，因此工作台只能作二、四、八等分的分度运动。这种分度方式的分度精度主要由定位销和定位孔的尺寸精度及位置精度决定，最高可达±5°。定位销和定位孔衬套的制造精度和装配精度都要求很高，且均需具有很高的硬度，以提高耐磨性，保证足够的使用寿命。

图 2－31 为 THK6380 型自动换刀数控卧式铣镗床的分度工作台结构。

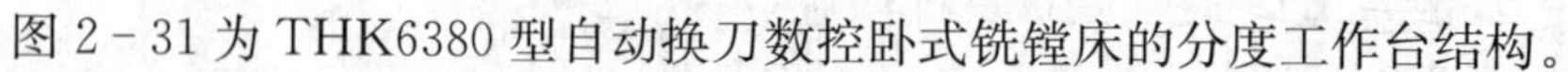

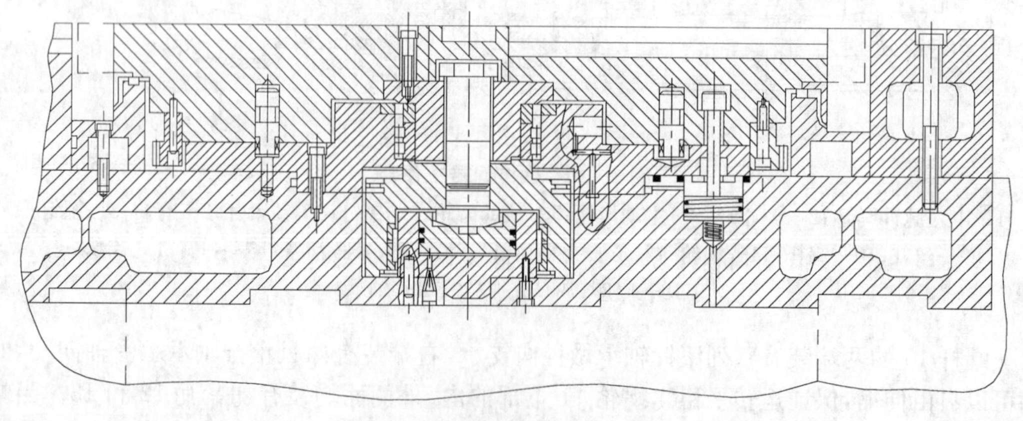

图 2－31　定位销式分度工作台

2. 齿盘式分度工作台

齿盘式分度工作台是数控机床和其他加工设备中应用很广的一种分度装置。它既可以作为机床的标准附件,用T形螺钉紧固在机床工作台上使用,也可以和数控机床的工作台设计成一个整体。齿盘分度机构的向心多齿啮合,应用了误差平均原理,因而能够获得较高的分度精度和定心精度(分度精度为±0.5～±3 s)。

现介绍Z6525・8型转塔式坐标卧式钻床的齿盘分度工作台,图2-32为分度工作台的液压系统图,图2-33为分度工作台的结构图。

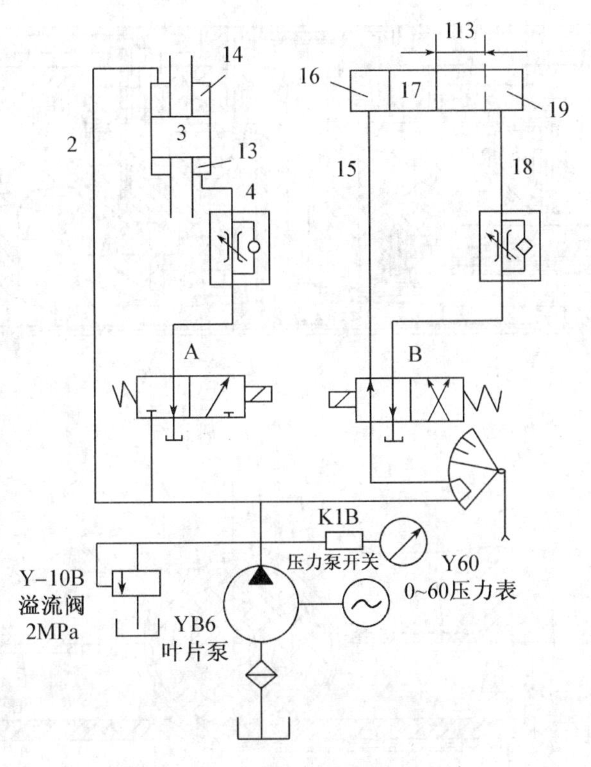

图2-32 分度工作台的液压系统

齿盘式分度工作台主要由工作台、底座、压紧液压缸、分度液压缸和一对齿盘等零件组成。齿盘是保证分度精度的关键零件,每个齿盘的端面均加工有数目相同的三角形齿(z=120或180),两个齿盘啮合时,能自动确定周向和径向的相对位置。

齿盘式分度工作台分度运动时,其工作过程分为四个步骤:

(1) 分度工作台上升,齿盘脱离啮合。当需要分度时,数控装置发出分度指令(也可用手动按钮进行手动分度)。这时,二位三通电磁换向阀A的电磁铁通电,分度工作台1中央的差动式压紧液压缸下腔13从管道4进压力油,于是活塞3向上移动,液压缸上腔14的油液经管道2、电磁阀A再进入液压缸下腔13,形成差动。活塞3上移时,通过推力轴承5使分度工作台1也向上抬起,齿盘6和7脱离啮合(上齿盘6固定在工作台1上,下齿盘7固定在底座上)。同时,固定在工作台回转轴下端的推力轴承10和内齿轮11也向上与外齿轮12啮合,完成了分度前的准备。

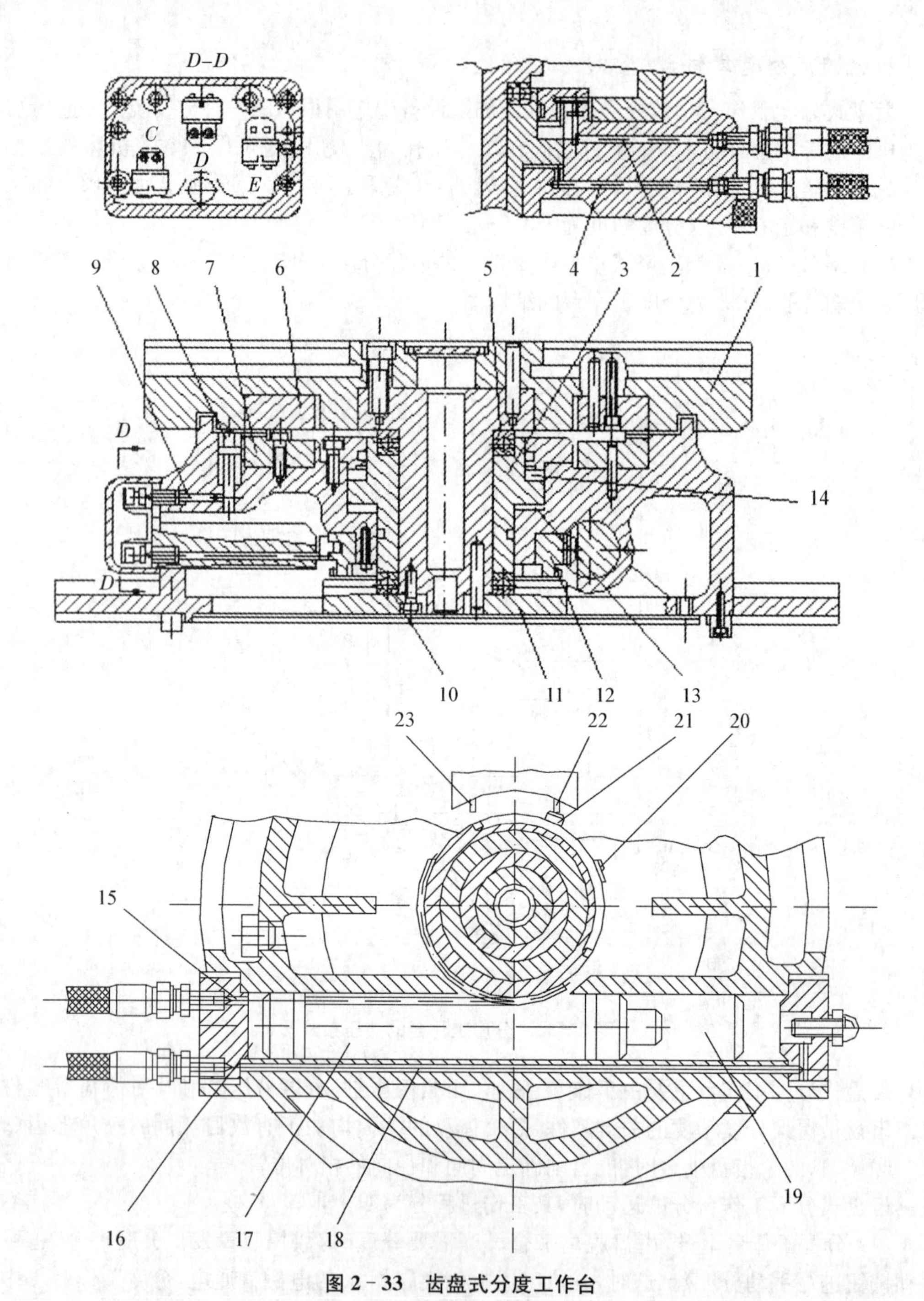

图 2-33 齿盘式分度工作台

1—分度工作台;2、4、15、18—管道;3、17—活塞;5、10—轴承;6、7—齿盘;8、9、22、23—推杆;11—内齿轮;12—外齿轮;13—下腔;14—上腔;16—左腔;19—右腔;20—挡铁;21—挡块

(2) 工作台回转分度。当分度工作台 1 向上抬起时,推杆 8 在弹簧作用下也同时抬起,推杆 9 向右移动,于是微动开关 D 的触头松开,使二位四通电磁换向阀的电磁铁通电,压力油从管道 15 进入分度液压缸左腔 16,于是齿条活塞 17 向右移动,右腔 19 中油液经管道

18、节流阀流回油箱。当齿条活塞17向右移动时，与它啮合的外齿轮12便做逆时针方向回转，由于外齿轮12与内齿轮11已经啮合，分度工作台也随着一起回转相应的角度。分度运动的速度，可由回油管道18中的节流阀控制。当外齿轮12开始回转时，其上的挡块21就离开推杆22，微动开关C的触头松开，通过互锁电路，使电磁阀的电磁铁不准通电，始终保持工作台处于抬升状态。按设计要求，当齿条活塞17移动113 mm时，工作台回转90°，回转角度的近似值由微动开关和挡铁20控制。

(3) 分度工作台下降，并定位压紧。当工作台回转90°位置附近，其上的挡铁20压推杆23，微动开关E的触头被压紧，使电磁阀A的电磁铁断电，压紧液压缸上腔14从管道2进压力油，下腔13中的油从管道4经节流阀回油箱，活塞3带动分度工作台下降，上、下齿盘在新的位置重新啮合，并定位夹紧。管道4中的节流阀用来限制工作台的下降速度，保护齿面不受冲击。

(4) 分度齿条活塞退回。当分度工作台下降时，推杆8受压，使推杆9左移，于是微动开关D的触头被压紧，使电磁换向阀B的电磁铁断电，压力油从管道18进入分度液压缸右腔19，齿条活塞17左移，左腔16的油液从管道15流回油箱。齿条活塞17左移时，带动外齿轮12作顺时针回转，但因工作台下降时，内齿轮11也同时下降与外齿轮12脱开，故工作台保持静止状态。外齿轮12作顺时针回转90°时，其上挡块21又压推杆22，微动开关C的触头又被压紧，外齿轮12就停止转动而回到原始位置。而挡铁20离开推杆23，微动开关E的触头又被松开，通过自保电路保证电磁换向阀A的电磁铁断电，工作台始终处于压紧状态。

齿盘式分度工作台和其他分度工作台相比，具有重复定位精度高、定位刚性好和结构简单等优点。齿盘接触面大、磨损小和寿命长，而且随着使用时间的延续，定位精度还有进一步提高的趋势。因此，目前除广泛用于数控机床外，齿盘式分度工作台还用在各种加工和测量装置中。它的缺点是齿盘的制造精度要求很高，需要某些专用加工设备，尤其是最后一道两齿盘的齿面对研工序，通常要花费数十小时。此外，它不能进行任意角度的分度运动。

2.5.3 排屑装置

1. 排屑装置在数控机床上的作用

数控机床的出现和发展，使机械加工的效率大大提高，在单位时间内数控机床的金属切削量大大高于普通机床，而工件上的多余金属在变成切屑后所占的空间将成倍加大。这些切屑堆占加工区域，如果不及时排除，必将会覆盖或缠绕在工件和刀具上，使自动加工无法继续进行。此外，灼热的切屑向机床或工件散发的热量，会使机床或工件产生变形，影响加工精度。因此，迅速而有效地排除切屑，对数控机床加工而言是十分重要的，而排屑装置正是完成这项工作的一种数控机床的必备附属装置。排屑装置的主要工作是将切屑从加工区域排出数控机床之外。在数控车床和磨床上的切屑中往往混合着切削液，排屑装置从其中分离出切屑，并将它们送入切屑收集箱(车)内，而切削液则被回收到冷却液箱。数控铣床、加工中心和数控镗铣床的工件安装在工作台上，切屑不能直接落入排屑装置，故往往需要采用大流量冷却液冲刷，或压缩空气吹扫等方法使切屑进入排屑槽，然后再回收切削液并排出切屑。

排屑装置是一种具有独立功能的部件，它的工作可靠性和自动化程度，随着数控机床技术的发展而不断提高，并逐步趋向标准化和系列化，由专业工厂生产。数控机床排屑装置的结构和工作形式应根据机床的种类、规格、加工工艺特点、工件的材质和使用的冷却液种类等来选择。

2. 典型排屑装置

排屑装置的种类繁多，如图 2－34 所示为其中的几种。排屑装置的安装位置一般都尽可能地靠近刀具切削区域。如车床的排屑装置装在旋转工件下方，铣床和加工中心的排屑装置装在床身的回水槽上或工作台边侧位置，以利于简化机床和排屑装置结构，减小机床占地面积，提高排屑效率。排出的切屑一般都落入切屑收集箱或小车中，有的则直接排入车间排屑系统。

下面对几种常见排屑装置作一简要介绍：

(1) 平板链式排屑装置[图 2－34(a)]。该装置以滚动链轮牵引钢质平板链带在封闭箱中运转，加工中的切屑落到链带上被带出机床。这种装置能排除各种形状的切屑，适应性强，各类机床都能采用。在车床上使用时多与机床冷却液箱合为一体，以简化机床结构。

(2) 刮板式排屑装置[图 2－34(b)]。该装置的传动原理与平板链式基本相同，只是链板不同，它带有刮板链板。这种装置常用于输送各种材料的短小切屑，排屑能力较强。因负载大，故需采用较大功率的驱动电机。

(3) 螺旋式排屑装置[图 2－34(c)]。该装置是利用电机经减速装置驱动安装在沟槽中的一根长螺旋杆进行工作的。螺旋杆转动时，沟槽中的切屑即由螺旋杆推动连续向前运动，最终排入切屑收集箱。螺旋杆有两种结构型式，一种是用扁型钢条卷成螺旋弹簧状；另一种是在轴上焊有螺旋形钢板。这种装置占据空间小，适于安装在机床与立柱间空隙狭小的位置上。螺旋式排屑结构简单，排屑性能良好，但只适合沿水平或小角度倾斜的直线方向排运切屑，不能大角度倾斜、提升或转向排屑。

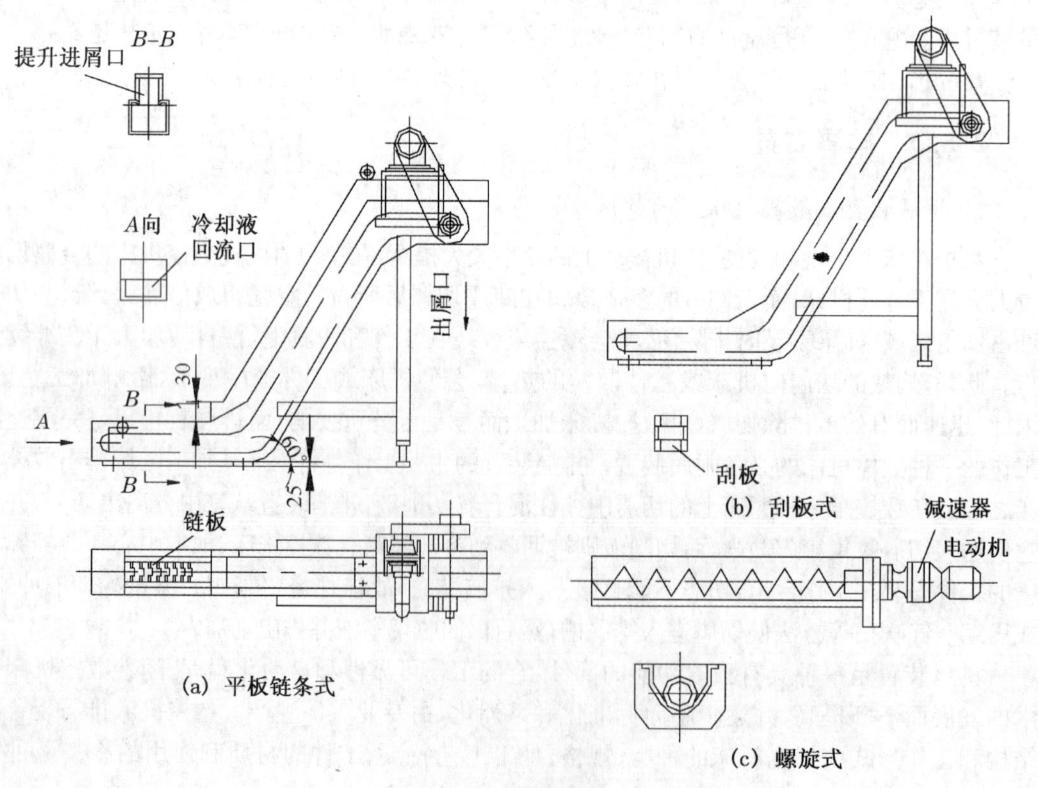

(a) 平板链条式

(b) 刮板式

(c) 螺旋式

图 2－34　排屑装置

2.6　数控线切割机床

2.6.1　数控线切割加工概述

随着电火花加工技术的发展，在成形加工方面逐步形成两种主要加工方式：电火花成形加工和电火花线切割加工。电火花线切割加工(Wire Cut EDM，WCEDM)自 20 世纪 50 年代末诞生以来，获得了极其迅速的发展，已逐步成为一种高精度和高自动化的加工方法。在模具制造、成形刀具加工、难加工材料和精密复杂零件的加工等方面获得了广泛应用。目前线切割机已占电加工机床的 60%以上。

1. 数控电火花线切割的加工原理

数控电火花线切割是利用连续移动的细金属导线(称作电极丝，铜丝或钼丝)作为工具电极(接高频脉冲电源的负极)，对工件(接高频脉冲电源的正极)进行脉冲火花放电腐蚀、切割加工。其加工原理如图 2-35 所示，加上高频脉冲电源后，在工件与电极丝之间产生很强的脉冲电场，使其间的介质被电离击穿，产生脉冲放电。电极丝在储丝筒的作用下作正反向交替(或单向)运动，在电极丝和工件之间浇注工作液介质，在机床数控系统的控制下，工作台相对电极丝在水平面两个坐标方向各自按预定的程序运动，从而切割出需要的工作形状。

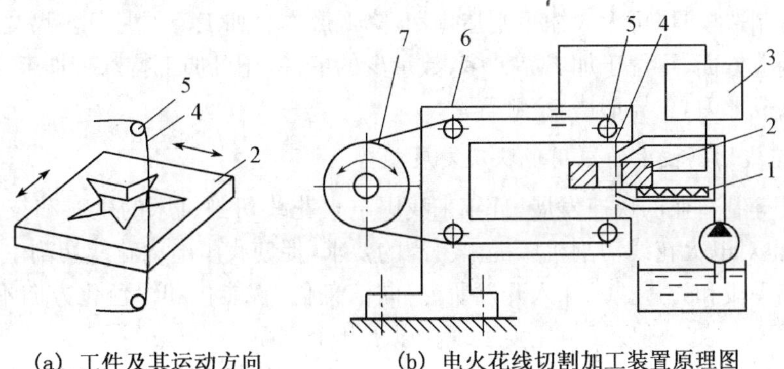

(a) 工件及其运动方向　　(b) 电火花线切割加工装置原理图

图 2-35　电火花线切割原理

1—绝缘底板；2—工件；3—脉冲电源；4—电极丝(钼丝)；
5—导向轮；6—支架；7—储丝筒

2. 数控电火花线切割加工特点

(1) 直接利用线状的电极丝作线电极，不需要像电火花成形加工一样的成形工具电极，可节约电极设计和制造费用，缩短了生产准备周期。

(2) 可以加工用传统切削加工方法难以加工或无法加工的微细异形孔、窄缝和形状复杂的工件。

(3) 利用电蚀原理加工，电极丝与工件不直接接触，两者之间的作用力很小，因而工件的变形很小，电极丝、夹具不需要太高的强度。

(4) 传统的车、铣、钻加工中，刀具硬度必须比工件硬度大，而数控电火花线切割机床的电极丝材料不必比工件材料硬，所以可以加工硬度很高或很脆，用一般切削加工方法难以加工或无法加工的材料。在加工中作为刀具的电极丝无须刃磨，可节省辅助时间和刀具费用。

(5) 直接利用电、热能进行加工，可以方便地将影响加工精度的加工参数(如脉冲宽度、间隔、电流)进行高调整，有利于加工精度的提高，便于实现加工过程的自动化控制。

(6) 电极丝是不断移动的，单位长度损耗少，特别是在慢走丝线切割加工时，电极丝一次性使用，故加工精度高(可达±2 μm)。

(7) 采用年切割加工冲模时，可实现凸、凹模一次加工成形。

3. 数控电火花线切割的应用

线切割加工的生产应用，为新产品的试制、精密零件及模具的制造开辟了一条新的工艺途径，具体应用有以下三个方面：

(1) 模具制造。适合于加工各种形状的冲裁模，一次编程后通过调整不同的间隙补偿量，就可以切割出凸模、凹模、凸模固定板、凹模固定板、卸料板等，模具的配合间隙、加工精度通常都能达到要求。此外电火花线切割还可以加工粉末冶金模、电机转子模、弯曲模、塑压模等各种类型的模具。

(2) 电火花成形加工用的电极。一般穿孔加工的电极以及带锥度型腔加工的电极，若采用银钨、铜钨合金之类的材料，用线切割加工特别经济，同时也可加工微细、形状复杂的电极。

(3) 新产品试制及难加工零件。在试制新产品时，用线切割在坯料上直接切割出零件，由于不需另行制造模具，可大大缩短制造周期，降低成本。加工薄件时可多片叠加在一起加工。在零件制造方面，可用于加工品种多、数量少的零件，还可加工特殊难加工材料的零件，如凸轮、样板、成形刀具、异形槽、窄缝等。

4. 电火花线切割技术的应用现状及发展趋势

随着模具等制造业的快速发展，近年来我国电火花线切割机床的生产和技术得到了飞速发展，同时也对电火花线切割机床提出更高的要求，促使我国电火花线切割生产企业积极采用现代研究手段和先进技术深入开发研究，向信息化、智能化和绿色化方向不断发展，以满足市场的需要。未来的发展将主要表现在以下几个方面：

(1) 稳步发展高速走丝机床的同时重视低速走丝电火花线切割机床的开发和发展

① 高速走丝机床依然稳步发展。高速走丝电火花线切割机床是我国发明创造的。由于高速走丝有利于改善排屑条件，适合大厚度和大电流的高速切割，加工性能价格比优异，深受广大用户欢迎，因而在未来一段较长的时间内，高速走丝电火花线切割机床仍是我国电加工行业的主要发展机型。高速走丝机的年产量目前已达到 10 000 台/年，今后虽然还会有所增长，但目前的发展重点是提高高速走丝电火花线切割机床的质量和加工稳定性，使其满足那些量大面宽的普通模具及一般精度要求的零件加工要求。根据市场的发展需要，高速走丝电火花线切割机床的工艺水平必须相应提高，其最大的切割速度应稳定在 100 mm^2/min 以上，而加工尺寸精度控制在±0.005 mm～0.01 mm，加工表面粗糙度达到 Ra 1～2 μm。这就需要在机床结构、加工工艺、高频电流及控制系统等方面加以改善，积极采用各种先进技术，重视窄脉宽、高峰值电流的高频电源的开发及应用。

② 重视低速走丝电火花线切割机床的开发和发展。低速走丝电火花线切割机床由于

电极丝移动平稳，易获得较高加工精度和表面粗糙度，适于精密模具和高精度零件的加工。我国在引进、消化、吸收的基础上，也开发并批量生产了低速走丝电火花线切割机床，满足了国内市场的部分需要。现在必须加强对低速走丝机床的深入研究，开发新的规格品种，为市场提供更多的国产低速走丝电火花线切割机床。与此同时，还应该在大量实验研究的基础上，建立完整的工艺数据库，完善CAD/CAM软件，使自主版权的CAD/CAM软件商品化。

(2) 完善机床设计，改进走丝结构

① 为使机床结构更加合理，必须用先进的技术手段对机床的总体结构进行分析。这方面的研究将涉及运用先进的计算机有限元模拟软件对机床的结构进行力学和热稳定性的分析。为了更好地参与国际市场竞争，还应该注意造型设计，在保证机床技术性能和清洁加工的前提下，使机床结构合理，操作方便，外形新颖。

② 为了提高坐标工作台精度，除考虑热变形及先进的导向结构外，还应采用丝距误差补偿和间隙补偿技术，以提高机床的运动精度。龙门式机床的工作台只作 Y 方向运动，X 方向运动在龙门架上完成，上下导轮座挂于横架上，可以分别控制。这不仅增加了丝杠的刚性，而且工作台只作 Y 方向运行，省去了 X 方向的滑板，有助于提高工作台的承重能力，减小整机总质量。

③ 高速走丝电火花线切割床的走丝机构，是影响其加工质量与加工稳定性的关键部件，目前存在的问题较多，必须认真加以改进。目前已开发的恒张力装置及可调速的走丝系统，应在进一步完善的基础上推广应用。

④ 支持新机型的开发研究。目前新开发的自旋式电火花线切割机床、高低双速电火花线切割机床、走丝速度连续可调的电火花线切割机床，在机床结构和走丝方式上都有创新。尽管它们还不够完善，但这类的开发研究工作都有助于促进电火花切割技术的发展，必须积极支持，并逐步完善。

(3) 推广多次切割工艺，提高综合工艺水平

根据放电腐蚀原理及电火花线切割工艺规律可知，切割速度和加工表面质量是一种矛盾，要想在一次切割过程中既获得很高的切割速度，又要获得很好的加工质量是很困难的。提高电火花线切割的综合工艺水平，采用多次切割是一种有效方法。

多次切割工艺在低速走丝电火花线切割机床上早已推广应用，并获得了尚佳的工艺效果。当前的任务是通过大量的工艺实验来完善各种机型的各种工艺数据库，并培训广大操作人员合理掌握工艺参数的优化选取，以提高其综合工艺效果。在此基础上，可以开发多次切割的工艺软件，帮助操作人员合理地掌握多次切割工艺。

(4) 发展PC机控制系统，扩充线切割机床的控制功能

随着计算机技术的发展，PC机的性能和稳定性都在不断增强，而价格却持续下降，为电火花线切割机床开发应用PC机数控系统创造条件。目前国内已有的基于PC机的电火花线切割数控系统，主要用于加工轨迹的编程和控制，PC机的资源并没有得到充分开发利用，今后可以在以下几个方面进行深入开发研究：

① 开发和完善开放式的数控系统。目前高速走丝电火花线切割机床所用的数控软件是在DOS基础上开发的，有很大的局限性，难以进一步扩充其功能，急需在Windows操作系统基础上开发电火花线切割数控系统，以便充分开发PC机的资源，扩充数控系统的功能。

② 继续完善数控电火花线切割加工的计算机绘图、自动编程、加工规准控制及其缩放功能，扩充自动定位、自动找中心、低速走丝的自动穿丝、高速走丝的自动紧缩等功能，提高电火花线切割加工的自动化程度。

③ 研究放电间隙状态数值检测技术，建立伺服控制模型，开发加工过程伺服进给自适应控制系统，为了提高加工精度，还应对传动系统的丝距误差及传动间隙进行精确检测，并利用 PC 机进行自动补偿。

④ 开发和完善数值脉冲电源，并在工艺实验的基础上建立工艺数据库，开发加工参数优化选取系统，以帮助操作者根据不同的加工条件和要求合理选用加工参数，充分发挥机床潜力。

⑤ 深入研究电火花线切割加工工艺规律，建立加工参数的控制模型，开发加工参数的自适应控制系统，提高加工稳定性。

⑥ 开发有自主版权的电火花线切割 CAD/CAM 和人工智能软件。在上述各模块开发利用的基础上，建立电火花线切割 CAD/CAM 集成系统和人工智能系统，并使其商品化，从而全面提高我国电火花线切割加工的自动化程度及工艺水平。

2.6.2 数控线切割加工设备

1. 常用电火花线切割机床的种类和性能

在电火花加工技术中，由于可以简单地将工具电极的形状复制到工件上，同时，电极一般采用铜、石墨等较容易加工的材料，所以电火花加工常用于方孔、小孔、窄缝、复杂型腔的加工等，数控电火花线切割加工可以使用简单形状的工具电极加工出形状比较复杂的零件。

(1) 常用电火花线切割机床的种类

电火花线切割机床的分类如下。

① 按走丝速度分

a. 快走丝线切割机床。走丝速度为 8～10 m/s，国产线切割机床绝大部分是快走丝线切割机床，它的价格和运行费用大大低于慢走丝线切割机床，但切割速度及加工精度较低。

b. 慢走丝线切割机床。走丝速度为 10～15 m/min，国外生产的线切割机床属于慢走丝线切割机床，它的价格和运行费用较高，切割速度和加工精度也较高。

② 按控制轴的数量分

a. X、Y 两轴控制，该机床只能切割垂直的二维工件。

b. X、Y、U、V 四轴控制，该机床能切割带锥度的工件。

③ 按机床的控制系统分

a. 只有控制功能，如使用单板机或单片机的控制机。

b. 编程控制一体化，它既有微机编程功能，又能用程序来控制线切割机床的逆行切割加工。

④ 按步进电动机到工作台丝杠的驱动方式分

a. 经减速齿轮驱动丝杠，减速齿轮的传动误差会降低工作台的移动精度，从而使脉冲当量的准确度降低。

b. 由步进电动机直接驱动丝杠，采用“五相十拍”的步进电动机直接驱动丝杠，可避免用减速齿轮所带来的传动误差，提高脉冲当量的精度，而且进给平稳，噪声低。

⑤ 按丝架结构形式分

a. 固定丝架。切割工件的厚度一般不大，而且最大切割厚度不能调整。

b. 可调丝架。切割工件的厚度可以在最大允许范围内进行调整。

(2) 常用电火花线切割机床的性能

① 电火花线切割机床的主要性能

DK系列的高精度、多功能锥度线切割机床，它适用于国防、轻工、电子仪器、仪表、通信、交通、航空航天机电等行业，可加工超硬、超厚、超窄、复杂图形的精密工件和模具。

DK系列线切割机床的控制系统，采用简单、可靠、稳定的单片机为主导，容量大，分时控制，可执行各种间隙补偿、对孔中心功能，倒切加工，短路回退，异形锥度加工，具有停电记忆，加工完后能自动停机、断丝保护和急停丝筒等功能，采用自动编程系统直接输入单片机和微机的控制方式，而且能显示加工轨迹。

② 机床部分的主要技术参数

a. DK系列线切割机床规格见表2-4。

表2-4 DK系列线切割机床规格

型号	工作台尺寸/mm	工作台行程/mm	最大切割厚度/mm	加工锥度	主机质量/kg	外形尺寸/mm
DK7720	270×390	200×250	200		1 000	1 250×1 000×1 200
DK7732A	360×610	320×400	400		1 400	1 240×1 170×1 400
DK7732B	360×610	320×400	400	±6°/80 mm	1 400	1 240×1 170×1 400
DK7740A	460×690	400×500	400		1 600	1 600×1 240×1 400
DK7740B	460×690	400×500	400	±6°/80 mm	1 600	1 600×1 240×1 400
DK7750A	540×890	500×630	400		2 300	1 720×1 680×1 700
DK7750B	540×890	500×630	400	±6°/80 mm		

b. DK7750B型精密电火花线切割机床的主要技术参数。

X、*Y*工作台的最大行程(mm)：500×630(*X*×*Y*)；

工件的最大质量(kg)：500；

最大切割厚度(mm)：400可调；

电极丝直径(mm)：0.1～0.24；

加工精度(mm)：±0.01；

最佳加工表面粗糙度(μm)：$Ra \leqslant 2.5$；

最大切割速度(mm^2/min)：≥80；

最大切割锥度：±6°/80 mm。

c. 编程控制系统的主要技术参数。

PC工控机控制、HF绘图式线切割自动编程系统；

正、逆向切割功能；

屏幕绘图与加工图形自动跟踪、三维造型；

大锥度切割，上、下异形变锥加工；

停电记忆数据，短路自动回退；

双 CPU 结构，编程和加工可以同时进行。

(3) 电火花线切割机床的工作液和润滑系统

① 电火花线切割机床的工作液系统

在电火花线切割加工过程中，需要稳定地供给具有一定绝缘性能的工作介质——工作液，用来冷却电极丝、工件和排除电蚀产物等，这样才能保证电火花放电能持续进行，电火花线切割机床的工作液系统包括工作液箱、小型离心泵、调节旋阀、供水管、喷嘴、回液管和过滤器等，如图 2-36 所示。

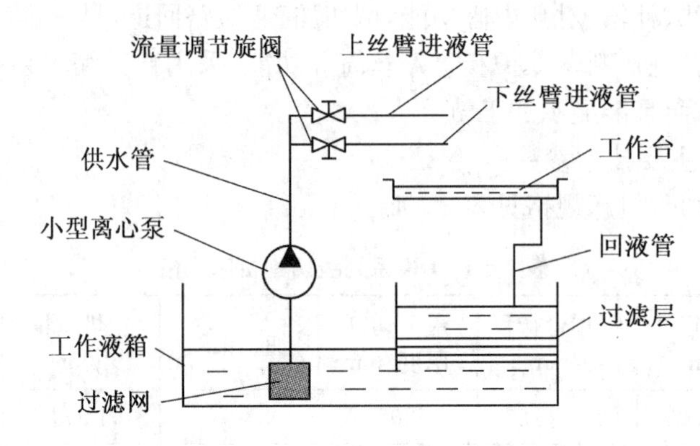

图 2-36　线切割机床的工作液系统

目前高速走丝线切割机床通常采用特制的、类似磨床上使用的皂化液作为工作介质。由于在放电过程中工作液与蚀除产物凝聚成胶状物质，要过滤干净难度较大，而现有的线切割机床一般只能用简单的泡沫塑料及铜网等进行粗过滤，所以使用一段时间(约 1～2 周)就要更换工作液，但因皂化液价格便宜，对机床具有防锈作用，所以被广为采用。对于低速走丝线切割机床，则要采用去离子水作为工作液。去离子水工作液系统较复杂，有特殊的要求。

② 电火花线切割机床的润滑系统

为了保证线切割机床的各部件运动灵活轻便，减少零件磨损，机床上凡有相对运动的表面之间都必须用润滑剂进行润滑，润滑剂分润滑油和润滑脂两类；对于运动速度较高、配合间隙较小的部位用润滑油润滑；反之，运动速度较低、配合间隙较大的部位用润滑脂润滑。但线切割机床的导轮轴承转速极高，为了维持足够的润滑和防止异物进入，要采用高速润滑脂润滑。

机床润滑有自动润滑和人工润滑两种，线切割机床结构简单，运动速度较低，一般不专门设置自动润滑系统，只标出需润滑的部位，定期进行人工润滑。线切割机床需要润滑的部位有储丝机构的轴承、导轨、丝杠、螺母、齿轮箱，坐标工作台的导轨、过杠螺母、齿轮、轴承和线架上的导轮轴承等。

(4) 工作液的作用、规格和型号

① 工作液的作用

在电火花线切割加工中，工作液是脉冲放电的介质，它对加工工艺指标的影响很大，对切割速度、表面粗糙度、加工精度都有影响。高速走丝电火花线切割机床使用的工作液是专用的乳化液，目前供应的乳化液有多种，各有特点，有的适于精加工，有的适于大厚度切割，也有的是在原工作液中添加某些化学成分来提高其切割速度和增加防锈能力等。

② 具有绝缘性能

电火花放电必须在具有一定绝缘性能的液体介质中进行，普通自来水的绝缘性能较差，其电阻率仅为 $10^3 \sim 10\times10^3\ \Omega\cdot mm^2/m$，容易产生电解作用而不能火花放电，加入矿物油、皂化钾等制成的乳化液，其电阻率约为 $10\times10^3 \sim 100\times10^3\ \Omega\cdot mm^2/m$，适合于电火花线切割加工，煤油的绝缘性能较好，其电阻率大于 $1\,000\times10^3\ \Omega\cdot mm^2/m$，在相同电压下较难击穿放电，放电间隙偏小，生产率低，只有在精加工时才采用。

工作液的绝缘性能可压缩击穿后的放电通道，局限在较小的通道半径内火花放电，形成瞬时局部高温熔化、汽化金属，放电结束后又迅速恢复放电间隙成为绝缘状态。

③ 具有较好的洗涤性能

所谓洗涤性能，是指液体有较小的表面张力，对工件有较大的附着力，能渗透窄缝中去，此外还有一定的去除油污的能力。洗涤性能好的工作液，切割时排屑效果好，切割速度高时，切割后表面光亮清洁，割缝中没有油污黏糊；洗涤性能不好的则相反，有时切割下来的料屑被油污黏住，不易取下来，切割表面也不易清洗干净。

④ 有较好的冷却性能

在放电过程中，放电点局部瞬时温度极高，尤其是大电流加工对，为了防止电极丝烧断和工件表面局部退火，必须充分冷却，为此，工作液应有较好的吸热、传热和散热性能。

⑤ 具有环保功能

在加工中，不应产生有害气体，不应对操作人员的皮肤、呼吸道产生刺激等反应，不应锈蚀工件、夹具和机床。

此外，工作液要配制方便，使用寿命长，乳化充分，冲制后不能油水分离，储存时间较长，更不能有沉淀或变质现象。

⑥ 工作液的规格型号

a. DX-1型皂化液。

b. 502型皂化液。

c. 植物油基乳化液。

d. 线切割专用乳化液。

近年来研制成功的不含油类的水基工作液，具有较好的综合性能。

2. 电火花线切割机床的基本结构

电火花线切割加工机床的种类不同，其设备内容也不一样，但必须包括三个主要部分：线切割机床、控制器、脉冲电源。

(1) 线切割机床

机床是线切割加工设备的主要部分，其结构形式和制造精度都直接影响到加工性能。机床一般由床身，X、Y 坐标工作台，走丝机构，丝架，工作液循环系统等几部分组成。

① X、Y 坐标工作台

X、Y 坐标工作台是用来装夹被加工的工件。X 轴和 Y 轴由控制台发出进给信号，分别控制两个步进电动机，进行预定的加工。坐标工作台主要由四部分组成：拖板、导轨、丝杠传动副、齿轮传动机构。

a. 拖板。拖板主要由上拖板(工作台)、中拖板、下拖板组成。通常下拖板与床身固定;中拖板位于下拖板之上,运动方向为 Y 方向;上拖板位于中拖板之上,运动方向为 X 方向。上、中拖板一端成悬臂形式,以放置步进电动机。上拖板在全行程中不伸出中拖板,中拖板不伸出下拖板,这样就增加拖板的结合面,提高工作台的高度和强度。这种结构的优点是工作台所占的面积较大;缺点是由于电动机置于拖板下面,增加了机床维修的难度。

b. 导轨。工作台的纵、横运动都是沿着导轨往复移动的,因此对导轨的精度、刚度和耐磨性都有较高的要求。此外,导轨应使拖板的运动灵活、平稳。

线切割机床常选用滚动导轨。优点是滚动导轨可以减少导轨间的摩擦阻力,便于工作台实现精确和微量移动,润滑方法简单。缺点是接触面之间不易保持油膜,抗振能力较差。在线切割机床中,常用的滚动导轨有以下两种:

力封式滚动导轨。图 2-37(a)为力封式滚动导轨结构简图。它是借助运动件的重力将导轨副封闭面实现给定运动的结构形式。承导件有两根 V 形导轨;运动件上两根与承导件相对应的导轨中,一根是 V 形导轨;另一根是平导轨。这种结构的优点是工艺性较好,制造、装配都比较方便,受力较均匀,润滑良好;缺点是拖板可能在外力的作用下,向上抬起,破坏传动。

自封式滚动导轨。图 2-37(b)是自封式滚动导轨的结构简图。自封式是指由承导件保证运动件按给定要求运动的结构形式。每个 V 形槽两侧面受力不均,工艺性也较差。

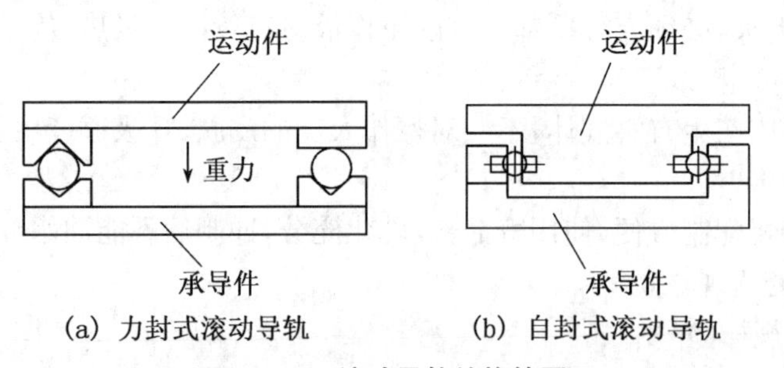

(a) 力封式滚动导轨　　(b) 自封式滚动导轨

图 2-37　滚动导轨结构简图

工作台导轨一般采用镶嵌式。由于滚珠、滚柱和滚针与导轨是点接触或是线接触,导轨单位面积上承受的压力很大,同时滚珠、滚柱和滚针硬度较高,所以导轨应该有较高的硬度。为了保证运动件运动的灵活性和准确性,导轨的表面粗糙度 Ra 值应在 0.8 μm 以下,工作面的平面度应为 0.005/400 mm。导轨的材料一般采用合金工具钢(如 C_rWM_n、GC_r15 等)。导轨应进行冰冷处理和时效处理,以最大限度地消除导轨在使用中的变形。

c. 丝杠传动副。丝杠传动副的作用是将电动机的旋转运动变为拖板的直线运动。要使丝杠副传动精确,丝杠与螺母就必须精确,一般必须保证 6 级或 6 级以上精度。

丝杠副的传动螺纹一般分为三种:三角形普通螺纹、梯形螺纹、圆弧形螺纹。三角形普通螺纹和梯形螺纹的优点是结构简单、制造方便、精度易于保证;缺点是传动效率低,广泛应用于中、小型线切割机床的丝杠传动副。圆弧形螺纹滚珠丝杠的优点是能够有效消除丝杠与螺母的配合间隙,可使拖板的往复运动灵活、精确,因此主要应用于大、中型线切割机床。

为了防止转动方向改变时出现空程现象,造成加工误差,丝杠与螺母之间不应有传动间隙。因此,一方面要保证丝杠和螺母牙型与螺距等方面的加工精度;另一方面要消除丝杠和螺母间的配合间隙，通常采取轴向调节法和径向调节法。

轴向调节法。轴向调节法利用双螺母、弹簧消除丝杠副传动间隙(图2-38)。当丝杠正转时，螺母1和拖板一起移动；当丝杠反转时，则推动副螺母3，通过弹簧2和螺母1，使拖板反向移动。装配和调整时，弹簧的压缩状态要合适。弹力过大，会增加丝杠对螺母和副螺母之间的摩擦力，影响传动的灵活性和使用寿命；弹力过小，在副螺母受丝杠推动时，弹簧推动不了拖板，不能起到消除间隙的作用。

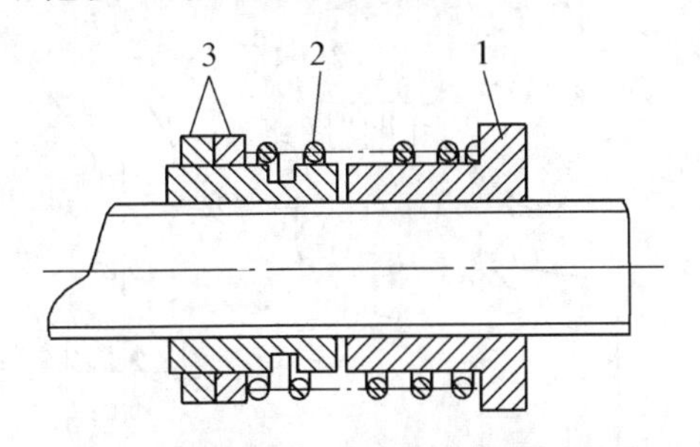

图2-38　轴向调节法消除间隙的结构

1—螺母；2—弹簧；3—副螺母

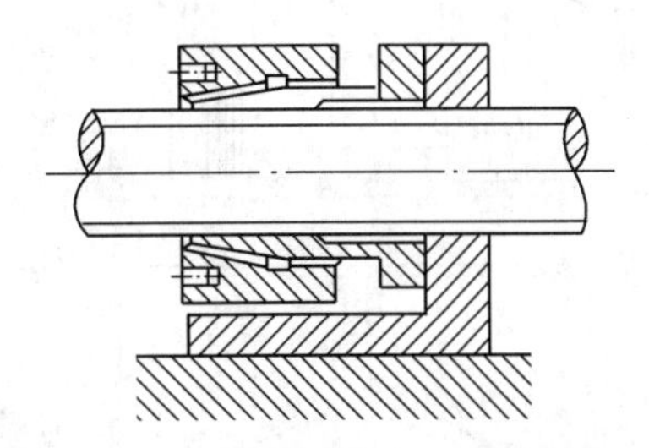

图2-39　径向调节丝杠副间隙的结构

径向调节法。图2-39为径向调节丝杠副间隙的结构。螺母一端的外表呈圆锥形，沿径向铣出三个槽，颈部壁厚较薄，以保证螺母在径向收缩时带有弹性。圆锥的外锥面上有螺纹，用带用锥孔的调整螺母与之配合，使螺母三爪径向压向或离开丝杠，消除螺母的径向和轴向间隙。

d. 齿轮副。步进电动机与丝杠间的传动通常采用齿轮副来实现。当步进电动机主轴上的主动齿轮改变转动方向时，由于齿侧间隙、轴和轴承之间的间隙及传动链中的弹性变形的影响，会出现传动空程。为了减少和消除齿轮传动空程，可采取以下措施：

采用尽量少的齿轮减速级数，力求从结构上减少齿轮传动精度的误差；

采用齿轮副中心距可调整结构，也可通过改变步进电动机的固定位置来实现；

将被动齿轮或主动齿轮沿垂直于轴向剖分为双轮的形式。装配时应保证两轮齿廓分别与主动轮齿廓的两侧面接触。当步进电动机变换旋转方向时，丝杠能迅速得到相应反映。步进电动机的安装位置有两种：一种是置于拖板的一侧端部；另一种是固定在可移动拖板的下面，齿轮传动副也固定在拖板下面的相应位置上。步进电动机的固定位置对拖板的结构有着很大的影响。

② 走丝机构

高速走丝机构和低速走丝机构有着很大的区别，也是高速线切割机与低速线切割机最大的区别。

高速走丝机构的电极丝作高速往复运动，一般走丝速度为8～10 m/s，交流电动机带动储丝筒，如图2-40所示中箭头所示方向运动，右侧的电极丝就通过下导轮和上导轮，平整均匀地卷绕在储丝筒左侧上。此时，整个运动滑板向左移动。当右侧的电极丝快走完时，运动滑板上右侧撞块与行程开关接触，此时行程开关启动，电动机带动储丝筒反转，左侧的电极丝就通过上导轮和下导轮排绕到储丝筒右侧上。此时，整个运动滑板向右移动。当左侧电极丝快走完时，运动滑板上左侧撞块与行程开关启动，储丝筒反转，如此循环下去，就实现了在上导轮和下导轮间电极丝的往复运动。

低速走丝机构的电极丝作低速单向运动，一般走丝速度低于 0.2 m/s，其原理如图 2-41 所示。电动机带动卷丝筒转动，电极丝就缓慢地从未使用的金属丝筒经过一系列轮组走向卷丝筒。

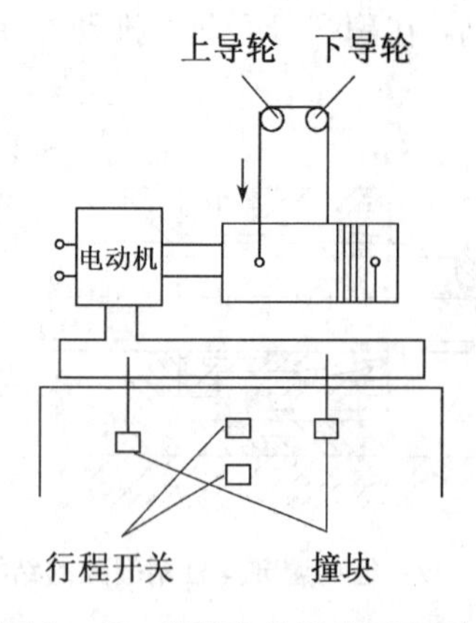

图 2-40 高速走丝机构示意图

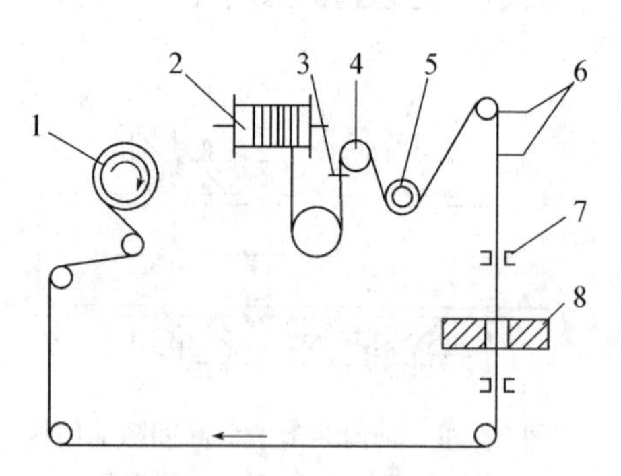

图 2-41 低速走丝机构示意图

1—卷丝；2—未使用过的电极；3—拉丝；4—张力电动机；5—电极丝张力调节轴；6—退火装置；7—导向装置；8—工件

③ 丝架

丝架的主要功能是当电极丝按给定速度运动时，对电极丝起支撑作用，并使电极丝工作部分与工作台平面保持一定的几何角度。对丝架的要求主要有以下几点：

a. 具备足够的刚度和强度。

b. 丝架的导轮有较高的运动精度，径向摆偏和轴向窜动不超过 5 μm。

c. 导轮与丝架本体、丝架与床身之间绝缘性能良好。

d. 导轮运动组合件有密封措施，可防止带有大量放电产物和杂质的工作液进入导轮轴承。

e. 丝架不但能保证电极丝垂直于工作台平面，而且在具有切割功能的机床上，还具备使电极丝按给定要求与工作台平面保持呈一定角度的功能。

目前，中、小型线切割机床的丝架本体常采用单柱支撑、双臂悬梁式结构。由于支撑电极丝的导轮位于悬臂的端部，同时电极丝保持一定的张力，为使丝架的上下悬臂在电极丝运动时不振动和变形，必须加强丝架本体的刚度和强度，若要进一步提高刚度和强度，可在上下悬臂间增加加强肋。

此外，针对不同厚度的工件，还有采用丝臂张开高度可调的分离式结构，如图 2-42 所示。活动丝臂在导轨上滑动，上下移动的距离由丝杠副调节。松开固定螺钉时，旋转丝杠带动固定于上丝臂体的螺母，上丝臂移动。调整完毕后，拧紧固定螺钉，上丝臂位置就固定下来了。为了适应丝架、丝臂张开高度的变化，在丝架上下部分应增设副导轮，如图 2-43 所示。

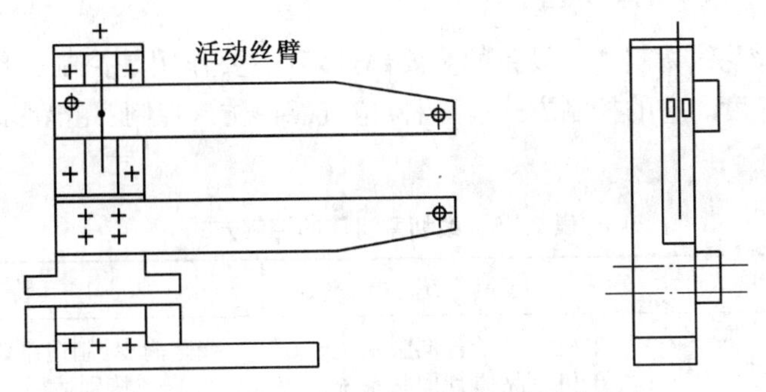

图2-42 可调式丝架本体结构示意图

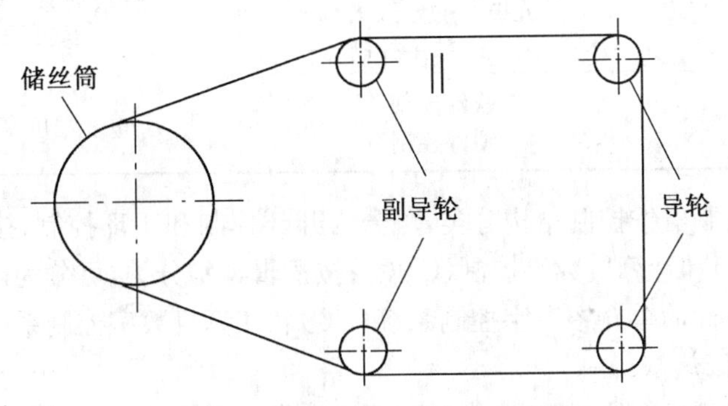

图2-43 可移动丝臂走丝示意图

④ 工作液循环系统

电火花线切割加工必须在工作液中进行。可将被加工工件浸在工作液中，也可以采用电极丝冲液的方式。在线切割加工中，工作液是循环使用的；作用时要求对工作液进行过滤。

线切割机床中的工作液循环系统一般由工作液泵、液箱、过滤器、流量控制及上下喷嘴组成。图2-44是工作液循环装置的工作示意图。

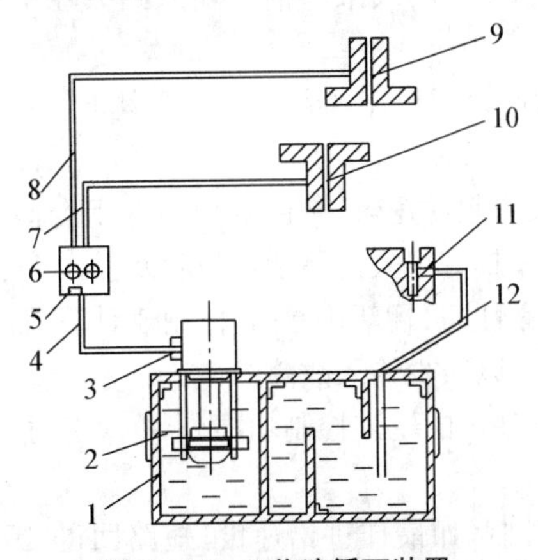

图2-44 工作液循环装置

1—供液箱；2—工作液；3—供液泵；4—主上水管；5—分流器；6—调节手柄；
7—下丝臂供液管；8—上丝臂供液管；9—上丝臂水嘴；10—下丝臂水嘴；
11—工作台面；12—回水管

(2) 控制器

控制器是电火花线切割加工设备的重要部件，其主要作用是控制工件相对于电极丝的运动轨迹及进给速度。它的控制方式有 3 种：电气靠模仿形控制、光电跟踪控制和数字程序控制(表 2-5)。

表 2-5　线切割机床的控制方式

控制方式	控制系统	特点
电气靠模仿形控制	单机—电子管伺服系统 单机—晶体管伺服系统	线路简单、制造维修方便、复制度高，特别适用于模具修理
光电跟踪控制	光通量比较法 光电脉冲相位法 光电—数字控制	特别适合加工尺寸小、形状复杂的模具零件
数字程序控制	软件控制 硬件控制	重复精度高、控制精度高

数控线切割控制器按控制结构分类，可分为开环控制和闭环控制；按控制形式分类，可分为数字控制(NC)和计算机数字控制(CNC)；按逻辑类别分类，可分为硬件逻辑(NC)和软件逻辑(CNC)。下面简单介绍数字控制系统(NC)和计算机数字控制系统(CNC)。

① 数字控制系统(NC)

数字控制系统又称硬件逻辑，通常是利用一台串行专用计算机，根据预先编好的数控程序来控制机床的动作。数字控制系统主要由 5 大部分组成：运算器、控制器、存储器、输入设备、输出设备，其每一部分的功能如下：

a. 运算器：对各种数据信息进行算术或逻辑运算。

b. 控制器：根据事先给定的命令，综合运算器、存储器等部分的有关要求，向机床发出各种控制信息，使机床按一定的顺序自动工作。

c. 存储器：用于存放程序代码或数据以及运算的结果。

d. 输入设备：把数据、指令代码及某些信息输入到数控系统中去，输入设备有键盘、磁带输入机等。

e. 输出设备：把程序代码译成机床的运动信息或其他设备的动作信息。

② 计算机数字控制系统(CNC)

计算机数字控制系统又称软件逻辑，是由各种指令组合而成的程序。由于程序的指令系统十分丰富，并且编写程序具有很大的灵活性，所以它不仅可以大大扩展控制功能，而且成本低、功耗小、体积小、可靠性高、翻新快。另外，由于计算机内装有大容量的存储器，所以可以将加工程序一次性输入，以减少输入故障。

线切割数控装置具有最基本的轨迹控制功能外，在采用了 CNC 技术后，还可以增加下述功能：

a. 加工过程的最优化控制，如最佳进给速度、短路回退、断丝回零、自动变换加工条件的自适应控制等。

b. 操作自动化，如自动定位、自动退回原点、停电后自动恢复加工、自动穿丝和多轴控制等。

c. 故障分析及安全检查，如自动诊断、出错显示、接口检查等。

(3) 脉冲电源

电火花线切割脉冲电源是线切割加工设置的重要组成部分，是影响线切割加工工艺指标最关键的设备之一。一台线切割机床加工质量的优劣和加工的速度，在一定条件下，主要取决于线切割脉冲电源的性能。

① 对电火花线切割脉冲电源的基本要求

电火花线切割脉冲电源与成形电火花加工脉冲电源的工作原理类似，只是加工条件和加工要求的不同，对其又有特殊的要求。电火花线切割加工属于中、精加工，往往采用精规准将工件一次加工成形。因此，对加工精度、表面粗糙度和切割速度等工艺指标有较高的要求。为满足电火花线切割加工条件和工艺指标的需要，对电火花线切割脉冲电源提出如下要求：

a. 脉冲峰值电流要适当。脉冲峰值电流必须适当，不能太大也不能太小。在实际加工中，加工精度和电极丝运转张力的要求，电极丝的直径受到限制，不宜太粗，因此它所允许的放电峰值电流也就不能太大；此外，由于工件具有一定的厚度，欲维持稳定的加工，放电峰值电流又不能太小，否则加工将不易稳定进行或者根本无法进行。由此可见，线切割加工的放电峰值电流的变化范围不宜太大，一般在 15～35 A 范围内变化。

b. 脉冲宽度要窄。在电火花线切割加工中，必须控制单个脉冲能量，使每次放电脉冲在工件上产生的放电凹坑大小适当，从而保证较高的加工精度和较低的表面粗糙度。当根据加工条件选定脉冲峰值电流后，尽量减少脉冲宽度。脉冲宽度越窄，即放电时间越短，放电所产生的热量由于来不及扩散而被局限在工件和电极丝间很小的范围内，这样就减少了热传导损耗，提高了能量利用率，更重要的是在工件上形成的放电凹坑不但小，而且分散重叠较好，表面光滑平整，使放电表面凹凸不平的程度小，从而可以得到较高的加工精度和较低的表面粗糙度。

当然，线切割脉冲电源的单个脉冲能量又不能太小，否则将会使加工速度大大下降，或者加工根本无法进行。这样脉冲能量就要控制在一定范围内。

c. 脉冲重复频率要尽量高。脉冲宽度窄，放电能量小，虽然有利于提高加工精度和降低表面粗糙度，但是会使切割速度大大降低。为了兼顾这几项工艺指标，应尽量提高脉冲频率，即缩短脉冲间隔，增大单位时间内的放电次数。这样，既能获得较低的表面粗糙度，又能得到较高的切割速度。

但是脉冲间隔不能太短，否则会使消电离过程不充分，造成电弧放电并引起加工表面灼伤。因此，脉冲间隔只能在维持脉冲放电的前提下，尽量缩短这个时间。

d. 有利于减少电极丝损耗。在高速走丝线切割加工中，电极丝往复使用，若电极丝损耗太大将影响加工精度，同时还会增大断丝的概率。因此，线切割脉冲电源应具有使电极丝低损耗的性能，以便能保证一定的加工精度和维持长时间的稳定加工。

e. 参数调节方便，适应性强。在线切割加工中，由于工件材料是多种多样的，且其宽度是经常变化的，加工形状与要求也各不相同，所以脉冲电源应能适应各种条件的变化，即在不同材料、不同厚度、不同形状与不同精度、粗糙度要求的加工时，都能获得满意的加工结果。

② 脉冲电源的种类

电火花线切割脉冲电源的形式种类很多，按电路主要部件可划分为晶体管式、晶闸管式、电子管式，RC式和晶体管控制RC式；按放电间隙状态的依赖情况划分为独立式、非独立式和半独立式；按放电脉冲波形可分为方波（矩形波）、方形加刷形波、馒头波、前阶梯波、锯齿波、分组脉冲等电源，如图2-45所示。

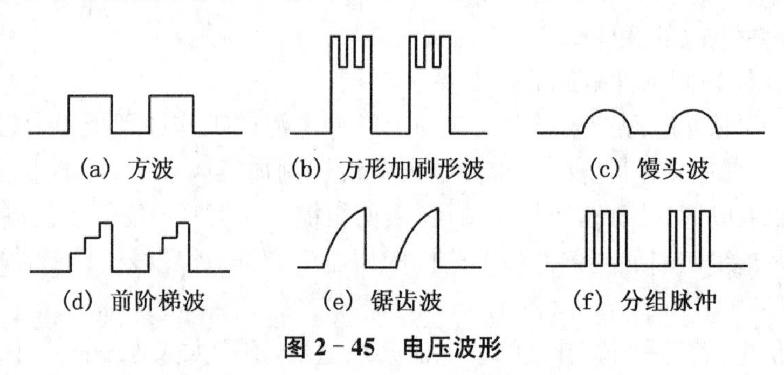

图2-45 电压波形

目前广泛采用的电源是晶体管方波电源、晶体管控制的RC式电源和分组脉冲电源。下面简单地介绍一下常用的一些典型的脉冲电源。

a. 晶体管方波脉冲电源。晶体管方波脉冲电源是目前普遍使用的一种电源。电压波形如图2-45(a)所示，电源电路形式较多。但原理基本相同。图2-46是电源组成的方框图。

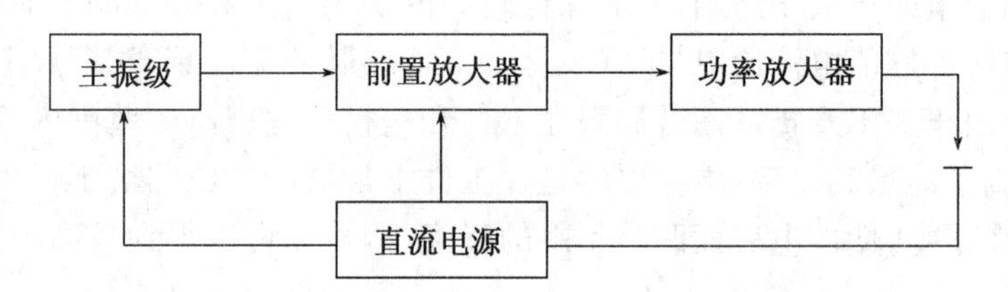

图2-46 方波脉冲电源组成的方框图

由图2-46可知，晶体管方波脉冲电源四部分组成：主振级、前置放大器、功率放大器和直流电源。

主振级是脉冲电源的核心部分，由它给出所要求的脉冲波形和参数。一般情况下，主振级均采用自激多谐振荡器直接形成方波，该电路由两晶体管组成或四晶体管组成，也有采用锯齿波发生器经单稳态触发器形成方波的，还有用组件和集成块环形振荡形成方波的。

前置放大器是把主振级信号放大，以推动功率放大器。其电路多采用脉冲方向器或射极输出电路。后者能起到很好的阻抗匹配作用，并得到适当的电流放大倍数，故优于前者，被较多采用。射极输出电路起耦合作用，它的输入阻抗高，输出阻抗低，在功率放大器与主振级之间，起到互不影响的作用。它的电压放大倍数≤1，但能将输入电流放大，即起到改变脉冲电流的作用，也就是前述的阻抗匹配作用。

功率放大器是把前置放大器的脉冲信号进行功率放大，然后输出，功率放大极多采用反相器电路和射极输出电路。

这种电源电路的特点是：脉冲电源和脉冲频率可调，制作简单，成本低，但只能用于一般精度和一般表面粗糙度加工。

b. 方形加刷形波电源。电压波形如图2-45(b)所示，这种电源的性能比方波电源要好。由于带有下方波关不断的现象，容易形成电弧烧断电极丝和不稳定的现象，结构比方波复杂，而且成本高，应用范围有限。

c. 馒头波电源。输出的电压波形如图2-45(c)所示，这种脉冲的前沿上升缓慢，脉冲能量不集中，放电凹坑小，加工表面粗糙度比方波要小，而且电极丝损耗小，但加工效率低，仅用于微细加工。

d. 前阶梯波电源。前阶梯波电源可以在放电间隙输出阶梯状上升的电流脉冲波形，如图2-45(d)所示。这种波形可以有效减少电流变化率。一般是由多路起始时间顺序延时的方波在放电间隙叠加组合而成。它有利于减少电极丝损耗，延长电极丝使用寿命，还可以降低加工表面粗糙度，俗称电极丝低损耗电源，但是加工效率低，用得不多。

e. 锯齿波电源。锯齿波形如图2-45(e)所示，脉冲波形前沿幅度缓变，可以降低加工表面粗糙度，但加工效率不高。锯齿波电源俗称电极丝的低损耗电源，由于其电路比较简单，成本低，应用比较广泛。

f. 分组脉冲电源。分组脉冲电源是高速走丝(WEDM-HS)和低速走丝(WEDM-LS)两种线切割机床ET效果比较好的电源，比较有发展前途。这种电源有分立元件式、集成电路式、数字式等几种，其波形如图2-45(f)所示，其原理方框图如图2-47所示，脉冲形式电路是由高频短脉冲发生器、低频分组脉冲发生器和门电路组成。高频短脉冲发生器是产生小脉冲宽度与小脉冲间隔的高频多谐振荡器。低频分组脉冲发生器是产生大脉冲宽度和大脉冲间隔的低频多谐振荡器，两个多谐振荡器输出的脉冲信号经过“与门”(或者“非与门”)后，就可以输出分组脉冲波形。这样的波形经过脉冲放大器和功率输出器，就能在放电间隙得到同样波形的电压脉冲。

前面曾经分析了峰值电流限制在一定范围内后，脉宽越窄，单个脉冲能量就越小，得到的表面粗糙度就越低，但单个脉冲蚀除量就越低。为了保证切割速度，必须尽可能地提高脉冲重复率。不过把脉冲间隔压缩到一定程度后，会使消电离不足而引起加工不稳定的现象。这样，降低加工表面粗糙度和提高切割速度就出现了矛盾。分组脉冲波正是为了解决这一矛盾而提出的一种比较有效的电源形式：每组高频短脉冲之间有一个稍长的停歇时间，在间隙内可充分消电离。这样高频短脉冲的频率可以提得很高，缓和了表面粗糙度与切割速度的矛盾，二者就得到了较好的兼顾；而且两极之间有充分的消电离机会，以保证加工的稳定性。

现在再从多通道放电理论来分析一下这种电源。在一个波形的加工过程中，放电次序是这样的：首先在放电最佳点处进行放电腐蚀，从而形成第一个放电凹坑，下一个脉冲紧接着便在第一个凹坑的周围继续加工，使凸出的部分加工掉，形成一个平凹坑。当然这种排列组合是十分复杂的，从波形上来看，一个波形的加工过程中，有击穿延时、正常加工、微电弧、微短路等各种复杂的现象。由于多通道电火花加工放电点是多点的，多点放电存在于一次加工中。一个脉冲中存在着加工状态、微电弧、微短路等多种状态，从而造成高频的电磁振荡。这种电磁振荡反过来又影响着放电通道的转移和产生。因为在线切割加工中电极丝高速运动，加工的凹坑随着放电状态的变化而变化。在一般电极丝速度(6～11 m/s)下，凹坑呈现不规则的长条状。由于加工中的二次放电而使加工表面恶化，使用分组窄脉冲可以在一定程度上消除这些不利因素，因为在1 μs以下的窄脉冲将产生微短路，从而微电弧的成分大大减少。单个放电脉冲能量小，则电极丝振幅也会随之减少。

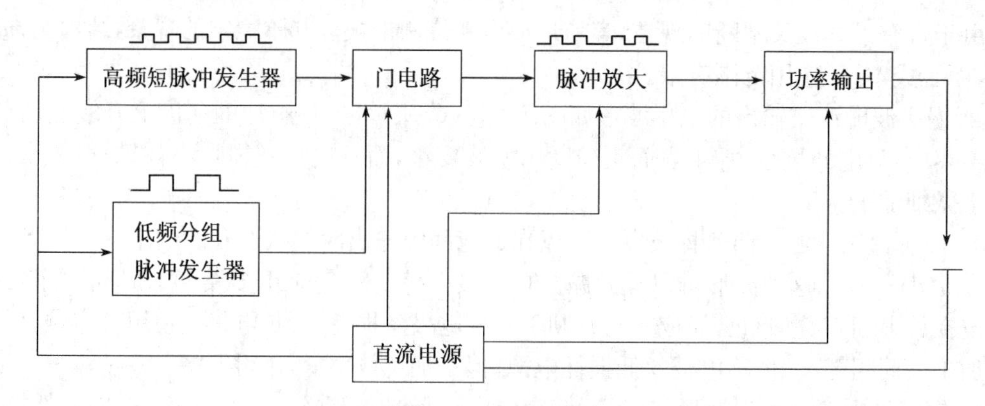

图 2-47　分组脉冲电源原理方框图

2.7　数控机床主传动系统

数控机床是高精度和高生产率的自动化机床，其加工过程中的动作顺序、运动部件的坐标位置及辅助功能，都是通过数字信息自动控制的，操作者在加工过程中无法干预，不能像在普通机床上加工零件那样，对机床本身的结构和装配的薄弱环节进行人为补偿，所以数控机床几乎在任何方面均要求比普通机床设计得更为完善，制造得更为精密。为满足高精度、高效率、高自动化程度的要求，数控机床的结构设计已形成自已的独立体系，在这一结构的完善过程中，出现了不少完全新颖的数控机床结构及元件。与普通机床相比，数控机床的结构有许多特点。

在主传动系统方面，具有下列特点：

(1) 目前数控机床的主传动电机已不再采用普通的交流异步电机或传统的直流调速电机，它们已逐步被新型的交流调速电机和直流调速电机所代替。

(2) 转速高，功率大。它能使数控机床进行大功率切削和高速切削，实现高效率加工。

(3) 变速范围大。数控机床的主传动系统要求有较大的调速范围，以保证加工时能选用合理的切削用量，从而获得最佳的生产率、加工精度和表面质量。

(4) 主轴速度的变换迅速可靠。数控机床的变速是按照控制指令自动进行的，因此变速机构必须适应自动操作的要求。由于直流和交流主轴电机的调速系统日趋完善，不仅能够方便地实现宽范围的无级变速，而且减少了中间传递环节，提高了变速控制的可靠性。

在进给传动系统方面，具有下列特点：

(1) 尽量采用低摩擦的传动副。如采用静压导轨、滚动导轨和滚珠丝杠等，以减小摩擦力。

(2) 选用最佳的降速比，以达到提高机床分辨率，使工作台尽可能大地加速以达到跟踪指令、系统折算到驱动轴上的惯量尽量小的要求。

(3) 缩短传动链以及用预紧的方法提高传动系统的刚度。如采用大扭矩宽调速的直流电机与丝杠直接相连应用预加负载的滚动导轨和滚动丝杠副，丝杠支承设计成两端轴向固定的、并可预拉伸的结构等办法来提高传动系统的刚度。

(4) 尽量消除传动间隙,减小反向死区误差。如采用消除间隙的联轴节(如用加锥销固定的联轴套、用键加顶丝紧固的联轴套以及用无扭转间隙的挠性联轴器等),采用有消除间隙措施的传动副等。

2.7.1 数控机床对主传动系统的要求

1. 具有更大的调速范围,并能实现无级调速

数控机床为了保证加工时能选用合理的切削用量,从而获得最高的生产率、加工精度和表面质量,必须具有更大的调速范围。对于自动换刀的数控机床,为了适应各种工序和各种加工材料的需要,主运动的调速范围还应进一步扩大。

2. 有较高的精度和刚度,传动平稳,噪声低

数控机床加工精度的提高,与主传动系统具有较高的精度密切相关。为此,要提高传动件的制造精度与刚度,齿轮齿面应高频感应加热淬火以增加耐磨性;最后一级采用斜齿轮传动,使传动平稳;采用精度高的轴承及合理的支承跨距等,以提高主轴组件的刚性。

3. 良好的抗振性和热稳定性

数控机床在加工时,可能由于断续切削、加工余量不均匀、运动部件不平衡以及切削过程中的自振等原因引起的冲击力或交变力的干扰,使主轴产生振动,影响加工精度和表面粗糙度,严重时可能破坏刀具或主传动系统中的零件,使其无法工作。主传动系统的发热使其中所有零部件产生热变形,降低传动效率,破坏零部件之间的相对位置精度和运动精度,造成加工误差。为此,主轴组件要有较高的固有频率,实现动平衡,保持合适的配合间隙并进行循环润滑等。

2.7.2 数控机床主轴调速方法

1. 具有变速齿轮的主传动

这是大、中型数控机床采用较多的一种变速方式。通过几对齿轮降速,增大输出扭矩,以满足主轴输出扭矩特性的要求,如图 2-48 所示。一部分小型数控机床也采用这种传动方式以获得强力切削时所需要的扭矩。

在带有齿轮变速的主传动系统中,液压拨叉和电磁离合器是两种常用的变速操纵方法。

(1) 如图 2-49 所示是三位液压拨叉的作用原理图。通过改变不同的通油方式可以使三联齿轮获得三个不同的变速位置。这套机构除了液压缸和活塞杆之外,还增加了套筒 4。当液压缸 1 通压力油而液压缸 5 排油卸压时[图 2-49(a)],活塞杆 2 带动拨叉 3 使三联齿轮移到左端。当液压缸 5 通压力油而液压缸 1 排油卸压时[图 2-49(b)],活塞杆 2 和套筒 4 一起向右移动,在套筒 4 碰到液压缸 5 的端部之后,活塞杆 2 继续右移到极限位置,此时三联齿轮被拨叉 3 移到右端。当压力油同时进入左右两缸时[图 2-49(c)],由于活塞杆 2 的两端直径不同,使活塞杆向左移动。在设计活塞杆 2 和套筒 4 的截面面积时,应使油压作用在套筒 4 的圆环上向右的推力大于活塞杆 2 向左的推力,因而套筒 4 仍然压在液压缸 5 的右端,使活塞杆 2 紧靠在套筒 4 的右端,此时,拨叉和三联齿轮被限制在中间位置。

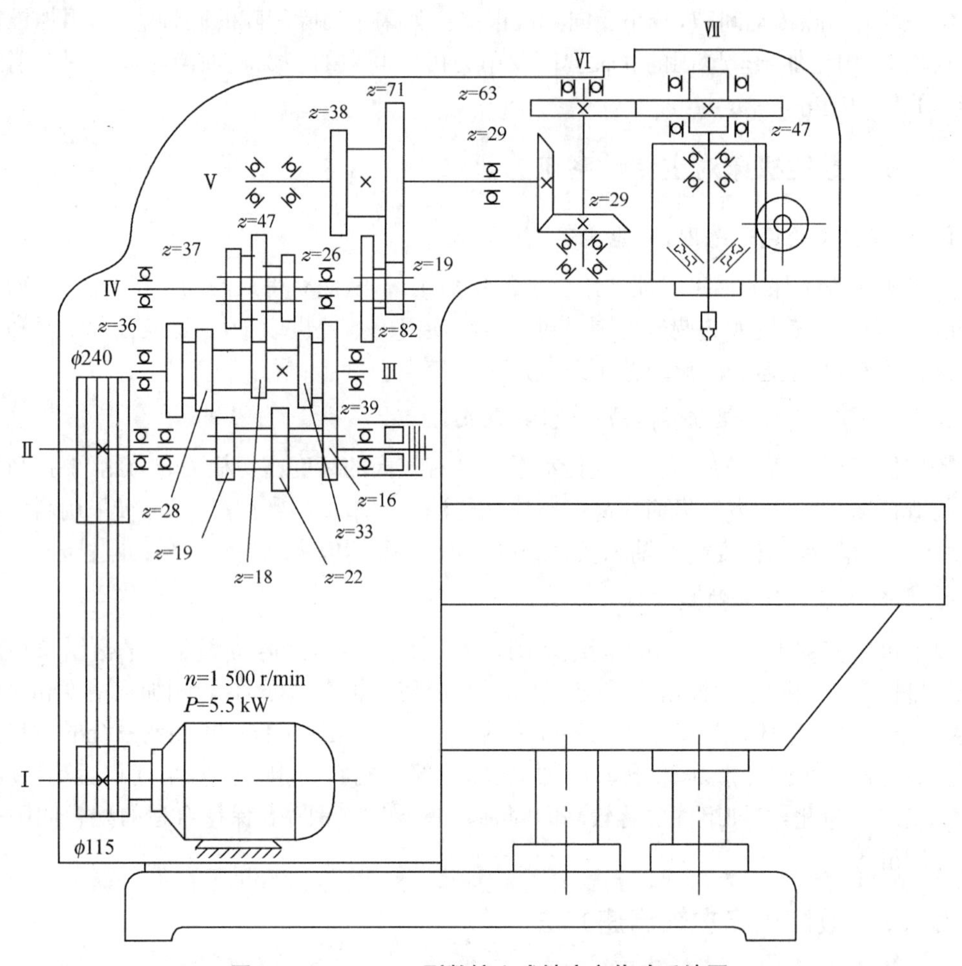

图 2-48　XK5040 型数控立式铣床主传动系统图

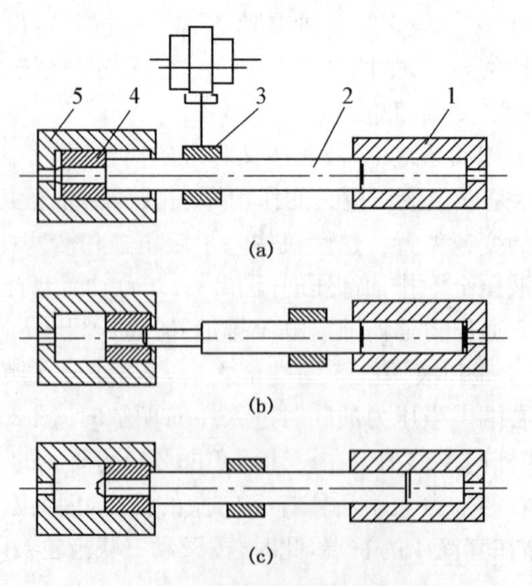

图 2-49　三位液压拨叉作用原理图

1、5—液压缸；2—活塞杆；3—拨叉；4—套筒

液压拨叉变速必须在主轴停车之后才能进行,但停车时拨动滑移齿轮啮合又可能出现“顶齿”现象。在XK5040型数控立铣中需按“点动”按钮使主电动机瞬时冲动接通,在其他自动变速的数控机床主运动系统中,通常增设一台微电机,它在拨叉移动滑移齿轮的同时带动各传动齿轮作低速回转,这样,滑移齿轮便能顺利啮合。液压拨叉变速是一种有效的方法,但它增加了数控机床液压系统的复杂性,而且必须将数控装置送来的信号先转换成电磁阀的机械动作,然后再将压力油分配到相应的液压缸,因而增加了变速的中间环节,带来了更多的不可靠因素。

(2) 电磁离合器是应用电磁效应接通或切断运动的元件,由于它便于实现自动操作,并有现成的系列产品可供选用,它已成为自动装置中常用的操纵元件。电磁离合器用于数控机床的主传动,能简化变速机构,通过若干个安装在各传动轴上的离合器的吸合和分离的不同组合来改变齿轮的传动路线,实现主轴的变速。

图2-50所示为THK6380型自动换刀数控铣镗床的主传动系统图,该机床采用双速电机和六个电磁离合器完成18级变速。

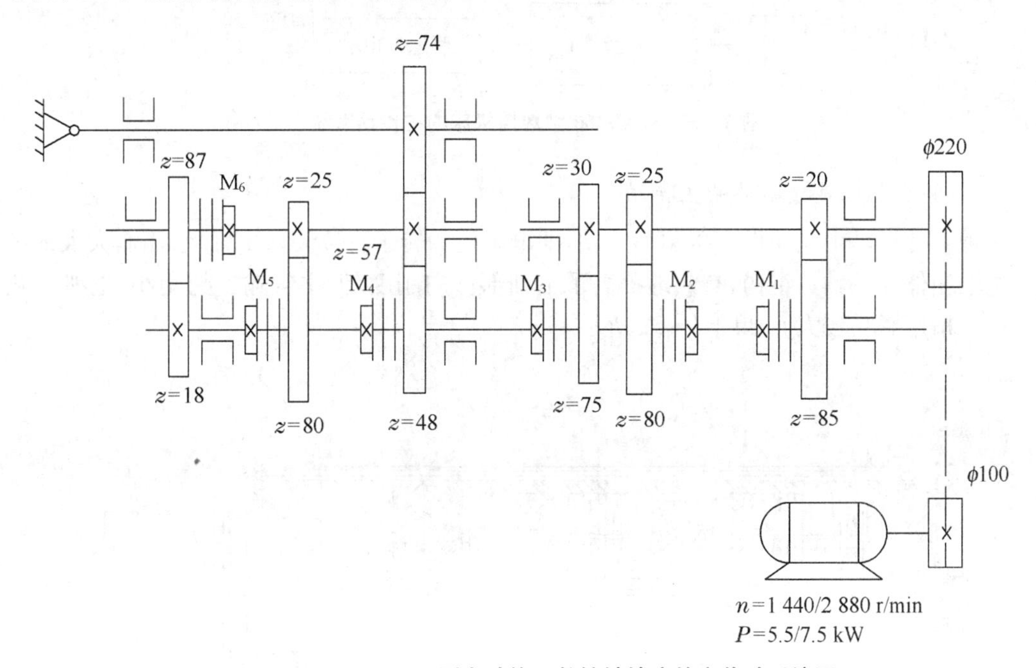

图2-50 THK6380型自动换刀数控铣镗床的主传动系统图

2. 通过带传动的主传动

通常选用同步齿形带或多楔带传动,这种传动方式多见于数控车床,它可避免齿轮传动时引起的振动和噪声。

图2-51是TND360型数控机床的主传动系统,主电动机一端经同步齿形带($m=$ 3.183 mm)拖动主轴箱内的轴Ⅰ,另一端带动测速发电机实现速度反馈。主轴Ⅰ上有一双联滑移齿轮,经84/60使主轴得到800～3 150 r/min的高速段,经29/86使主轴得到7～760 r/min的低速段。主电动机为德国西门子公司的产品,额定转速为2 000 r/min,最高转速为4 000 r/min,最低转速为35 r/min。额定转速至最高转速之间为调磁调速,恒功率;最

低转速至额定转速之间为调压调速，恒扭矩。滑移齿轮变速采用液压缸操纵。

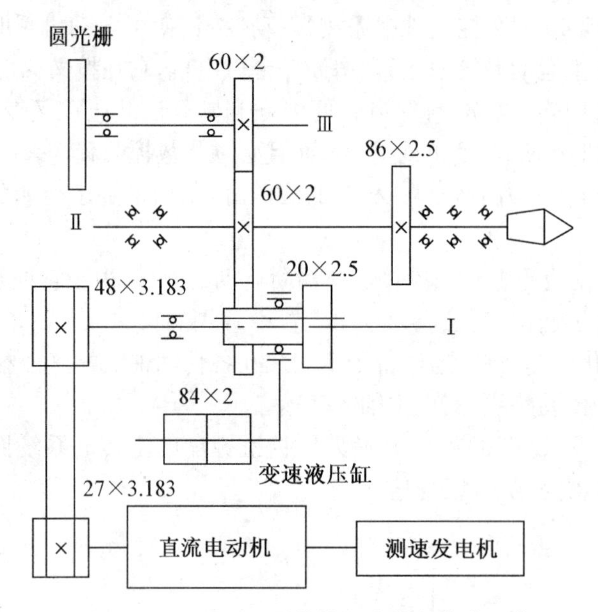

图 2-51　TND360 型数控机床的主传动系统

3. 由调速电机直接驱动的主传动

这种主传动是由电动机直接驱动主轴，即电动机的转子直接装在主轴上，因而大大地简化了主轴箱体与主轴的结构，有效地提高了主轴部件的刚度，但主轴输出扭矩小，电机发热对主轴的精度影响较大。如图 2-52 所示。

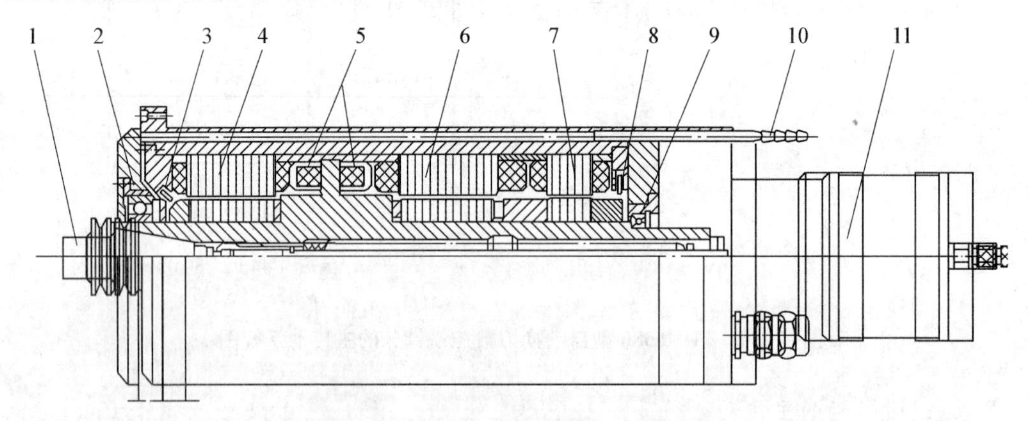

图 2-52　用磁力轴承的高速主轴部件

1—刀具系统；2、9—捕捉轴承；3、8—传感器；4、7—径向轴承；5—轴向推力轴承；6—高频电机；10—冷却水管路；11—气—液压力放大器

近年来，出现了一种新式的内装电动机主轴，即主轴与电动机转子合为一体。其优点是主轴组件结构紧凑，重量轻，惯量小，可提高起动、停止的响应特性，且利于控制振动和噪声。缺点是电动机运转产生的热量亦使主轴产生热变形。因此，温度的控制和冷却是使用内装电动机主轴的关键问题。日本研制的立式加工中心主轴组件，其内装电动机最高转速可达

20 000 r/min。

2.7.3 主轴箱与主轴组件

1. 主轴箱

对于一般数控机床和自动换刀数控机床(加工中心)来说,由于采用了电动机无级变速,减少了机械变速装置,主轴箱的结构较普通机床简化,但主轴箱材料要求较高,一般用HT250或HT300,制造与装配精度也较普通机床要高。

对于数控落地铣镗床来说,主轴箱结构比较复杂,主轴箱可沿立柱上的垂直导轨作上下移动,主轴可在主轴箱内作轴向进给运动,除此以外,大型落地铣镗床的主轴箱结构还有携带主轴的部件作前后进给运动的功能,它的进给方向与主轴的轴向进给方向相同。此类机床的主轴箱结构通常有两种方案,即滑枕式和主轴箱移动式。

(1) 滑枕式

数控落地铣镗床有圆形滑枕、方形或矩形滑枕以及棱形或八角形滑枕。滑枕内装有铣轴和镗轴,除镗轴可实现轴向进给外,滑枕自身也可作沿镗轴轴线方向的进给,且两者可以叠加。滑枕进给传动的齿轮和电动机是与滑枕分离的,通过花键轴或其他系统将运动传给滑枕以实现进给运动。

① 圆形滑枕。圆形滑枕又称套筒式滑枕,这种圆形断面的滑枕和主轴箱孔的制造工艺简便,使用中便于接近工件加工部位。但其断面面积小,抗扭惯性矩较小,且很难安装附件,磨损后修复调整困难,因而现已很少采用。

② 矩形或方形滑枕。滑枕断面形状为矩形,其移动的导轨面是其外表面的四个直角面,如图2-53所示。这种形式的滑枕,有比较好的接近工件性能,其滑枕行程可做得较长,端面有附件安装部位,工艺适应性较强,磨损后易于调整。抗扭断面惯性矩比同样规格的圆形滑枕大。这种滑枕国内外均有采用,尤以长方形滑枕采用较多。

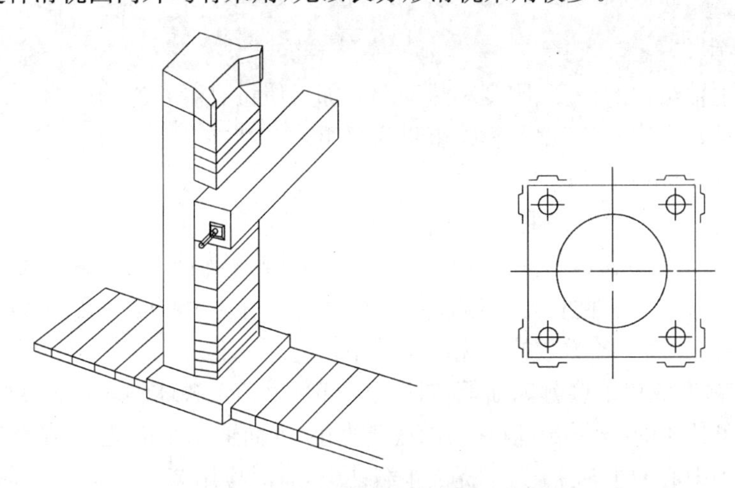

图2-53 数控落地铣镗床的矩形滑枕

③ 棱形、八角形滑枕。棱形、八角形滑枕的断面工艺性较差。与矩形或方形滑枕比较,在同等断面面积的情况下,虽然高度较大,但宽度较窄,如图2-54所示,这对安装附件不利,而且在滑枕表面使用静压导轨时,静压面小,主轴在工作过程中抗振能力较差,受力后主

轴中心位移大。

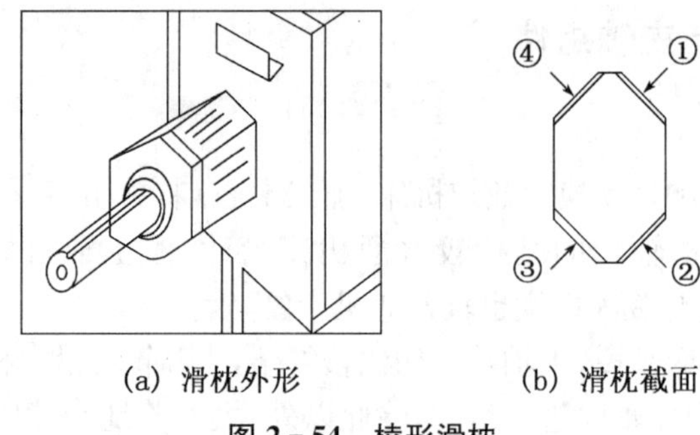

(a) 滑枕外形　　(b) 滑枕截面

图 2-54　棱形滑枕

(2) 主轴箱移动式

这种结构又有两种型式，一种是主轴箱移动式，另一种是滑枕主轴箱移动式。

① 主轴箱移动式。主轴箱内装有铣轴和镗轴，镗轴实现轴向进给，主轴箱箱体在滑板上可作沿镗轴轴线方向的进给。箱体作为移动体，其断面尺寸远比同规格滑枕式铣镗床大得多。这种主轴箱端面可以安装各种大型附件，使其工艺适应性增加，扩大了功能。缺点是接近工件性能差，箱体移动时对平衡补偿系统的要求高，主轴箱热变形后产生的主轴中心偏移大。

② 滑枕主轴箱移动式。这种形式的铣镗床，其本质仍属于主轴箱移动式，只不过是把大断面的主轴箱移动体尺寸做成同等主轴直径的滑枕式而已。这种主轴箱结构，铣轴和镗轴及其传动和进给驱动机构都装在滑枕内，镗轴实现轴向进给，滑枕在主轴箱内作沿镗轴轴线方向的进给。滑枕断面尺寸比同规格的主轴箱移动式的主轴箱小，但比滑枕移动式的大。其断面尺寸足以安装各种附件。这种结构型式不仅具有主轴箱移动式的传动链短、输出功率大及制造方便等优点，同时还具有滑枕式的接近工件方便灵活的优点。克服了主轴箱体移动式的具有危险断面和主轴中心受热变形后位移大等缺点。

2. 主轴组件

数控机床主轴组件的精度、刚度和热变形对加工质量有着直接的影响，由于数控机床在加工过程中不进行人工调整，这些影响就更为严重。

(1) 主轴轴承的配置形式

目前主轴轴承的配置形式主要有三种，如图 2-55 所示。

① 前支承采用双列圆柱滚子轴承和双列 60°角接触球轴承组合，后支承采用成对角接触球轴承[图 2-55(a)]。此种配置形式使主轴的综合刚度大幅度提高，可以满足强力切削的要求，因此普遍应用于各类数控机床的主轴中。

② 采用高精度双列角接触球轴承[图 2-55(b)]。角接触球轴承具有良好的高速性能，主轴最高转速可达 4 000 r/min，但它的承载能力小，因而适用于高速、轻载和精密的数控机床主轴。在加工中心的主轴中，为了提高承载能力，有时应用 3 个或 4 个角接触球轴承组合的前支承，并用隔套实现预紧。

③ 采用双列和单列圆锥轴承[图 2-55(c)]。这种轴承径向和轴向刚度高，能承受重载荷，尤其能承受较强的动载荷，安装与调整性能好。但这种轴承配置限制了主轴的最高转速和精度，因此适用于中等精度、低速与重载的数控机床主轴。

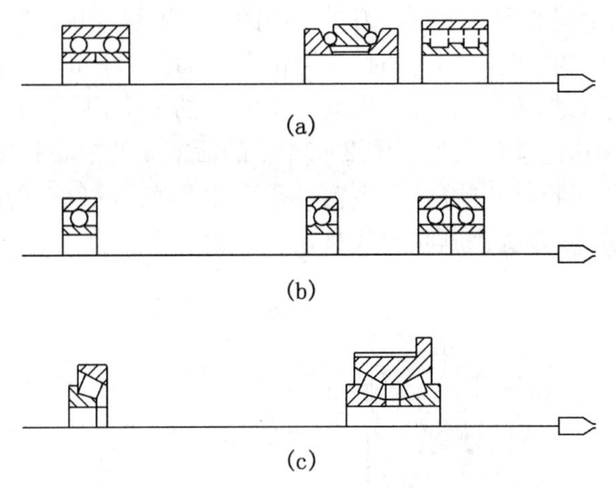

图 2 - 55 数控机床主轴轴承配置形式

随着材料工业的发展，在数控机床主轴中有使用陶瓷滚珠轴承的趋势。这种轴承的特点是：滚珠重量轻，离心力小，动摩擦力矩小；因温升引起的热膨胀小，使主轴的预紧力稳定；弹性变形量小，刚度高，寿命长。缺点是成本较高。

在主轴的结构上，要处理好卡盘或刀具的装夹、主轴的卸荷、主轴轴承的定位和间隙的调整、主轴组件的润滑和密封以及工艺上的一系列问题。为了尽可能地减少主轴组件升温引起的热变形对机床工作精度的影响，通常利用润滑油的循环系统把主轴组件的热量带走，使主轴组件和箱体保持恒定的温度。在某些数控铣镗床上采用专用的制冷装置，比较理想地实现了温度控制。近年来，某些数控机床的主轴轴承采用高级油脂润滑，每加一次油脂可以使用 7～10 年，简化了结构，降低了成本且维护保养简单。但需防止润滑油和油脂混合，通常采用迷宫式密封方式。

对于数控车床主轴，因为在它的两端安装着动力卡盘和夹紧液压缸，主轴刚度必须进一步提高，并应设计合理的联结端，以改善动力卡盘与主轴端部的联接刚度。

(2) 主轴内刀具的自动夹紧和切屑清除装置

在带有刀库的自动换刀数控机床中，为实现刀具在主轴上的自动装卸，其主轴必须设计有刀具的自动夹紧机构。自动换刀立式铣镗床主轴的刀具夹紧机构如图 2 - 56 所示。刀夹 1 以锥度为 7∶24 的锥柄在主轴 3 前端的锥孔中定位，并通过拧紧在锥柄尾部的拉钉 2 拉紧在锥孔中。夹紧刀夹时，液压缸上腔接通回油，弹簧 11 推活塞 6 上移，处于图示位置，拉杆 4 在碟形弹簧 5 作用下向上移动；由于此时装在拉杆前端径向孔中的钢球 12，进入主轴孔中直径较小的 d_2 处，如图 2 - 56(b)所示，被迫径向收拢而卡进拉钉 2 的环形凹槽内，因而刀杆被拉杆拉紧，依靠摩擦力紧固在主轴上。切削扭矩则由端面键 13 传递。换刀前需将刀夹松开，压力油进入液压缸上腔，活塞 6 推动拉杆 4 向下移动，碟形弹簧被压缩；当钢球 12 随拉杆一起下移至进入主轴孔直径较大的 d_1 处时，它就不再能约束拉钉的头部，紧接着拉杆前端内孔的台肩端面 a 碰到拉钉，把刀夹顶松。此时行程开关 10 发出信号，换刀机械手随即将刀夹取下。与此同时，压缩空气由管接头 9 经活塞和拉杆的中心通孔吹入主轴装刀孔内，把切屑或脏物清除干净，以保证刀具的安装精度。机械手把新刀装上主轴后，液压缸 7 接通回油，碟形弹簧又拉紧刀夹。刀夹拉紧后，行程开关 8 发出信号。

自动清除主轴孔中切屑和灰尘是换刀操作中的一个不容忽视的问题。如果在主轴锥孔中掉进了切屑或其他污物，在拉紧刀杆时，主轴锥孔表面和刀杆的锥柄就会被划伤，甚至使刀杆发生偏斜，破坏了刀具的正确定位，影响加工零件的精度，甚至使零件报废。为了保持主轴锥孔的清洁，常用压缩空气吹屑。图 2－56 中的活塞 6 的中心有压缩空气通道，当活塞向左移动时，压缩空气经拉杆 4 吹出，将主轴锥孔清理干净。喷气头中的喷气小孔要有合理的喷射角度，并均匀分布，以提高其吹屑效果。

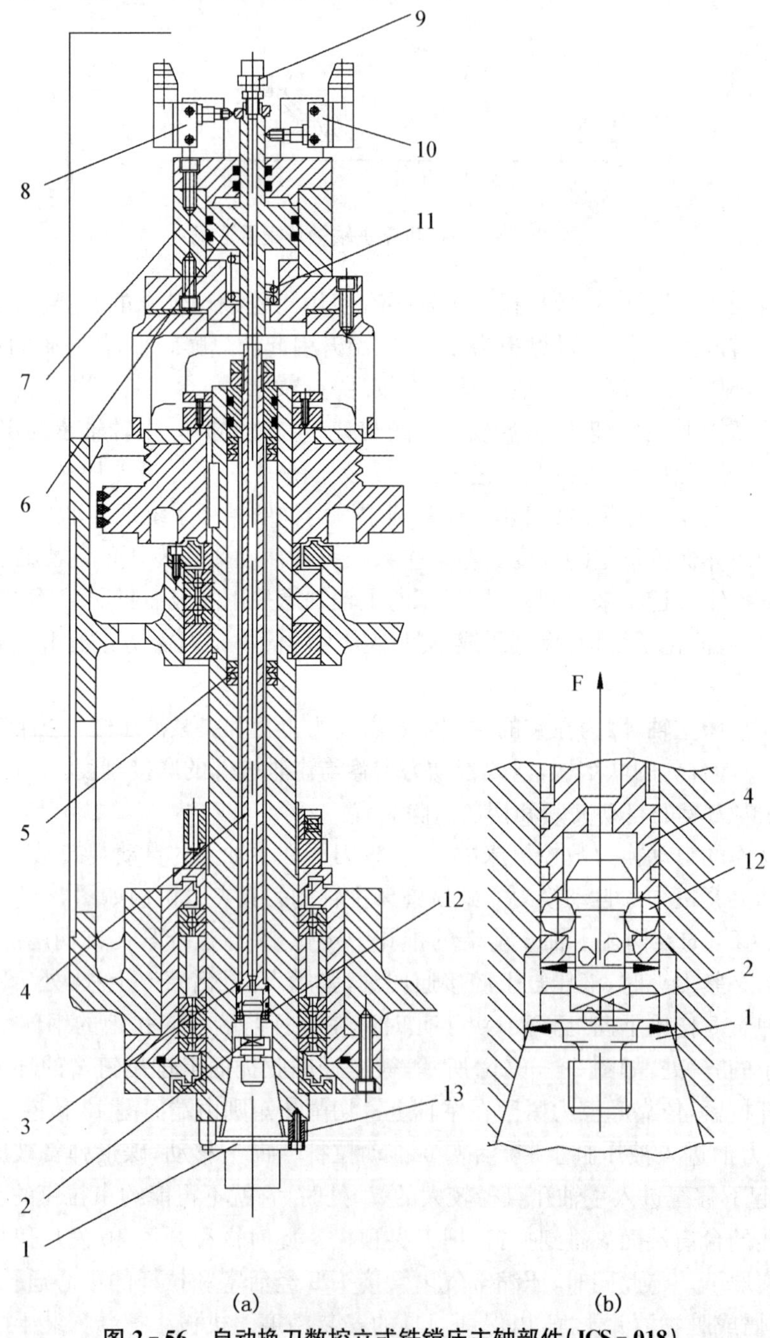

图 2－56　自动换刀数控立式铣镗床主轴部件(JCS－018)

1—刀夹；2—拉钉；3—主轴；4—拉杆；5—碟形弹簧；6—活塞；7—液压缸；8、10—行程开关；9—压缩空气管接头；11—弹簧；12—钢球；13—端面键

3. 主轴准停装置

在自动换刀数控铣镗床上，切削扭矩通常是通过刀杆的端面键来传递的，因此在每一次自动装卸刀杆时，都必须使刀柄上的键槽对准主轴上的端面键，这就要求主轴具有准确的周向定位功能。在加工精密坐标孔时，由于每次都能在主轴固定的圆周位置上装刀，就能保证刀尖与主轴相对位置的一致性，从而提高孔径的正确性，这是主轴准停装置带来的另一个好处。

电气控制的主轴准停装置利用装在主轴上的磁性传感器作为位置反馈部件，由它输出信号，使主轴准确停止在规定位置上，它不需要机械部件，可靠性好，准停时间短，只需要简单的强电顺序控制，且有高的精度和刚性。这种主轴准停装置的工作原理如图 2－57 所示。在传动主轴旋转的多楔带轮 1 的端面上装有一个厚垫片 4，垫片上又装有一个体积很小的永久磁铁 3。在主轴箱箱体的对应于主轴准停的位置上，装有磁传感器 2。当机床需要停车换刀时，数控装置发出主轴停转指令，主轴电动机立即降速，在主轴 5 以最低转速慢转很少几转后，永久磁铁 3 对准磁传感器 2 时，后者发出准停信号。此信号经放大后，由定向电路控制主轴电动机准确地停止在规定的周向位置上。

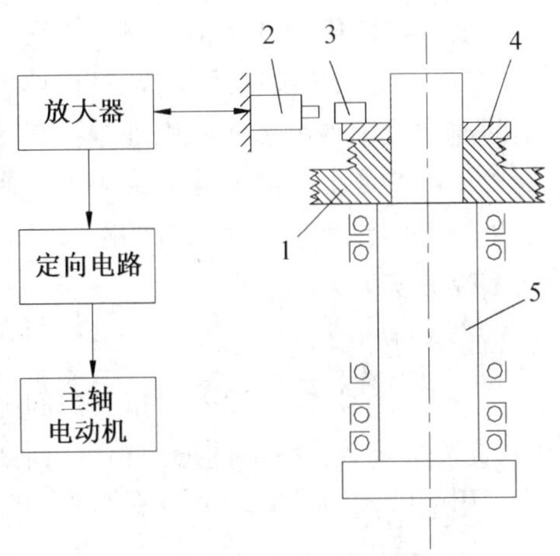

图 2－57　电气控制的主轴准停装置

1—多楔带轮；2—磁传感器；3—永久磁铁；4—垫片；5—主轴

2.8　数控机床的进给传动系统

2.8.1　数控机床对进给传动系统的要求

为确保数控机床进给系统的传动精度和工作平稳性等，在设计机械传动装置时，提出如下要求。

1. 高的传动精度与定位精度

数控机床进给传动装置的传动精度和定位精度对零件的加工精度起着关键性的作用，对采用步进电动机驱动的开环控制系统尤其如此。无论对点位、直线控制系统，还是轮廓控制系统，传动精度和定位精度都是数控机床性能的主要指标。设计中，通过在进给传动链中加入减速齿轮，以减小脉冲当量，预紧传动滚珠丝杠，消除齿轮、蜗轮等传动件的间隙等办法，可达到提高传动精度和定位精度的目的。由此可见，机床本身的精度，尤其是伺服传动链和伺服传动机构的精度，是影响工作精度的主要因素。

2. 宽的进给调速范围

伺服进给系统在承担全部工作负载的条件下，应具有很宽的调速范围，以适应各种工件材料、尺寸和刀具等变化的需要，工作进给速度范围可达 3～6 000 mm/min。为了完成精密定位，伺服系统的低速趋近速度达 0.1 mm/min；为了缩短辅助时间，提高加工效率，快速移动速度应高达 15 m/min。在多坐标联动的数控机床上，合成速度维持常数是保证表面粗糙度要求的重要条件；为保证较高的轮廓精度，各坐标方向的运动速度也要配合适当；这是对数控系统和伺服进给系统提出的共同要求。

3. 响应速度要快

所谓快速响应特性是指进给系统对指令输入信号的响应速度及瞬态过程结束的迅速程度，即跟踪指令信号的响应要快；定位速度和轮廓切削进给速度要满足要求；工作台应能在规定的速度范围内灵敏而精确地跟踪指令，进行单步或连续移动，在运行时不出现丢步或多步现象。进给系统响应速度的大小不仅影响机床的加工效率，而且影响加工精度。设计中应使机床工作台及其传动机构的刚度、间隙、摩擦以及转动惯量尽可能达到最佳值，以提高进给系统的快速响应特性。

4. 无间隙传动

进给系统的传动间隙一般指反向间隙，即反向死区误差，它存在于整个传动链的各传动副中，直接影响数控机床的加工精度；因此，应尽量消除传动间隙，减小反向死区误差。设计中可采用消除间隙的联轴节及有消除间隙措施的传动副等方法。

5. 稳定性好、寿命长

稳定性是伺服进给系统能够正常工作的最基本的条件，特别是在低速进给情况下不产生爬行，并能适应外加负载的变化而不发生共振。稳定性与系统的惯性、刚性、阻尼及增益等都有关系，适当选择各项参数，并能达到最佳的工作性能，是伺服系统设计的目标。所谓进给系统的寿命，主要指其保持数控机床传动精度和定位精度的时间长短，及各传动部件保持其原来制造精度的能力。设计中各传动部件应选择合适的材料及合理的加工工艺与热处理方法，对于滚珠丝杠和传动齿轮，必须具有一定的耐磨性和适宜的润滑方式，以延长其寿命。

6. 使用维护方便

数控机床属高精度自动控制机床，主要用于单件、中小批量、高精度及复杂件的生产加工，机床的开机率相应就高，因此，进给系统的结构设计应便于维护和保养，最大限度地减小维修工作量，以提高机床的利用率。

2.8.2 进给传动机构

数控机床中，无论是开环还是闭环伺服进给系统，为了达到前述提出的要求，机械传动装置的设计中应尽量采用低摩擦的传动副，如滚珠丝杠等，以减小摩擦力；通过选用最佳降速比来降低惯量；采用预紧的办法来提高传动刚度；采用消隙的办法来减小反向死区误差等。

下面从机械传动的角度对数控机床伺服系统的主要传动装置进行简要介绍。

1. 减速机构

(1) 齿轮传动装置

齿轮传动是应用非常广泛的一种机械传动，各种机床中传动装置几乎都离不开齿轮传动。在数控机床伺服进给系统中采用齿轮传动装置的目的有两个，一个是将高转速小转矩的伺服电机(如步进电机、直流或交流伺服电机等)的输出，改变为低转速大转矩的执行件的输出；另一个是使滚珠丝杠和工作台的转动惯量在系统中占有较小的比重。此外，对开环系统还可以保证所要求的精度。

① 速比的确定

a. 开环系统

在步进电机驱动的开环系统中(图2-58)，步进电机至丝杠间设有齿轮传动装置，其速比决定于系统的脉冲当量、步进电机步矩角及滚珠丝杠导程，其运动平衡方程式为

$$\frac{1}{m}iL=\delta$$

所以其速比可计算如下：

$$i=\frac{m\delta}{L}=\frac{360^\circ\delta}{\alpha L}$$

式中：m——步进电机每转所需脉冲数($m=\frac{360^\circ}{\alpha}$)；

α——步进电机步距角(°/脉冲)；

δ——脉冲当量(mm/脉冲)；

L——滚珠丝杠的导程(mm)。

因为开环系统执行件的运动位移决定于脉冲数目，故算出的速比不能随意更改。

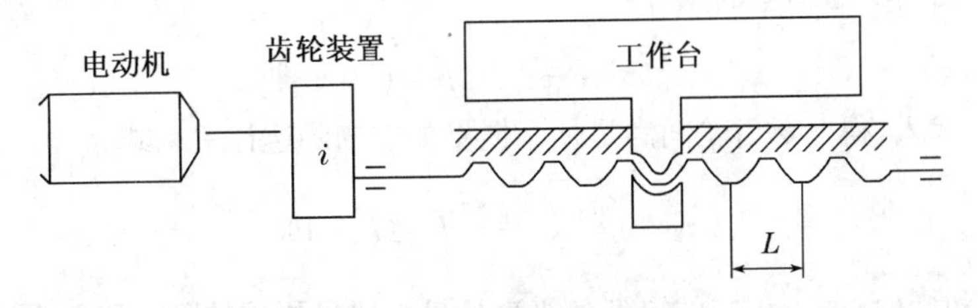

图2-58 开环系统丝杠传动

b. 闭环系统

对于闭环系统，执行件的位置决定于反馈检测装置，与运动速度无直接关系，其速比主要是由驱动电动机的额定转速或转矩与机床要求的进给速度或负载转矩决定的，所以可对它进行适当的调整。电动机至丝杠间的速比运动平衡方程式如下：

$$niL=v$$

$$i=\frac{v}{nL}$$

式中：n——伺服电机的转速，$n=\frac{60f}{m}$(r/min)；

f——脉冲频率(次/s)；

v——工作台在电动机转速为n时的移动速度$v=60f\delta$(mm/min)；

其余符号同前。

当负载和丝杠转动惯量在总转动惯量中所占比重不大时，齿轮速比可取上面算出的数值，即降速不必过多，这样不仅可以简化伺服传动链，且可降低伺服放大器的增益。当主要

考虑静态精度或低平滑跟踪时，可选降速多一些，这样，可以减小电机轴上的负载转动惯量，并且减少负载惯量对稳态差异的影响。

② 啮合对数及各级速比的确定

在驱动电动机至丝杠的总降速比一定的情况下，若啮合对数及各级速比的选择不当，将会增加折算到电机轴上的总惯量，从而增大电机的时间常数，并增大要求的驱动扭矩。因此应按最小惯量的要求来选择齿轮啮合对数及各级降速比，使其具有良好的动态性能。

如图 2-59 所示为机械传动装置中的两对齿轮降速后，将运动传到丝杠的示意图。第一对齿轮的降速比为 i_1，第二对齿轮的降速比为 i_2，其中 i_1 及 i_2 均大于 1。假定小齿轮 A、C 直径相同，大齿轮 B、D 为实心齿轮。这两对齿轮折算到电动机轴的总惯量为

$$\begin{aligned} J &= J_A + \frac{J_B}{i_1^2} + \frac{J_C}{i_1^2} + \frac{J_D}{i_1^2 i_2^2} \\ &= J_A + \frac{J_A i_1^4}{i_1^2} + \frac{J_A}{i_1^2} + \frac{J_A i_2^4}{i_1^2 i_2^2} \\ &= J_A\left(1 + i_1^2 + \frac{1}{i_1^2} + \frac{i_2^2}{i_1^2}\right) \\ &= J_A\left(1 + i_1^2 + \frac{1}{i_1^2} + \frac{i^2}{i_1^4}\right) \end{aligned}$$

式中：i——总降速比，$i=i_1 i_2$。

令 $\frac{\partial J}{\partial i_1}=0$，可得最小惯量的条件：

$$i_1^6 - i_1^2 - 2i^2 = 0$$

将 $i=i_1 i_2$ 代入，得两对齿轮间满足最小惯量要求的降速比关系式：

$$i_2 = \sqrt{\frac{i_1^4 - 1}{2}} \approx \frac{i_1^2}{\sqrt{2}} \quad (i_1^4 \geqslant 1)$$

不同啮合对数时，亦可相应的得到各级满足最小惯量要求的降速比关系式，如若为三级传动，则可按上述方法求得三级传动比为

$$i_2 = i_1^2/\sqrt{2}$$
$$i_3 = i_2^2/\sqrt{2}$$
$$i = i_1 i_2 i_3$$

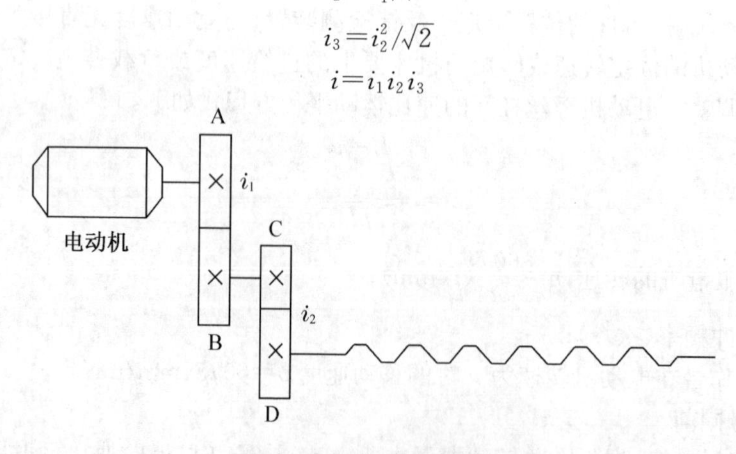

图 2-59 两对齿轮降速传动

计算出各级齿轮降速比后，还应进行机械进给装置的惯量验算。对开环系统，机械传动装置折算到电动机轴上的负载转动惯量应小于电动机加速要求的允许值。对闭环系统，除满足加速要求外，机械传动装置折算到电动机轴上的负载转动惯量应与伺服电机转子惯量合理匹配，如果电机转子惯量远小于机械进给装置的转动惯量(折算到电动机转子轴上)，则机床进给系统的动态特性主要决定于负载特性，此时运动部件(包括工件)不同质量的各坐标的动态特性将有所不同，使系统不易调整。根据实践经验推荐伺服电机转子转动惯量 J_M 与机械进给装置折算到电动机轴上的转动惯量 J_L 相匹配的合理关系为

$$\frac{1}{4}\leqslant\frac{J_L}{J_M}\leqslant 1$$

设电动机经一对齿轮传动丝杠时，若 J_1 为小齿轮的转动惯量，J_2 为大齿轮的转动惯量，J_s 为丝杠的转动惯量，W 为工作台重力，齿轮副降速比 $i(i>1)$，L 为丝杠螺距，则

$$J_L=J_1+\frac{J_2}{i^2}+\frac{J_s}{i^2}+\frac{W}{gi^2}\left(\frac{L}{2\pi}\right)^2$$

即

$$J_L=J_1+J_1 i^2+\frac{J_s}{i^2}+\frac{W}{gi^2}\left(\frac{L}{2\pi}\right)^2$$

机械伺服进给系统选用的伺服电机，当工作台为最大进给速度时，其最大转矩 T_{max} 应满足机床工作台的加速度要求。若 σ_{min} 为伺服电机能达到的最大加速度，常取：

$$\alpha\leqslant\frac{\alpha_{max}}{2}$$

一般要求 $\sigma=2\sim5\ \mathrm{m/s^2}$，则 $\sigma_{max}\geqslant4\sim10\ \mathrm{m/s^2}$。

当伺服电机主要用于惯量加速，忽略切削力及摩擦力作用(其值一般仅占10%)，则：

$$\alpha_{max}=\frac{T_{max}}{J}\frac{iL}{2\pi}$$

式中：J——伺服进给系统折算到丝杠上的总转动惯量，当一对降速齿轮传动时，则有：

$$J=J_M i^2+J_1 i^2+J_1 i^4+J_s+\frac{W}{g}\left(\frac{L}{2\pi}\right)^2$$

(2) 同步齿形带传动

同步齿形带传动，是一种新型的带传动，如图2-60所示，它利用齿形带的齿形与带轮的轮齿依次相啮合传动运动和动力，因而兼有带传动，齿轮传动及链传动的优点，即无相对滑动，平均传动比准确，传动精度高，而且齿形带的强度高，厚度小，重量轻，故可用于高速传动；齿型带无须特别张紧，故作用在轴和轴承等上的载荷小，传动效率高，在数控机床上亦有应用。

图2-60 同步齿形带传动

2. 滚珠丝杠螺母副机构

(1) 滚珠丝杠副的工作原理及特点

滚珠丝杠副是一种新型的传动机构，它的结构特点是具有螺旋槽的丝杠螺母间装有滚珠作为中间传动件，以减少摩擦，如图2-61所示。图中丝杠和螺母上都磨有圆弧形的螺旋槽，这两个圆弧形的螺旋槽对合起来就形成螺旋线滚

道,在滚道内装有滚珠。当丝杠回转时,滚珠相对于螺母上的滚道滚动,因此丝杠与螺母之间基本上为滚动摩擦。为了防止滚珠从螺母中滚出来,在螺母的螺旋槽两端设有回程引导装置,使滚珠能循环流动。

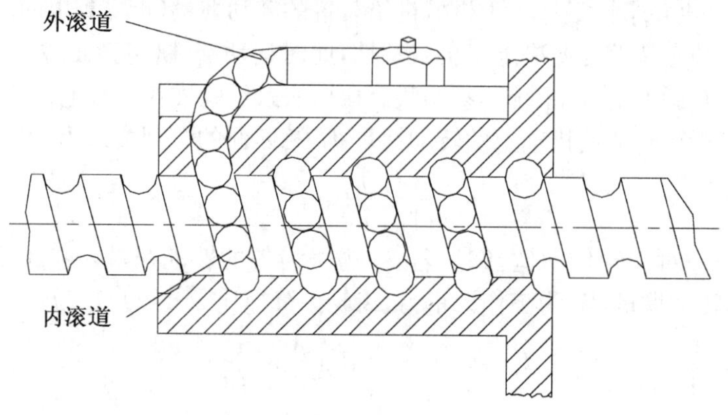

图 2-61　滚珠丝杠螺母

滚珠丝杠副的特点:

① 传动效率高,摩擦损失小。滚珠丝杠副的传动效率 $\eta=0.92\sim0.96$,比常规的丝杠螺母副提高 3～4 倍。因此,功率消耗只相当于常规的丝杠螺母副的 1/4～1/3。

② 给予适当预紧,可消除丝杠和螺母的螺纹间隙,反向时就可以消除空行程死区,定位精度高,刚度好。

③ 运动平稳,无爬行现象,传动精度高。

④ 运动具有可逆性,可以从旋转运动转换为直线运动,也可以从直线运动转换为旋转运动,即丝杠和螺母都可以作为主动件。

⑤ 磨损小,使用寿命长。

⑥ 制造工艺复杂。滚珠丝杠和螺母等元件的加工精度要求高,表面粗糙度也要求高,故制造成本高。

⑦ 不能自锁。特别是对于垂直丝杠,由于自重惯力的作用,下降时当传动切断后,不能立刻停止运动,故常需添加制动装置。

(2) 滚珠丝杠副的参数

滚珠丝杠副的参数(图 2-62 所示):

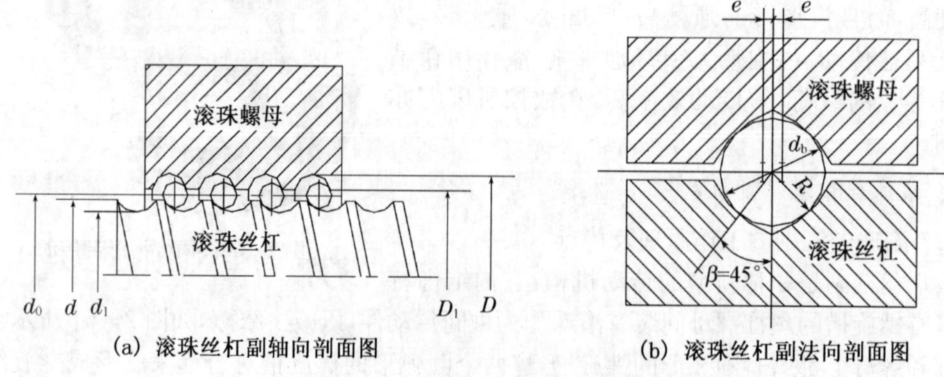

(a) 滚珠丝杠副轴向剖面图　　(b) 滚珠丝杠副法向剖面图

图 2-62　滚珠丝杠螺母副基本参数

名义直径 d_0:滚珠与螺纹滚道在理论接触角状态时包络滚珠球心的圆柱直径,它是滚珠丝杠副的特征尺寸。

导程 L:丝杠相对于螺母旋转任意弧度时,螺母上基准点的轴向位移。

基本导程 L_0:丝杠相对于螺母旋转 2π 弧度时,螺母上基准点的轴向位移。

接触角 β:在螺纹滚道法向剖面内,滚珠球心与滚道接触点的连线和螺纹轴线的垂直线间的夹角,理想接触角 β 等于 45°。

此外还有丝杠螺纹大径 d、丝杠螺纹小径 d_1、螺纹全长 l、滚珠直径 d_b、螺母螺纹大径 D、螺母螺纹小径 D_1、滚道圆弧偏心距 e 以及滚道圆弧半径 R 等参数。

导程的大小是根据机床的加工精度要求确定的。精度要求高时,应将导程取小些,这样在一定的轴向力作用下,丝杠上的摩擦阻力较小。为了使滚珠丝杠副具有一定的承载能力,滚珠直径 d_b 不能太小。导程取小了,就势必将滚珠直径 d_0 取小,滚珠丝杠副的承载能力亦随之减小。若丝杠副的名义直径 d_0 不变,导程小,则螺旋升角 λ 也小,传动效率 η 也变小。因此导程的数值在满足机床加工精度的条件下,应尽可能取大些。

名义直径 d_0 与承载能力直接有关,有的资料推荐滚珠丝杠副的名义直径 d_0 应大于丝杠工作长度的 1/30。

数控机床常用的进给丝杠,名义直径 $d_0=\phi30\sim\phi80$ mm。

滚珠直径 d_b 应根据轴承厂提供的尺寸选用。滚珠直径 d_b 大,则承载能力也大,但在导程已确定的情况下,滚珠直径 d_b 受到丝杠相邻两螺纹间的凸起部分宽度所限制。在一般情况下,滚珠直径 $d_b\approx0.6L_0$。

设滚珠的工作圈数为 j 和滚珠总数为 N,由试验结果可知,在每一个循环回路中,各圈滚珠所受的轴向负载不均匀。第一圈滚珠承受总负载的 50%左右,第二圈约承受 30%;第三圈约为 20%。因此,滚珠丝杠副中的每个循环回路的滚珠工作圈数取为 $j=2.5\sim3.5$ 圈,工作圈数大于 3.5 无实际意义。

滚珠的总数 N,有关资料介绍不要超过 150 个。若设计计算时超过规定的最大值,则因流通不畅容易产生堵塞现象。若出现此种情况,可从单回路式改为双回路式或加大滚珠丝杠的名义直径 d_0 或加大滚珠直径 d_b 来解决。反之,若工作滚珠的总数 N 太少,将使得每个滚珠的负载加大,引起过大的弹性变形。

(3) 滚珠丝杠副的结构和轴向间隙的调整方法

各种不同结构的滚珠丝杠副,其主要区别是在螺纹滚道型面的形状、滚珠循环方式及轴向间隙的调整和预加负载的方法等三个方面。

① 螺纹滚道型面的形状及其主要尺寸

螺纹滚道型面的形状有多种,国内投产的仅有单圆弧型面和双圆弧型面两种。如图 2-63 所示,滚珠与滚道型面接触点法线与丝杠轴线的垂直线间之夹角称为接触角 β。

a. 单圆弧型面。如图 2-63(a)所示,通常滚道半径 R 稍大于滚珠半径 r_b,可取 $R=(1.04\sim1.11)r_b$。对于单圆弧型面的圆弧滚道,接触角 β 是随轴向负荷 F 的大小而变化。当$F=0$ 时,$\beta=0$。承载后,随 F 的增大 β 也增大,β 的大小由接触变形的大小决定。当接触角 β 增大后,传动效率 η、轴向刚度 J 以及承载能力随之增大。

b. 双圆弧型面。如图 2-63(b)所示,当偏心 e 决定后,只在滚珠直径 d_b 滚道内相切的两点接触,接触角 β 不变。两圆弧交接处有一小空隙,可容纳一些脏物,这对滚珠的流动有利。从有利于提高传动效率 η 和承载能力及流动畅通等要求出发，接触角 β 应选大些，但 β 过大，将使得制造较难(磨滚道型面)，建议取 $\beta=45°$，螺纹滚道的圆弧半径 $R=1.04r_b$ 或 $R=1.11r_b$。偏心距 $e=(R-r_b)\sin 45°=0.707(R-r_b)$。

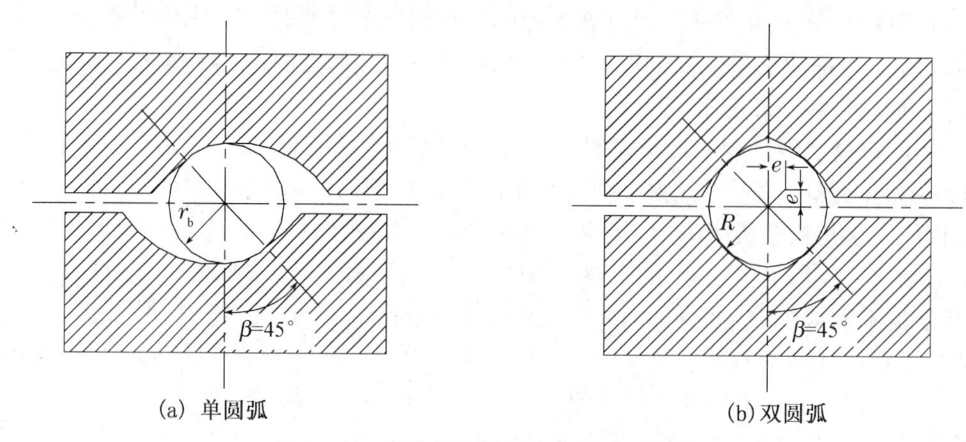

图 2-63　滚珠丝杠副螺纹滚道型面的截形

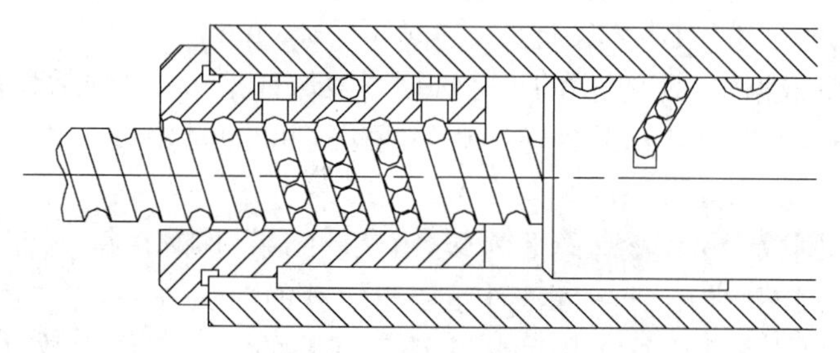

图 2-64　外循环滚珠丝杠

② 滚珠循环方式

目前国内外生产的滚珠丝杠副，可分为内循环及外循环两类。如图 2-64 所示为外循环螺旋槽式滚珠丝杠副，在螺母的外圆上铣有螺旋槽，并在螺母内部装上挡珠器，挡珠器的舌部切断螺纹滚道，迫使滚珠流入通向螺旋槽的孔中而完成循环。如图 2-65 所示为内循环滚珠丝杠副，在螺母外侧孔中装有接通相邻滚道的反向器，迫使滚珠翻越丝杠的齿顶而进入相邻滚道。通常在一个螺母上装有三个反向器(即采用三列的结构)，这三个反向器彼此沿螺母圆周相互错开 120°，轴向间隔为 4/3～7/3p(p 为螺距)；有的装两个反向器(即采用双列结构)，反向器错开 180°，轴向间隔为 3/2p。

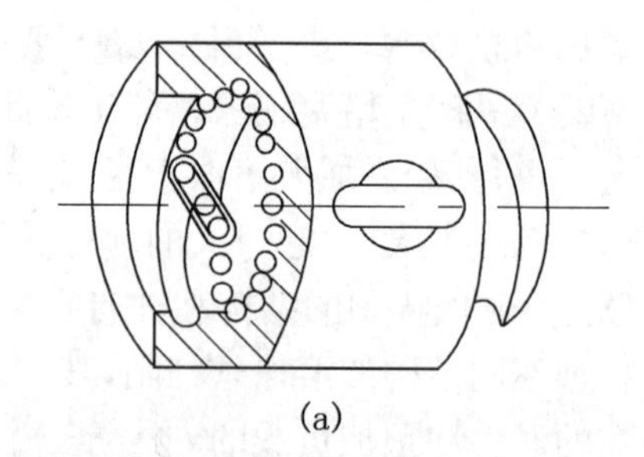

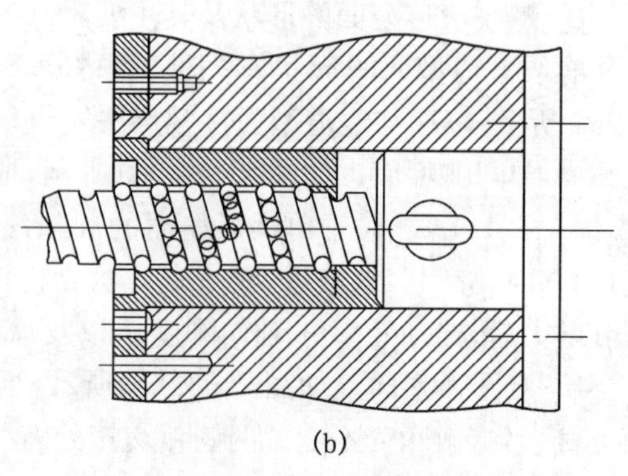

图 2-65　内循环滚珠丝杠

滚珠在进入和离开循环反向装置时容易

产生较大的阻力，而且滚珠在反向通道中的运动多属前珠推后珠的滑移运动，很少有“滚动”，因此滚珠在反向装置中的摩擦力矩 $M_{反}$ 在整个滚珠丝杠的摩擦力矩 M_t 中所占比重较大，而不同的循环反向装置由于回珠通道的运动轨迹不同，以及曲率半径的差异，因而 $M_{反}/M_t$ 比值不同，表 2-6 列出了国产滚珠丝杠副的几种不同循环反向方式的比较。

表 2-6　国产滚珠丝杠副不同循环方式的比较

循环方式	内循环		外循环	
	浮动式	固定式	插管式	螺旋槽式
JB 3162.1—82 部标代号	F	G	C	L
含义	在整个循环过程中，滚珠始终与丝杠螺纹的各滚切表面滚切和接触		滚珠循环反向时，离开丝杠螺纹滚道，在螺母体内或体外循环运动	
结构特点	循环滚珠链最短，螺母外径比外循环小，结构紧凑，反向装置刚性好，寿命长，扁圆型反向器的轴向尺寸短，制造工艺复杂		循环滚珠链较长，轴向排列紧凑，承载能力较强，径向尺寸较大	
	$M_{反}/M_t$ 最小	$M_{反}/M_t$ 不大	$M_{反}/M_t$ 较小	$M_{反}/M_t$ 较大
	具有较好的摩擦特性，预紧力矩为固定反向器的 1/3～1/4。在预紧时，预紧力矩 M_t 上升平缓	制造装配工艺性不佳，摩擦特性次于 F 型，优于 L 型	结构简单，工艺性优良，适合成批生产。回珠管可设计、制造成较理想的运动通道	在螺母体上的回珠螺旋槽与回珠孔不易准确平滑连接，拐弯处曲率变化较大，滚珠运动不平稳。挡珠机构刚性差，易磨损
适用场合	各种高灵敏、高刚度的精密进给定位系统。重载荷、多头螺纹、大导程不宜采用	各种高灵敏、高刚度的精密进给定位系统。重载荷、多头螺纹、大导程不宜采用	重载荷传动，高速驱动及精密定位系统。在大导程、小导程、多头螺纹中显示出独特优点	一般工程机械、机床。在高刚度传动和高速运转的场合不宜采用
备注	是内循环产品中有发展前途的结构	正逐渐被 F 型取代	是目前应用最广泛的结构	

③ 滚珠丝杠副轴向间隙的调整和施加预紧力的方法

滚珠丝杠副除了对本身单一方向的进给运动精度有要求外，对其轴向间隙也有严格的要求，以保证反向传动精度。滚珠丝杠副的轴向间隙，是负载在滚珠与滚道型面接触点的弹性变形所引起的螺母位移量和螺母原有间隙的总和。因此，要把轴向间隙完全消除相当困难。通常采用双螺母预紧的方法，把弹性变形量控制在最小限度内。目前制造的外循环单螺母的轴向间隙达 0.05 mm，而双螺母经加预紧力后基本上能消除轴向间隙。应用这一方法来消除轴向间隙时需注意以下两点：

a. 通过预紧力产生预拉变形以减少弹性变形所引起的位移时，该预紧力不能过大，否则会引起驱动力矩增大、传动效率降低和使用寿命缩短。

b. 要特别注意减小丝杠安装部分和驱动部分的间隙。

常用的双螺母消除轴向间隙的结构型式有以下三种。

垫片调隙式(图 2-66)。通常用螺钉来连接滚珠丝杠两个螺母的凸缘,并在凸缘间加垫片。调整垫片的厚度使螺母产生轴向位移,以达到消除间隙和产生预拉紧力的目的。这种结构的特点是构造简单、可靠性好、刚度高以及装卸方便。但调整费时,并且在工作中不能随意调整,除非更换厚度不同的垫片。

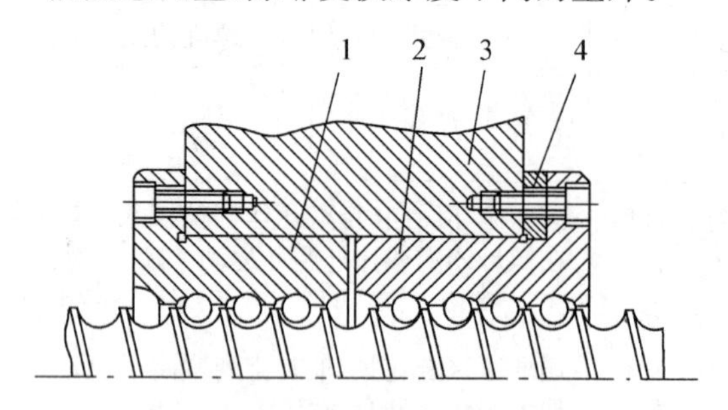

图 2-66　双螺母垫片调隙式结构

1、2—单螺母;3—螺母座;4—调整垫片

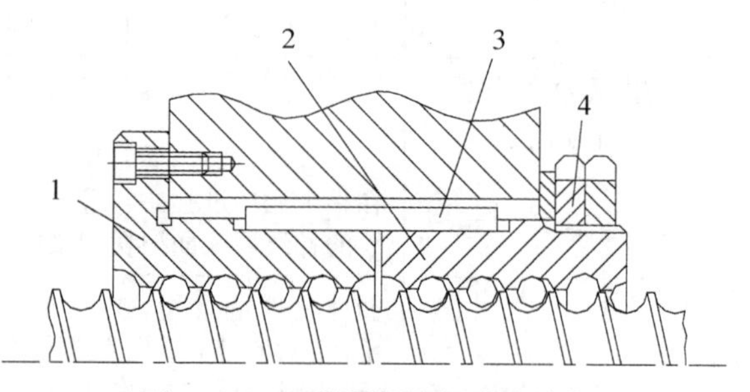

图 2-67　双螺母螺纹调隙式结构

1、2—单螺母;3—平键;4—调整螺母

螺纹调隙式(图 2-67)。其中一个螺母的外端有凸缘而另一个螺母的外端没有凸缘而制有螺纹,它伸出套筒外,并用两个圆螺母固定着。旋转圆螺母时,即可消除间隙,并产生预拉紧力,调整好后再用另一个圆螺母把它锁紧。

齿差调隙式(图 2-68)。在两个螺母的凸缘上各制有圆柱齿轮,两者齿数相差一个齿,并装入内齿圈中,内齿圈用螺钉或定位销固定在套筒上。调整时,先取下两端的内齿圈,当两个滚珠螺母相对于套筒同方向转动相同齿数时,一个滚珠螺母对另一个滚珠螺母产生相对角位移,从而使滚珠螺母对于滚珠丝杠的螺旋滚道相对移动,达到消除间隙并施加预紧力的目的。

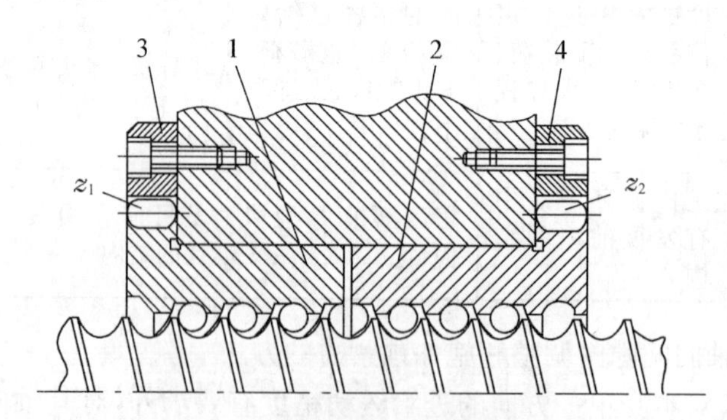

图 2-68　双螺母齿差调隙式结构

1、2—单螺母;3、4—内齿圈

除了上述三种双螺母加预紧力的方式外,还有单螺母变导程自预紧及单螺母钢球过盈预紧的方式。

各种预紧方式的特点及适用场合见表 2-7。

表2-7　国产滚珠丝杠副预加负荷方式及其特点

预加负荷方式	双螺母齿差预紧	双螺母垫片预紧	双螺母螺纹预紧	单螺母变导程自预紧	单螺母钢珠过盈预紧
JB 3162.1—82部标代号	C	D	L	B	—
螺母受力方式	拉伸式	拉伸式压缩式	拉伸式(外) 压缩式(内)	拉伸式($+\Delta L$) 压缩式($-\Delta L$)	—
结构特点	可实现0.002 mm以下精密微调，预紧可靠不会松弛，调整预紧力较方便	结构简单，刚性高，预紧可靠及不易松弛。使用中不便随时调整预紧力	预紧力调整方便，使用中可随时调整。不能定量微调螺母，轴向尺寸长	结构最简单，尺寸最紧凑，避免了双螺母形位误差的影响，使用中不能随时调整	结构简单，尺寸紧凑，不需任何附加预紧机构。预紧力大时，装配困难，使用中不能随时调整
调整方法	当需重新调整预紧力时，脱开差齿圈，相对于螺母上的齿在圆周上错位，然后复位	改变垫片的厚度尺寸，可使双螺母重新获得所需预紧力	旋转预紧螺母使双螺母产生相对轴向位移，预紧后需锁紧螺母	拆下滚珠螺母，精确测量原装钢珠直径，然后根据预紧力需要，重新更换装入大若干微米的钢球	拆下滚珠螺母，精确测量原装钢珠直径，然后根据预紧力需要，重新更换装入大若干微米的钢球
适用场合	要求获得准确预紧力的精密定位系统	高刚度、重载荷的传动定位系统，目前用得较普遍	不要求得到准确地预紧力，但希望随时可调节预紧力大小的场合	中等载荷对预紧力要求不大，又不经常调节预紧力的场合	
备注				我国目前刚开始发展的结构	双圆弧齿形钢球四点接触，摩擦力矩较大

(4) 滚珠丝杠副的精度

滚珠丝杠副的精度等级为1、2、3、4、5、7、10级精度，代号分别为1、2、3、4、5、7、10。其中1级为最高，依次逐级降低。

滚珠丝杠副的精度包括各元件的精度和装配后的综合精度，其中包括导程误差、丝杠大径对螺纹轴线的径向圆跳动、丝杠和螺母表面粗糙度、有预加载荷时螺母安装端面对丝杠螺纹轴线的圆跳动、有预加载荷时螺母安装直径对丝杠螺纹轴线的径向圆跳动以及滚珠丝杠名义直径尺寸变动量等。

在开环数控机床和其他精密机床中，滚珠丝杠的精度直接影响定位精度和随动精度。对于闭环系统的数控机床，丝杠的制造误差使得它在工作时负载分布不均匀，从而降低承载能力和接触刚度，并使预紧力和驱动力矩不稳定。因此，传动精度始终是滚珠丝杠最重要的质量指标。

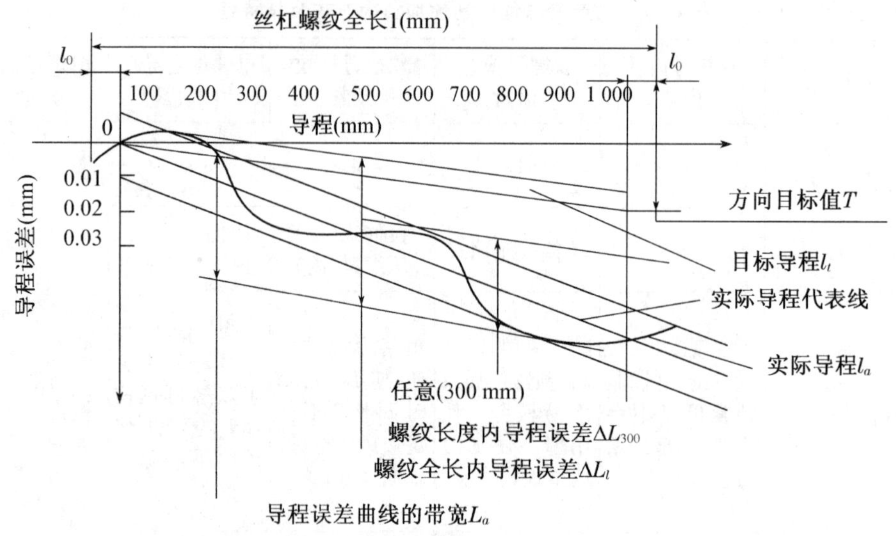

(a) 任意300 mm螺纹长度内，螺纹全长内导程误差曲线的带宽

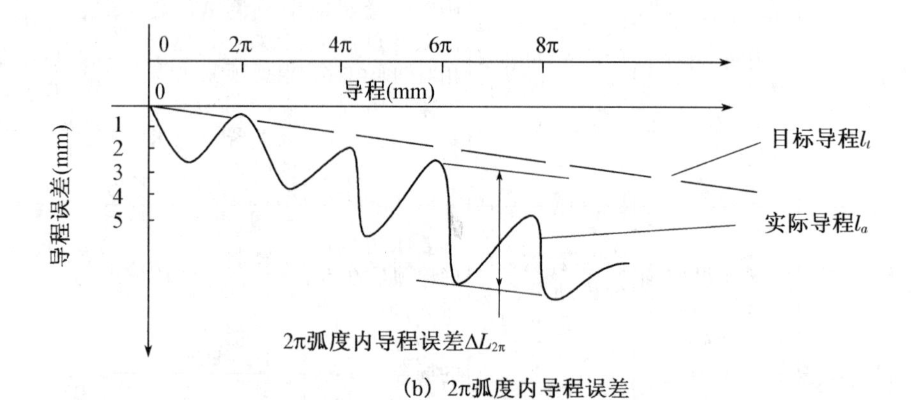

(b) 2π弧度内导程误差

图 2-69 当方向目标值 T 不等于零时的导程误差值

滚珠丝杠导程误差曲线如图 2-69 所示。考虑到滚珠丝杠测量时是在标准温度下进行的，而实际工作温度下会产生一定的温升热变形，因而在衡量导程误差时需引入一个目标导程值。例如，设滚珠丝杠在工作温度下比测量温度下在测量长度内共伸长为 T(mm)，则以此值定为方向目标值，以图 2-69(a)所示的虚线(目标导程 l_t)作为误差比较的标准，即若实际导程曲线是虚线时表示没有导程误差。实际导程 l_a 是指制造的实测导程曲线。用最小二乘法可求得在导程误差图上代表实际导程总倾向的直线——实际导程代表线，它允许近似地在测量长度内实际导程首尾两点的连线来代替。导程差异 ΔL 是实际导程相对于理论导程(目标导程)的差值，它包括 2π 弧度内的导程误差 $\Delta L_{2\pi}$。任意 300 mm 螺纹长度内的导程误差 ΔL_{300}，螺纹全长内的导程误差 ΔL_l。导程误差曲线带宽 L_b 是在导程误差图上，实际导程相对于实际导程代表线的最大正值与最大负值绝对值之和。

(5) 滚珠丝杠副的标注方法

滚珠丝杠副的型号根据其结构、规格、精度和螺纹旋向等特征按下列格式编写。

[循环方式] [预紧方式] [公称直径]×[基本导程]-[负荷滚珠总圈数]-[精度等级] [螺纹旋向]

循环方式代号见表 2－6，预紧方式代号见表 2－7。

负荷滚珠总圈数为 1.5、2、2.5、3、3.5、4、4.5、5 圈，代号分别为 1.5、2、2.5、3、3.5、4、4.5、5。

螺旋旋向为左、右旋，只标左旋代号为 LH，右旋不标。

滚珠螺纹的代号用 GQ 表示，标注在公称直径前，如 GQ50×8－3

【例】 CTC63×10－3.5－3.5/2 000×1 600 表示为插管突出式外循环(CT)，双螺母齿差预紧(C)的滚珠丝杠副，公称直径 63 mm，基本导程 10 mm，负荷滚珠总圈数 3.5 圈，精度等级 3.5 级，螺纹旋向为右旋，丝杠全长为 2 000 mm，螺纹长度为 1 600 mm。

滚珠丝杠及螺母零件图上螺纹尺寸的标注方法如图 2－70 所示。"GQ"为滚珠丝杠螺纹的代号，50 为公称直径(ϕ50 mm)，8 表示基本导程为 8 mm，2 为精度等级，左旋螺纹应在最后标"LH"字，右旋不标。

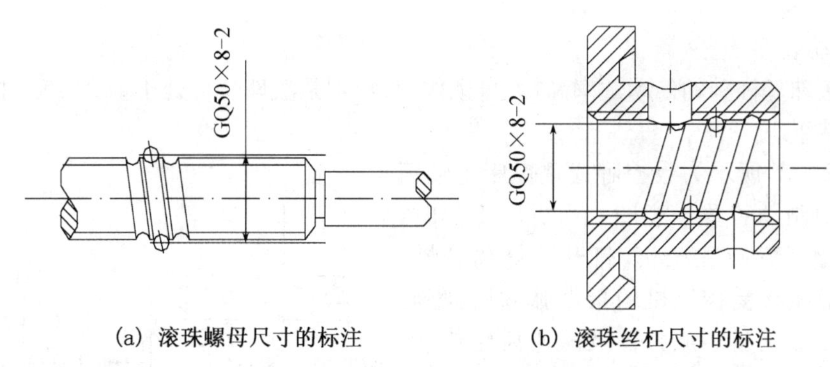

(a) 滚珠螺母尺寸的标注　　(b) 滚珠丝杠尺寸的标注

图 2－70　滚珠丝杠副尺寸的标注

(6) 滚珠丝杠副在机床上的安装方式

① 支承方式

螺母座、丝杠的轴承及其支架等刚性不足，将严重地影响滚珠丝杠副的传动刚度。因此，螺母座应有加强肋，以减少受力后的变形，螺母座与床身的接触面积宜大，其连接螺钉的刚度也应高，同时定位销要紧密配合，不能松动。

滚珠丝杠常用推力轴承支承，以提高轴向刚度(当滚珠丝杠的轴向负载很小时，也可用深沟球轴承支承)，滚珠丝杠的支承方式有以下几种：

a. 一端装推力轴承，如图 2－71(a)所示。这种安装方式只适用于短丝杠，它的承载能力小、轴向刚度低，一般用于数控机床的调节环节或升降台式数控机床的立向(垂直)坐标中。

b. 一端装推力轴承，另一端装深沟球轴承，如图 2－71(b)所示。当滚珠丝杠较长时，一端装推力轴承固定外，另一自由端装深沟球轴承。应将推力轴承远离液压马达热源及丝杠上的常用段，以减少丝杠热变形的影响。

c. 两端装推力轴承，如图 2－71(c)所示。把推力轴承装在滚珠丝杠的两端，并施加预紧拉力，这样有助于提高刚度，但这种安装方式对丝杠的热变形较为敏感。

d. 两端装推力轴承及深沟球轴承，如图 2－71(d)所示。为使丝杠具有较大刚度，它的两端可用双重支承，即推力轴承加深沟球轴承，并施加预紧拉力。这种结构方式可使丝杠的温度变形转化为推力轴承的预紧力，但设计时要求提高推力轴承的承载能力和支架刚度。

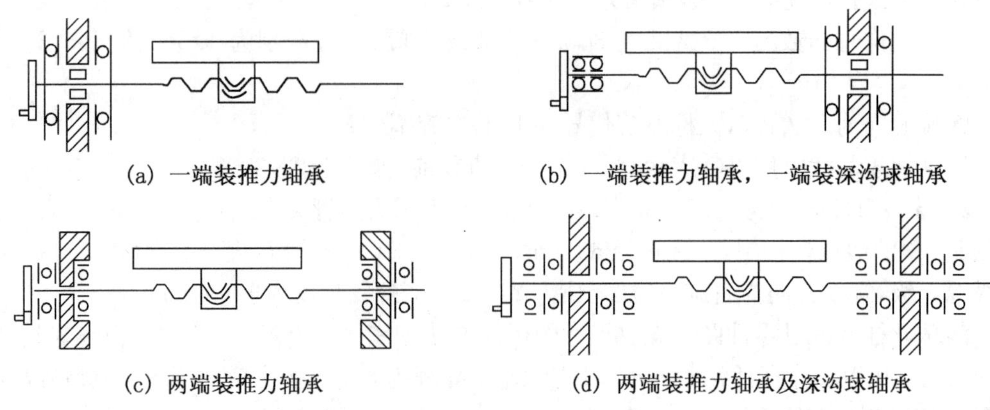

图 2－71　滚珠丝杠在机床上的支承方式

② 制动装置

由于滚珠丝杠副的传动效率高，无自锁作用(特别是滚珠丝杠处于垂直传动时)，故必须装有制动装置。

如图 2－72 所示为数控卧式铣镗床主轴箱进给丝杠的制动装置示意图。当机床工作时，电磁铁线圈通常吸住压簧，打开摩擦离合器。此时步进电机接受控制机的指令脉冲后，将旋转运动通过液压扭矩放大器及减速齿轮传动，带动滚珠丝杠副转换为主轴箱的立向(垂直)移动。当步进电机停止转动时，电磁铁线圈亦同时断电，在弹簧的作用下摩擦离合器压紧，使得滚珠丝杠不能自由转动，主轴箱就不会因自重而下沉了。

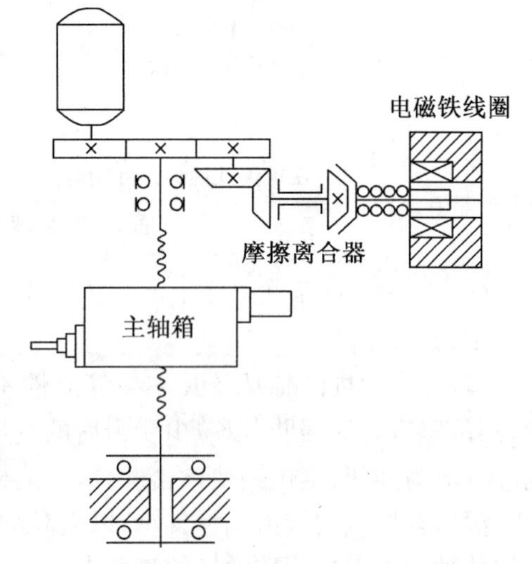

图 2－72　数控卧式铣镗主轴箱进给丝杠的制动装置示意图

超越离合器有时也用作滚珠丝杠的制动装置。

(7) 滚珠丝杠副的润滑与密封

滚珠丝杠副也可用润滑剂来提高耐磨性及传动效率。润滑剂可分为润滑油及润滑脂两大类。润滑油为一般机油或 90～180 号透平油或 140 号主轴油。润滑脂可采用锂基油脂。润滑脂加在螺纹滚道和安装螺母的壳体空间内，而润滑油则经过壳体上的油孔注入螺母的空间内。

滚珠丝杠副常用防尘密封圈和防护罩。

① 密封圈

密封圈装在滚珠螺母的两端。接触式的弹性密封圈系用耐油橡皮或尼龙等材料制成，其内孔制成与丝杠螺纹滚道相配合的形状。接触式密封圈的防尘效果好，但因有接触压力，使摩擦力矩略有增加。

非接触式的密封圈系用聚氯乙烯等塑料制成，其内孔形状与丝杠螺纹滚道相反，并略有间隙，非接触式密封圈又称迷宫式密封圈。

② 防护罩

防护罩能防止尘土及硬性杂质等进入滚珠丝杠。防护罩的形式有锥形套管、伸缩套管、也有折叠式(手风琴式)的塑料或人造革防护罩，也有用螺旋式弹簧钢带制成的防护罩连接在滚珠丝杠的支承座及滚珠螺母的端部，防护罩的材料必须具有防腐蚀及耐油的性能。

3. 静压丝杠螺母副机构

(1) 工作特点和应用

静压丝杠螺母副(简称静压丝杠，或静压螺母，或静压丝杠副)是在丝杠和螺母的螺纹间维持一定厚度，且有一定刚度的压力油膜。当丝杠转动时，即通过油膜推动螺母移动，或作相反的传动。

我国于1970年开始在数控非圆齿轮插齿机上，随后又在螺纹磨床、高精度滚刀铲磨机床和大型精密车床上应用静压丝杠。

静压丝杠的主要优点：

① 摩擦系数小，仅为0.000 5。比滚珠丝杠(摩擦系数一般为0.002～0.005)的摩擦损失小。因起动力矩很小，故有利于保证传动灵敏性，避免爬行，提高和长期保持运动精度。

② 因油膜层具有一定的刚度，故可大大减小反向时的传动间隙。

③ 油膜层可以吸振，且由于油液不断地流动，故可减少丝杠因其他热源引起的热变形，有利于提高机床的加工精度和表面粗精度。

④ 油膜层介于丝杠螺纹和螺母螺纹之间，对于丝杠的传动误差能引起到“均化”作用，即丝杠的传动误差可比丝杠本身的制造误差还小。

⑤ 承载能力与供油压力成正比，而与转速无关。提高供油压力即可提高承载能力。

静压丝杠的缺点：

① 对原无液压系统的机床，需增加一套供油系统。且静压系统对于油液的清洁程度要求较高。

② 有时需考虑必要的安全措施，以防供油突然中断时造成不良后果。

(2) 工作原理和结构类型

① 工作原理

静压丝杠螺母副与静压轴承的工作原理相同。它可看成一个带螺旋面的静压推力轴承，油腔开在螺母的螺旋面两侧(图2-73)。在丝杠和螺母的螺纹根部均开有回油槽，由螺母两端回油，然后通过其他装置将油导回油箱。

液压泵供出的油经精密过滤后，再经节流器进入油腔。设进入节流器前的压力为 P_H，经节流器后的压力为 P_i(油腔压力)当无外载荷时，螺母两侧的间隙相等，即 $h_1=h_2=h$。因此从两侧油腔流出的流量相等，故两侧油腔中的压力也相等，即 $p_1=p_2=p$。这时丝杠螺纹处于螺母螺纹的中间位置，呈平衡状态。

当丝杠副受轴向力 F 时，受压一侧的间隙减小，使其油腔压力 P_2 增大；相反一侧的间隙增大，其油腔压力 P_1 降低，故形成压力差 $\Delta P=P_2-P_1$，以平衡轴向力，平衡条件的近似公式为

$$F=(P_2-P_1)Anz$$

式中：F——轴向外载荷；

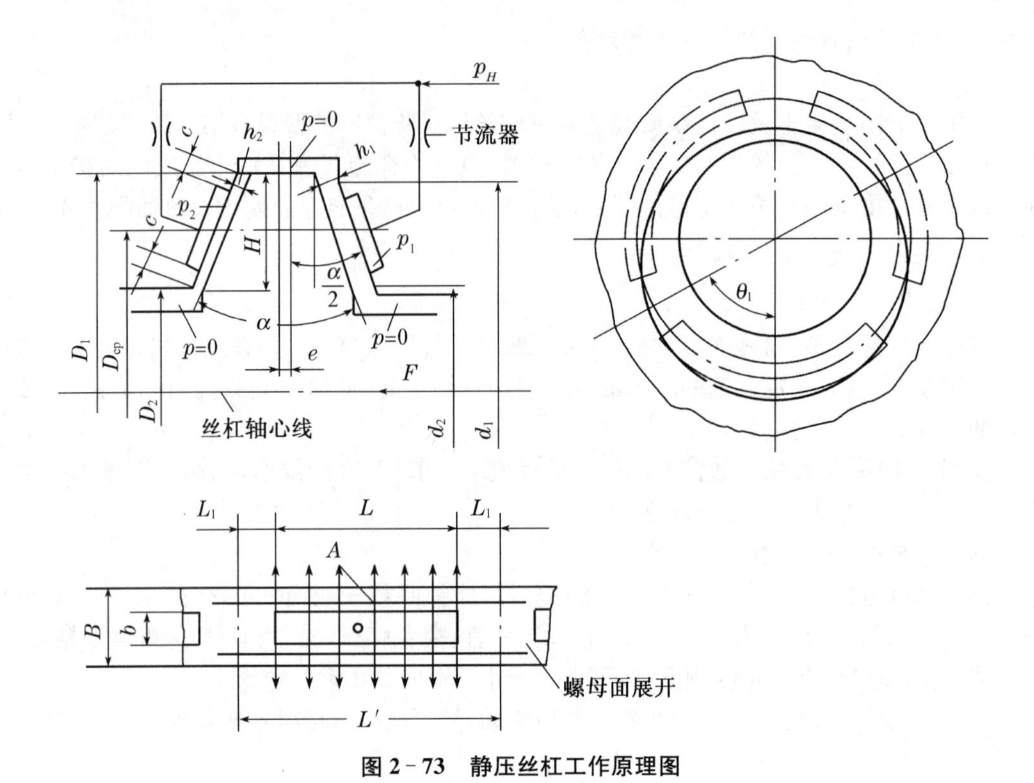

图 2-73　静压丝杠工作原理图

P_2、P_1——油腔压力；

A——单个油腔在丝杠轴心线垂直面上的有效承载面积；

$$A=\frac{\pi(d_1^2-d_2^2)}{4n}$$

n——每扣螺纹单侧油腔数；

Z——螺母的有效扣数；

d_1、d_2——有效承载直径；$d_1=D_1-C\cos\frac{\alpha}{2}$；

$$d_2=D_2+C\cos\frac{\alpha}{2};$$

D_1、D_2——丝杠的外径和螺母的内径；

C——封油边宽度：$C=\frac{B-b}{2}$；

B——螺纹面宽度：$B=\frac{H}{\cos\frac{\alpha}{2}}$；

H——螺纹工作高度；

b——油腔宽度；

α——螺纹轴向截面上的牙形角。

② 结构类型

按油控开在螺纹面上的形式和节流控制方式的不同，目前机床上采用的静压丝杠有以

下三种:

a. 在螺纹面中径上开一条连通的螺旋沟槽油腔。每一侧油腔只用一个节流器控制称为集中阻尼节流。其结构示意如图2-74所示。这种形式的静压丝杠基本上不能承受径向载荷和颠覆力矩。

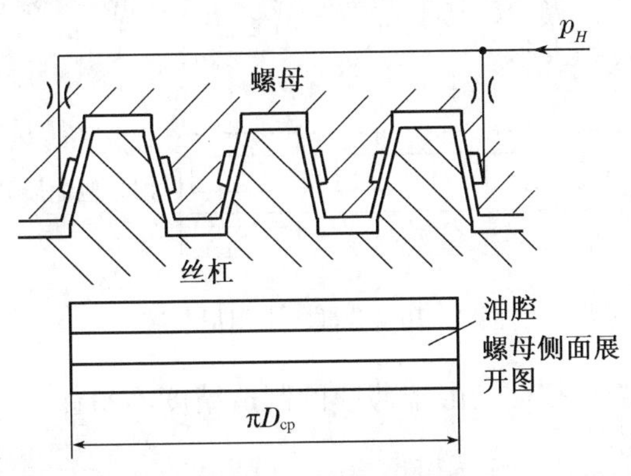

图2-74 集中阻尼节流

b. 在螺纹面每侧中径上开3～4个油腔,每个油腔用一个节流器控制称为分散阻尼节流。其结构示意如图2-75所示。这种形式的静压丝杠具有一定的径向承载能力和抗颠覆力矩能力,但节流器的数目较多,结构较复杂,制造和安装困难。

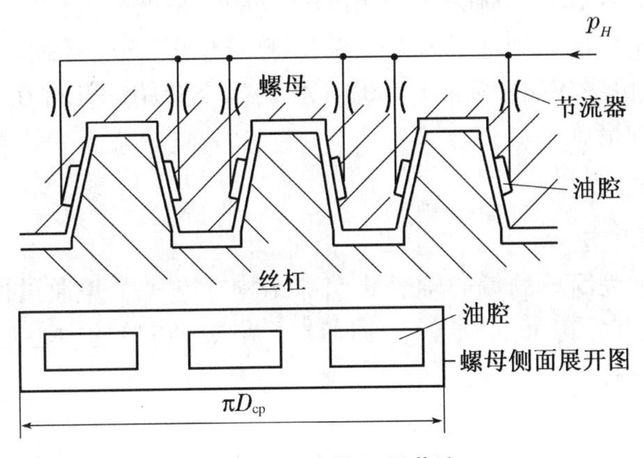

图2-75 分散阻尼节流

c. 在螺纹面每侧中径上开3～4个油腔,将分布于同侧、同方位上的油腔用一个节流器控制称为分散集中阻尼节流。其结构示意如图2-76所示。这种形式的静压丝杠具有一定的径向承载能力和抗颠覆力矩能力。节流器的数量较少(一般6～8个节流器),制造和安装较方便,使用可靠。

按节流形式不同,目前机床上采用的静压丝杠有以下两种:

a. 毛细管节流式(属于固定节流)。结构简单、调试方便、使用可靠、性能稳定,节流器制造也简便,主要用于中、小型机床,目前国内应用较多。但此种节流方式对油液的清洁程度要求较高。实践证明:当油温超过40℃以上时,油膜刚度有下降的趋势。

b. 薄膜双面反馈式(属于可变节流)。油膜刚度较高,适用于大型重载机床。此种节流

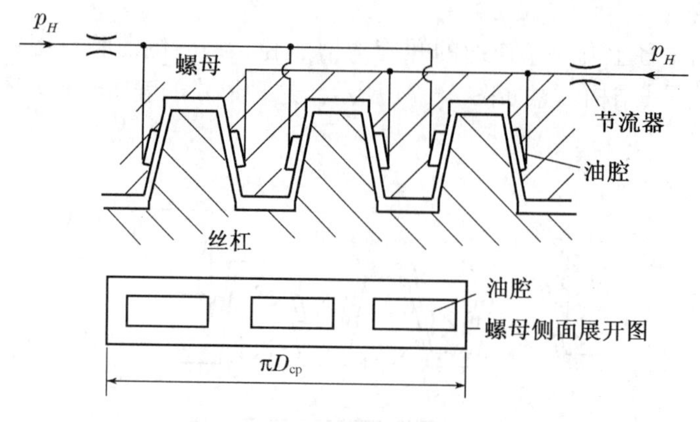

图 2-76　分散集中阻尼节流

方式对油液的清洁程度要求较低。由于薄膜的制造精度不易保证，调整费事，往往影响使用。目前国内应用尚少。

2.8.3　齿轮传动间隙的消除措施

数控机床进给系统经常处于自动变向状态，反向时如果驱动链中的齿轮等传动副存在间隙，就会使进给运动的反向滞后于指令信号，从而影响其驱动精度。因此必须采取措施消除齿轮传动中的间隙，以提高数控机床进给系统的驱动精度。

齿轮在制造中不可能达到理想齿面的要求，总是存在着一定的误差，因此两个啮合着的齿轮，应有微量的齿侧隙才能使齿轮正常地工作。以下介绍的几种在实践中行之有效的消除齿轮传动中侧隙的措施。

1. 圆柱齿轮传动

(1) 偏心轴套调整法

如图 2-77 所示为简单的偏心轴套式消隙结构。电机 1 是通过偏心轴套 2 装到壳体上，通过转动偏心轴套的转角，就能够方便地调整两啮合齿轮的中心距，从而消除了圆柱齿轮正、反转时的齿侧隙。

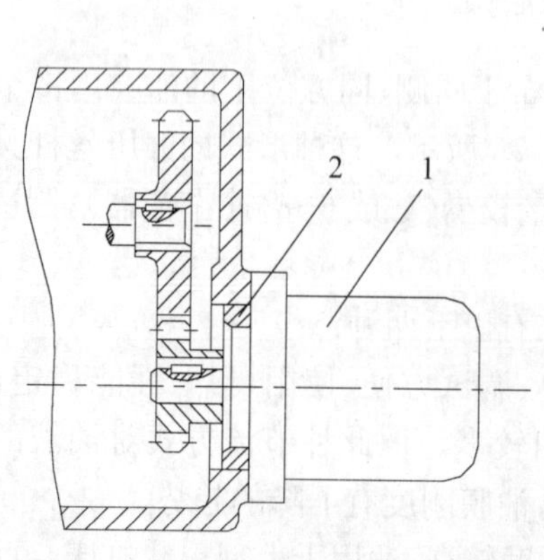

图 2-77　偏心轴套式消除间隙结构

1—电动机；2—偏心轴套

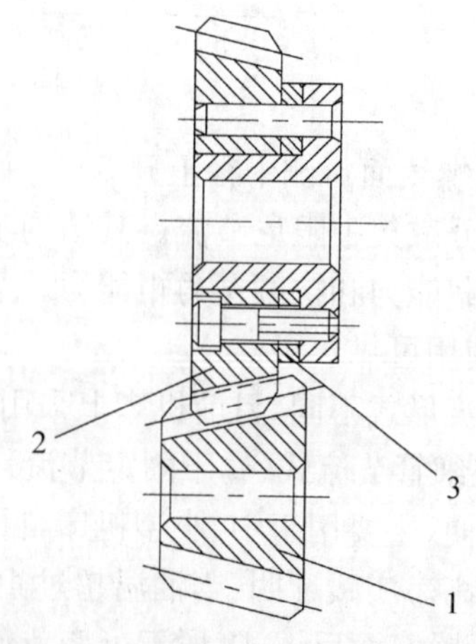

图 2-78　带锥度齿轮的消除间隙结构

1、2—齿轮；3—垫片

(2) 锥度齿轮调整法

如图2-78所示是用带有锥度的齿轮来消除间隙的机构。在加工齿轮1和2时,将假想的分度圆柱面改变成带有小锥度的圆锥面,使其齿厚在齿轮的轴向稍有变化(其外形类似于插齿刀)。装配时只要改变垫片3的厚度就能调整两个齿轮的轴向相对位置,从而消除了齿侧间隙。但如增大圆锥面的角度,则将使啮合条件恶化。

以上两种方法的特点是结构简单,但齿侧隙调整后不能自动补偿。

(3) 双向薄齿轮错齿调整法

采用这种消除齿侧隙的一对啮合齿轮中,其中一个是宽齿轮,另一个由两相同齿数的薄片齿轮套装而成,两薄片齿轮可相对回转。装配后,应使一个薄片齿轮的齿左侧和另一个薄片齿轮的齿右侧分别紧贴在宽齿轮的齿槽左、右两侧,这样错齿后就消除了齿侧隙,反向时不会出现死区。图2-79所示为圆柱薄片齿轮可调拉簧错齿调整结构。

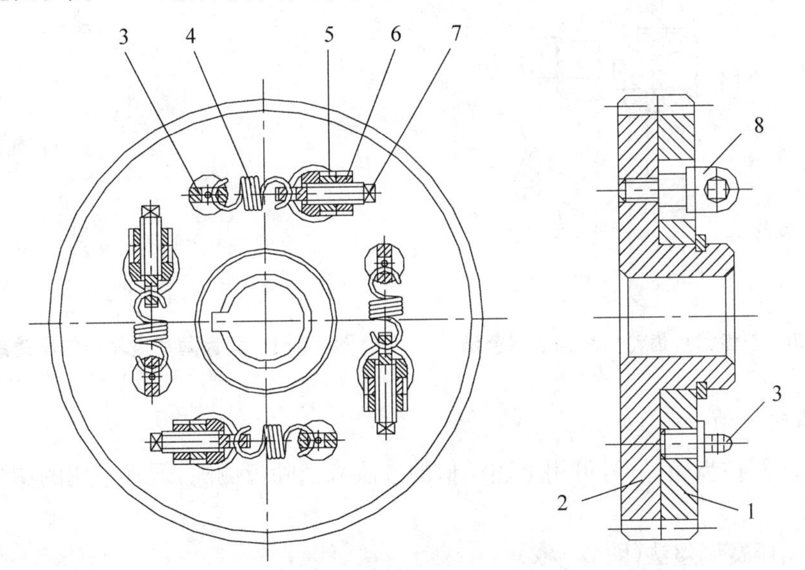

图2-79　圆柱薄片齿轮可调拉簧错齿调整法

1、2—齿轮;3、8—凸耳;4—弹簧;5、6—螺母;7—螺钉

在两个薄片齿轮1和2的端面均匀分布着四个螺孔,分别装上凸耳3和8。齿轮1的端面还有另外四个通孔,凸耳8可以在其中穿过。弹簧4的两端分别钩在凸耳3和调整螺钉7上,通过螺母5调节弹簧4的拉力,调节完毕用螺母6锁紧。弹簧的拉力使薄片齿轮错位,即两个薄片齿轮的左右齿面分别紧贴在宽齿轮齿槽的左右齿面上,从而消除了齿侧间隙。

2. 斜齿轮传动

斜齿轮传动齿侧隙的消除方法基本上与上述错齿调整法相同,也是用两个薄片齿轮和一个宽齿轮啮合,只是在两个薄片斜齿轮的中间隔开一小段距离,这样它的螺旋线便错开了。图2-80所示是垫片错齿调整法,薄片齿轮由平键和轴连接,互相不能相对回转。斜齿轮1和2的齿形拼装在一起加工。装配时,将垫片厚度增加或减少Δt,然后再用螺母拧紧。这时两齿轮的螺旋线就产生了错位,其左右两齿面分别与宽齿轮的齿面贴紧,从而消除了间隙。垫片厚度的增减量Δt可以用下式计算:

$$\Delta t=\Delta\cos\beta$$

式中:Δ——齿侧间隙;

β——斜齿轮的螺旋角。

垫片的厚度通常由试测法确定,一般要经过几次修磨才能调整好,因而调整较费时,且齿侧隙不能自动补偿。

图 2-81 所示是轴向压簧错齿调整法,其特点是齿侧隙可以自动补偿,但轴向尺寸较大,结构不紧凑。

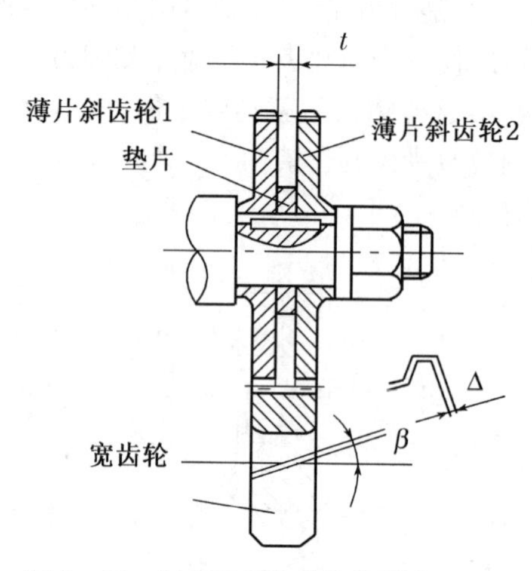

图 2-80　斜齿薄片齿轮垫片错齿调整法

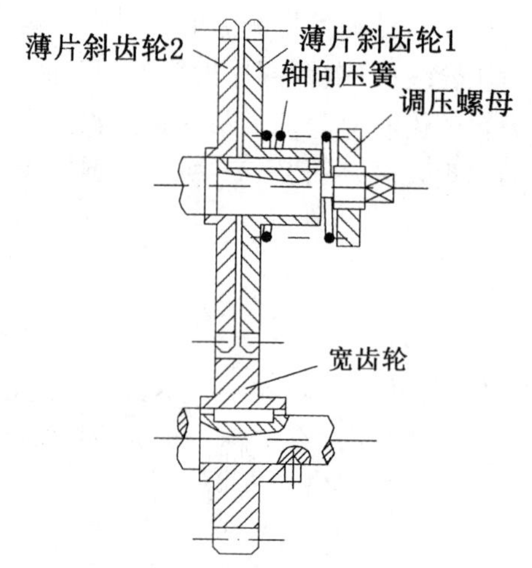

图 2-81　斜齿薄片齿轮轴向压簧错齿调整法

3. 锥齿轮传动

锥齿轮同圆柱齿轮一样,可用上述类似的方法来消除齿侧隙,通常采用的调整方法有下列两种。

(1) 轴向压簧调整法(图 2-82)

两个啮合着的锥齿轮 1 和 5,再其中一个锥齿轮 1 的传动轴 4 上装有压簧 2,该锥齿轮在弹簧力的作用下,可稍做轴向移动,从而消除齿侧隙。弹簧力的大小可用螺母 3 调节。

(2) 周向弹簧调整法(图 2-83)

将一对啮合锥齿轮中的一个齿轮做成大小两片 1 和 2,在大片锥齿轮 1 上制有三个周向圆弧槽 4,而在小片锥齿轮 2 的端面上制有三个凸爪 8,凸爪 8 伸入大片锥齿轮 1 的圆弧槽 4 中,弹簧 6 的一端顶在凸爪 8 上;而其另一端顶在镶块 5 上;螺钉 7 是装配时用的,安装完毕后需将螺钉 7 卸去,利用弹簧力使大片锥齿轮 1 和小片锥齿轮 2 稍微错开,从而达到消除齿侧隙的目的。

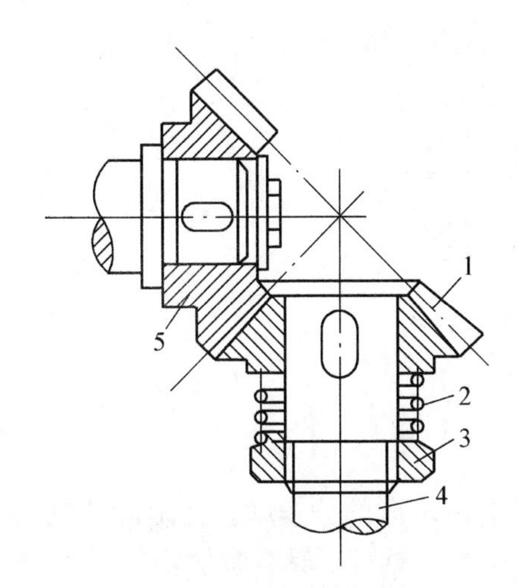

图 2-82　锥齿轮轴向压簧调整法

1、5—锥齿轮；2—压簧；
3—螺母；4—传动轴

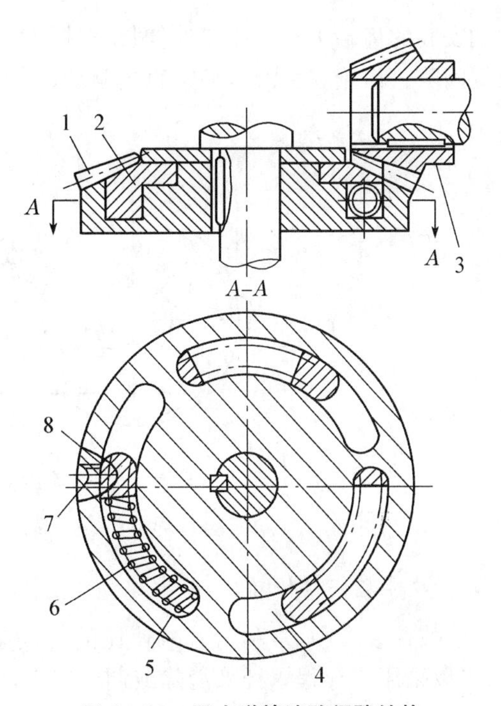

图 2-83　压力弹簧消除间隙结构

1、2—大小锥齿轮轮片；3—啮合锥齿轮；4—圆弧槽；
5—镶块；6—弹簧；7—螺钉；8—凸爪

4. 齿轮齿条传动

在大型数控机床(如大型数控龙门铣床)中，工作台的行程很大，因此，它的进给运动不宜采用滚珠丝杠副实现，因太长的丝杠易下垂，将影响到它的螺距精度及工作性能，此外，其扭矩刚度也相应下降，故常用齿轮齿条传动。当驱动负载小时，可采用双片薄齿轮错齿调整法，分别与齿条齿槽左、右两侧贴紧，而消除齿侧隙。图 2-84是这种消除间隙方法的原理图。进给运动由轴 2 输入，通过两对斜齿轮将运动传给轴 1 和轴 3，然后由两个直齿轮 4 和 5 去传动齿条，带动工作台移动，轴 2 上两个斜齿轮的螺旋线方向相反。如果通过弹簧在轴 2 上作用一个轴向力 F，则使斜齿轮产成微量的轴向移动，这时轴 1 和 3 便以相反的方向转过微小的角度，使齿轮 4 和 5 分别与齿条的两齿面贴紧，消除了间隙。当驱动负载大时，可采用双齿轮 1 和 6(图 2-85)分别与齿条 7 啮合，并用预紧力装置 4 在齿轮 3 上预加负载，于是齿轮 3 使其左、右相啮合的齿轮 2 和 5 向外伸长，则分别与齿轮 2 和 5

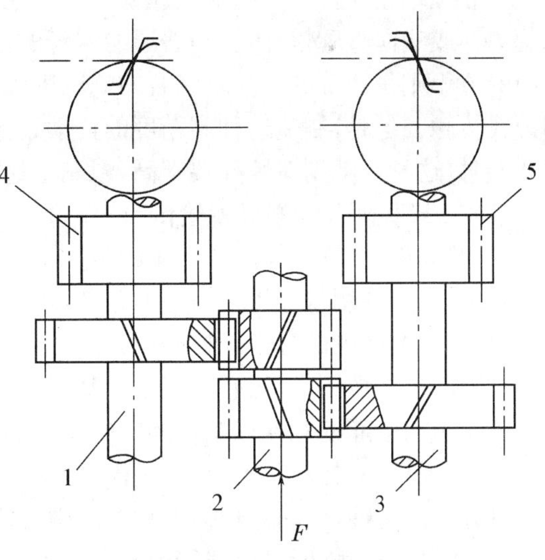

图 2-84　双齿轮消除间隙原理

1、2、3—轴；4、5—直齿轮

同轴安装的齿轮 1 和 6 亦向外伸长，这样就能分别与齿条 7 上齿槽的左侧及右侧相应贴紧而无间隙。齿轮 3 由液压马达直接驱动(图中未指出)。

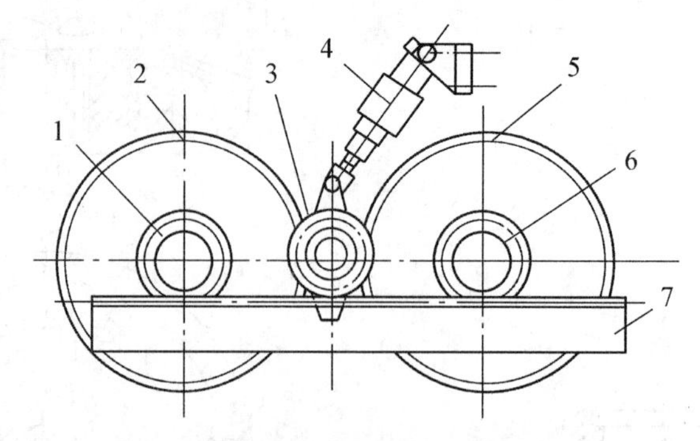

图 2-85　齿轮齿条传动的齿侧隙消除法

1、2、3、5、6—齿轮；4—预紧力装置；7—齿条

5. 双导程蜗杆传动

在数控装置中，常利用大减速比的传动副传动，以提高机床的分辨率。为提高传动精度，可以采用双导程蜗杆来消除或调整传动副的间隙。双导程蜗杆是具有微量差左、右侧不等螺距的蜗杆(同一侧仍是相等的)，使得蜗杆的齿厚从原始计算剖面向一端线性地增厚，而相反的一端齿厚线性地减薄，因而可用轴向移动蜗杆的方法来消除或调整传动副的间隙。按啮合原理不同，可分为两种不同的型式。

(1) 双导程蜗轮蜗杆传动

双导程蜗轮蜗杆传动的啮合原理。与普通蜗轮蜗杆传动无本质差别。其蜗杆可为阿基米德蜗杆或法向直廓蜗杆，它与普通的蜗杆的区别在于左、右齿面具有不等的节距，而同侧齿面的节距则是相等的。与之啮合的蜗轮则和普通蜗杆一样。双导程蜗轮蜗杆之间的接触仍为线接触。但是，制造这种高精度的传动副比较费事，它需要专用的高精度双导程蜗轮滚刀。同时，这种传动副对装配要求高，限制了这种传动副应用。

(2) 双导程渐开线蜗杆齿轮传动

双导程渐开线蜗杆齿轮传动副的本质是一对渐开线螺旋齿轮传动副。它的蜗杆是一个渐开线蜗杆，并利用双导程变齿厚的原理，蜗杆左、右两侧的导程不相等(即其轴向模数不相等)，因而左、右两侧的分度圆柱螺旋升角也不相等；与渐开线蜗杆啮合的是一个斜齿轮，并且两齿侧面的模数、分度圆柱螺旋角和基圆直径都相等，即它与普通斜齿轮没有什么区别。这种传动副与普通的双导程蜗杆蜗轮副相比的优点是：制造方便，不需要制造高精度的专用蜗轮滚刀；蜗杆和斜齿轮都可采用硬齿面，最后用磨齿方法可得到高精度；由于渐开线齿轮传动可分性的特性，因而对箱体上轴线的中心距和轴交角误差不敏感。但它是螺旋齿轮传动、齿面间是点接触，所以承载能力不高。因此，双导程渐开线蜗杆齿轮副仅适用于负载不大的精密数控装置中。

2.8.4　数控机床的导轨

机床导轨的作用是使机床运动部件沿一定的运动轨迹运动，它是机床的主要基本结构要素之一。机床的加工精度和使用寿命很大程度上取决于机床导轨的质量。机床导轨应满足的基本要求是:导向精度高;耐磨性好,精度保持性好;摩擦阻力小,运动平稳;结构简单,便于加工、装配、调整和维修。而对于数控机床导轨,尤其是数控机床进给运动导轨则应有更高要求。如高速进给时不振动,低速进给时不爬行,有高的运动灵敏性;能在重载下长期连续工作,耐磨性好,精度保持性好等。现代数控机床使用的导轨,从类型上仍是滑动导轨、滚动导轨、和静压导轨,但在导轨材料和结构上已发生了质的变化,与普通机床导轨有着显著的不同。为提高机床的伺服进给的精度和定位精度,数控机床使用的导轨都具有较低的摩擦系数和有利于消除低速爬行的摩擦特性。下面具体介绍几种数控机床常用的导轨。

1. 塑料滑动导轨

在现代数控机床上,传统的铸铁—铸铁、铸铁—镶钢导轨已不再采用,广泛采用的是铸铁—塑料、镶钢—塑料滑动导轨。塑料导轨都作为导轨副中短的动导轨,长的支承导轨为铸铁或钢质。用于导轨的铸铁牌号为HT300;表面淬火,硬度至45~50HRC;表面磨削加工,表面粗糙度至Ra0.20~0.10 μm;多用于铸造床身、立柱或龙门等的场合,为提高支承导轨的耐磨性以及结构原因(如焊接床身),也采用镶装钢导轨。镶装钢导轨多采用将淬硬的钢导轨块用螺钉固定在支承件上,镶装钢导轨在修理时能迅速地更换磨损了的导轨块;钢导轨常用55号钢、40Cr或合金钢GCr15、GCr15SiMn等;表面淬硬或全淬,硬度为52~58HRC;也采用表面磨削加工。对于导轨塑料,目前常采用的、性能好的是聚四氟乙烯带导轨软带和环氧型耐磨导轨涂层两类。

(1) 聚四氟乙烯导轨软带

聚四氟乙烯导轨软带是塑料导轨中最成功、性能最好的一种。它是以聚四氟乙烯为基体,加入青铜粉、二硫化钼和石墨等充填剂混合烧结,并做成软带状。聚四氟乙烯导轨软带具有下述特点:

① 摩擦特性好。铸铁—淬火钢导轨副的静、动摩擦系数相差较大,而金属—聚四氟乙烯导轨软带的静、动摩擦系数基本不变。良好的摩擦特性使聚四氟乙烯塑料导轨能防止低速爬行,使运动平稳,定位精度高,并运动灵敏。

② 耐磨性好。除摩擦系数低外,聚四氟乙烯导轨软带材料中含有青铜、二硫化钼和石墨,因此本身即具有自润滑作用,对润滑油的供油量要求不高,采用间歇式供油即可。此外,塑料质地较软,即便嵌入金属碎屑、灰尘等,也不致损伤金属导轨面和软带本身,可延长导轨副使用寿命。

③ 减振性好。塑料的阻尼性能好,具有吸收振动的能力,减小振动和降低噪声,对提高摩擦副的相对运动速度有利。

④ 工艺性好。可降低对粘贴塑料软带的金属基体的硬度和表面质量的要求,而且塑料易于加工(铣、刨、磨、刮研),使导轨副接触面获得优良的表面质量。

⑤ 刚度比滚动导轨好。导轨接触为面接触,接触面积大,刚度好。

聚四氟乙烯导轨软带的上述特点,使它广泛应用于中、小型数控机床的导轨中,常用的进给速度为15 m/min以下。数控车床、车削中心的床鞍导轨以及数控铣床和钻床等都可以使用聚四氟乙烯导轨软带。

(2) 环氧型耐磨涂层

环氧型耐磨涂层是另一类成功地用于金属—塑料导轨的材料。它是以环氧树脂和二氧化钼为基体,加入增塑剂,混合成液体或膏状为一组分和固化剂为另一组分的双组分塑料涂层。

导轨塑料涂层具有良好的可加工性，可车、刨、铣、钻、磨削和刮研。也有良好的摩擦特性和耐磨性，而且其抗压强度比聚四氟乙烯导轨软带要高，固化时体积不收缩，尺寸稳定。特别是可在调整好支承导轨和运动导轨间的相关位置精度后注入涂料，可节省许多加工工时，特别适用于重型机床和不能用导轨软带的复杂配合型面。西欧国家生产的数控轨床采用这类涂层导轨较普遍。

2. 滚动导轨

在相配的两导轨面间放置滚动体，如滚珠、滚柱和滚针等，使导轨面间的摩擦性质成为滚动摩擦，这种导轨叫作滚动导轨。滚动导轨的最大优点是摩擦系数很小，一般为0.002 5～0.005，比塑料滑动导轨还小很多，另外动、静摩擦系数很接近。因此，运动轻便灵活，运动的驱动力和功率小；在很低的运动速度下都不出现爬行，低速运动平稳性好，位移精度和定位精度高。滚动体和导轨硬度高，耐磨性好，因而磨损小，精度保持性好。滚动导轨还具有润滑简单，可采用脂润滑，简化润滑系统。滚动导轨的缺点是抗震性差；结构比较复杂，制造困难，成本较高；对脏物比较敏感，必须有良好的防护装置。滚动导轨在数控机床上得到广泛的应用，这主要是利用滚动导轨的良好摩擦特性，实现低速和精密的位移，精确的定位。数控机床的伺服的进给系统以直线进给运动最多，最普遍，在直线进给中采用滚动导轨也最广泛。目前，直线运动滚动支承种类很多，都已形成系列，由专业工厂生产。用户可根据精度、寿命、刚度和结构进行选购。现代数控机床常用的直线滚动导轨有两种，直线滚动导轨副和滚动导轨块。

(1) 直线滚动导轨副

直线滚动导轨副是近年出现的一种滚动导轨，其结构如图 2-86 所示。导轨条 7 是支承导轨，使用时安装在床身、立柱等支承件上，滑块 5 装在工作台、滑座等移动件上，沿导轨条做直线移动，滑块 5 中装有四组滚珠 1，在导轨条和滑块的直线滚道内滚动。当滚珠滚动

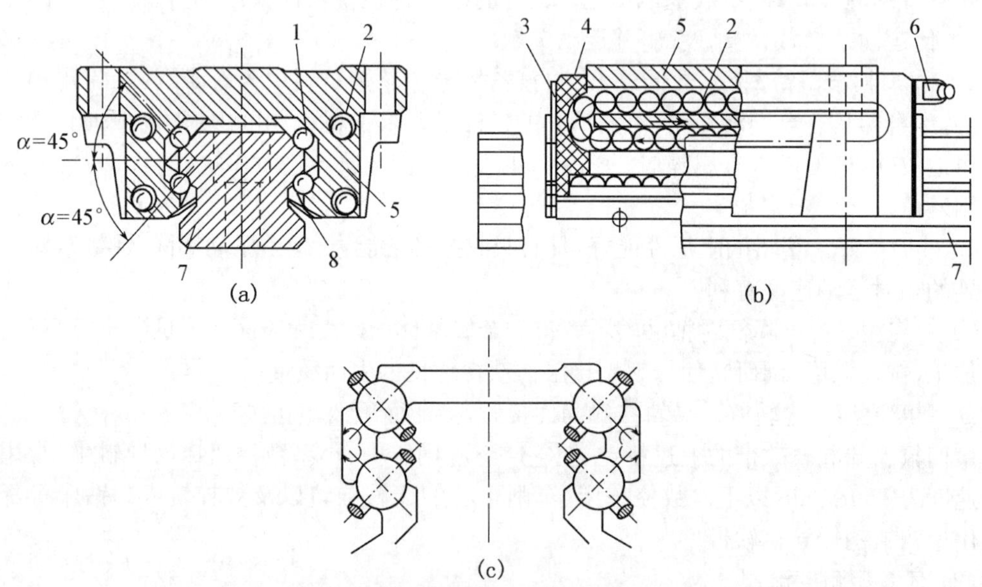

图 2-86　直线滚动导轨副结构

1—滚珠；2—回珠空；3、8—密封垫；4—挡板；5—滑块；6—注润滑油油嘴；7—导轨条

到滑快的端点，如图2-86(b)所示左端，就会经合成树脂制造的端面挡板4和滑块中的回珠孔2回到另一端，经另一端挡板再进入循环。四组滚珠各有自己的回珠孔，分别处于滑块的四角。四组滚珠和滚道接触使滑块5相对支承导轨条7完全定心，只允许两者在垂直平面方向运动。接触角α常为$\alpha=45°$。滚珠在滚道中的接触如图2-86(c)所示。滚道的曲率半径略大于滚珠半径。在载荷的作用下，接触区为一椭圆。其面积随载荷而加大。图中，6是注润滑脂的油嘴，3和8是密封垫，防止灰尘进入。

在直线滚动导轨使用中存在导轨的配置和固定安装问题。导轨条常选为两根，装在支承件上，如图2-87所示。每根导轨条上有两个滑块，固定在移动件上。如移动件较长，也可以在一根导轨条上装3个或3个以上的滑块。如移动件较宽，也可以用3根或3根以上的导轨条。移动件刚度高，滑块和导轨条可少装；刚度不高时，就要多装。滑块和导轨条的固定安装如图2-88所示。两条导轨中，一条为基准导轨(图2-88中右导轨)，通过该导轨副对支承件和移动件的正确定位和安装来保证移动件相对支承件的正确导向轨迹，基准导轨上基准面A，它的滑块上有基准面B。装配时，将基准导轨的基准面靠在支承件5的定位面上，用螺钉4顶靠后，用螺栓固定拧紧在支承件上。另一条为从动导轨，安装时调整其位置使移动件在两条导轨上轻快移动，无干涉即可，调整后用螺栓把导轨条和滑块分别紧固在支承件和移动件上。当使用多个导轨条时，应选其中一条作为基准导轨，其他都为从动导轨。

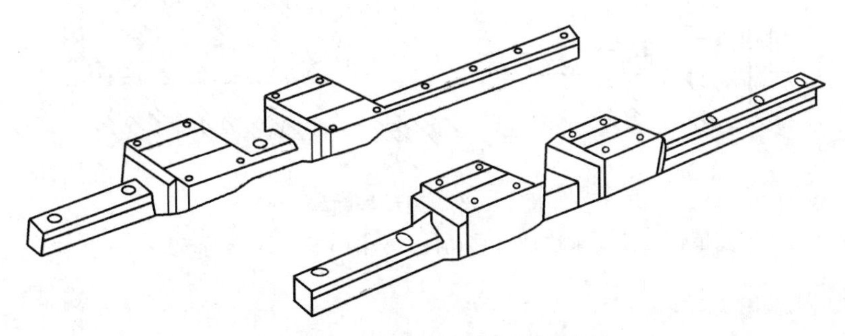

图2-87　直线滚动导轨副的配置

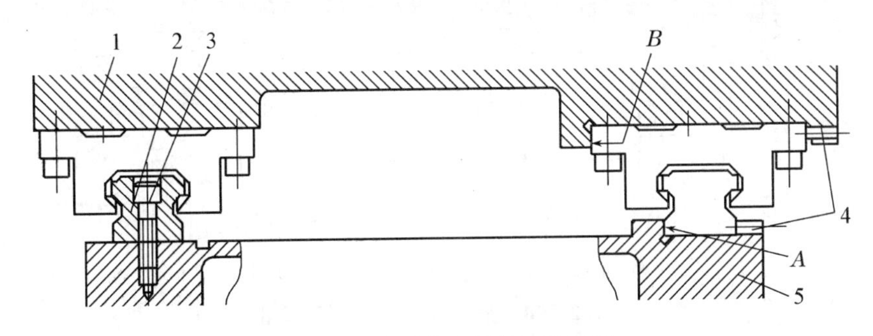

图2-88　直线滚动导轨副的固定

1—移动件；2—防尘盖；3—固定螺钉；4—定位顶紧螺钉；5—支承件；A、B—定位面

(2) 滚动导轨块

这是一种滚动体作循环运动的滚动导轨。移动部件运动时,滚动体沿它自己的封闭导道做连续的循环运动,因而与运动部件的行程大小无关。这种结构本身便于做成独立的组件,由专业工厂集中生产,一般称滚动导轨块。滚动导轨块装配使用方便,维修更换简单,滚动体不外露,防护可靠。滚动导轨块的滚动体为滚珠或滚柱,数控机床上常采用滚柱式滚动导轨块,其结构如图 2-89 所示,它多用于中等负载导轨。支承块 2 用紧固螺钉 1 固定在移动件 3 上,滚子 4 在支承块和支承导轨 5 之间滚动,并经两端挡板 7 和 6 及上面的返回槽返回,作循环运动。使用时每一导轨副至少用两块或更多块,导轨块的数目取决于动导轨的长度和负载大小。与之相配的支承导轨多用镶钢淬火导轨。图 2-90 为导轨块使用示意图。由 5、8 共六个导轨块构成一矩一平导轨组合。导轨块 5、8 起垂直导向和承担主要载荷作用。利用滚动导轨块还可以组合成其他截面形状的导轨组合,如三角形—平导轨、双三角形导轨、双矩形导轨等。

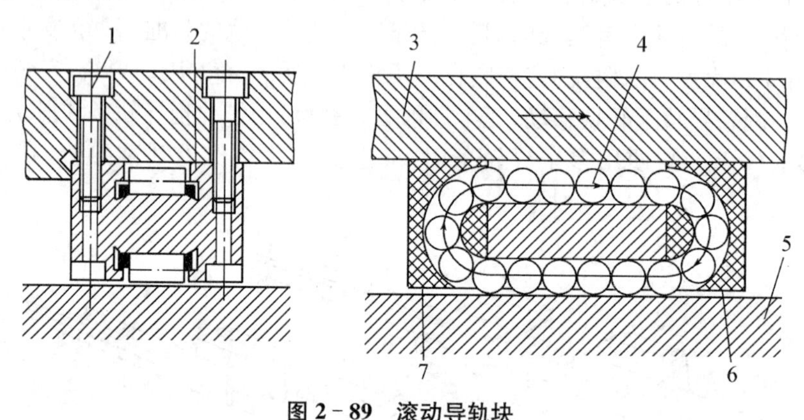

图 2-89 滚动导轨块

1—紧固螺钉;2—支承块;3—移动件;4—滚子;5—支承导轨;6、7—挡块

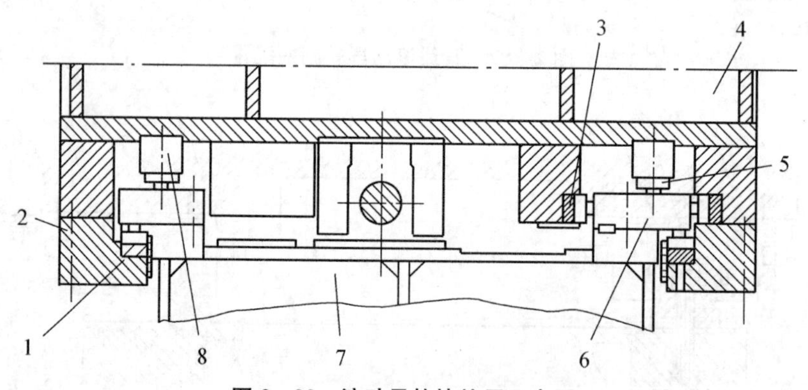

图 2-90 滚动导轨块使用示意图

1—楔铁;2—压块;3—楔铁;4—立柱;5、8—滚动导轨块;6—导向基准导轨;7—床身

(3) 直线运动滚动支承的精度和预紧

直线运动滚动支承的精度分为 1、2、3、4、5、6 级。数控机床采用 1 或 2 级。不同精度和规格的导轨支承对安装基面均有相应的形位公差要求。

导轨支承的工作间隙直接影响它的运动精度、承载能力和刚度。间隙分为普通间隙和负间隙（即预紧）。通过预紧，可增加滚动体与导轨面的接触，以减小导轨面平面度、滚子直线度及滚动体直径，提高了导向精度。由于有预加接触变形，接触刚度也有所增加。阻尼性能也有所增加，提高了导轨的抗震性。预紧中分轻预紧和中预紧两种情况。普通间隙通常用于对精度无要求和要求尽量减小滑动阻力的场合；轻预紧用于精度要求高，但载荷较轻的场合；中预紧用于对精度和刚度均要求较高的，具有冲击、振动和重切削的场合，例如加工中心、数控车床等。过大的预紧量不但对刚度的增加不起作用，反而会降低导轨使用寿命和增大牵引力。

3. 静压导轨

液体静压导轨是在两个相对运动的导轨面间通入压力油，使运动件稍微浮起。在工作过程中，导轨面上油腔中油压能随着外载荷的变化自动调节，以平衡外载荷，保证导轨面间始终处于纯液体摩擦状态。液体静压导轨有下列优点：

(1) 导轨面间的纯液体摩擦，使摩擦系数极小，约为 0.000 5 左右，固驱动力和功率大大降低，运动灵敏，不产生低速爬行，位移精度和定位精度高。

(2) 两导轨正常工作时不接触，导轨磨损小，寿命长，精度保持性好。

(3) 油膜具有误差均化作用，提高导向精度。

(4) 油膜承载能力大，刚度高，吸收性良好。

缺点是结构比较复杂，增加了一套液压设备；对油液纯净度要求高；工作调整比较麻烦。目前，液体静压导轨主要是在大型、重型数控机床上应用较多，中、小型数控机床也有应用。

2.9　数控机床的自动换刀系统

2.9.1　数控车床自动转位刀架

1. 回转刀架换刀

数控车床上使用的回转刀架是一种最简单的自动换刀装置，根据不同的加工对象，可以设计成四方刀架和六角刀架等多种形式。回转刀架上分别安装着四把、六把或更多的刀具，并按数控装置的指令换刀。

回转刀架在结构上应具有良好的强度和刚性，以承受粗加工时的切削抗力。车削加工精度在很大程度上取决于刀尖位置，对于数控车床来说，加工过程中刀尖位置不进行人工调整，因此更有必要选择可靠的定位方案和合理的定位结构，以保证回转刀架在每一次转位之后，具有尽可能高的重复定位精度（一般为 0.001～0.005）。

数控车床回转刀架动作的要求：刀架抬起、刀架转位、刀架定位和夹紧刀架。为完成上述动作要求，要有相应的机构来实现，下面就以 WZD4 型刀架（图 2－91）为例说明其具体结构。

该刀架可以安装四把不同的刀具，转位信号由加工程序指定。当换刀指令发出后，小型电机 1 起动正转，通过平键套筒联轴器 2 使蜗杆轴 3 转动，从而带动蜗轮 4 转动。刀架体 7 内孔加工有螺纹，与丝杠连接，蜗轮与丝杠为整体结构。当蜗轮开始转动时，由于加工在刀架底座 5 和刀架体 7 上的端面齿处在啮合状态，且蜗轮丝杠轴向固定，这时刀架体 7 抬起。当刀架体抬至一定距离后，端面齿脱开。转位套 9 用销钉与蜗轮丝杠 4 联接，随蜗轮丝杠一同转动，当端面齿完全脱开，转位套正好转过 160°[图 2 - 91(c)]，球头销 8 在弹簧力的作用下进入转位套 9 的槽中，带动刀架体转位。刀架体 7 转动时带着电刷座 10 转动，当转到程序指定的刀号时，定位销 15 在弹簧的作用下进入粗定位盘 6 的槽中进行粗定位，同时电刷 13 接触导体使电机 1 反转，由于粗定位槽的限制，刀架体 7 不能转动，使其在该位置垂直落下，刀架体 7 和刀架底座 5 上的端面齿啮合实现精确定位。电机继续反转，此时蜗轮停止转动，蜗杆轴 3 自身转动，当两端面齿增加到一定夹紧力时，电机 1 停止转动。

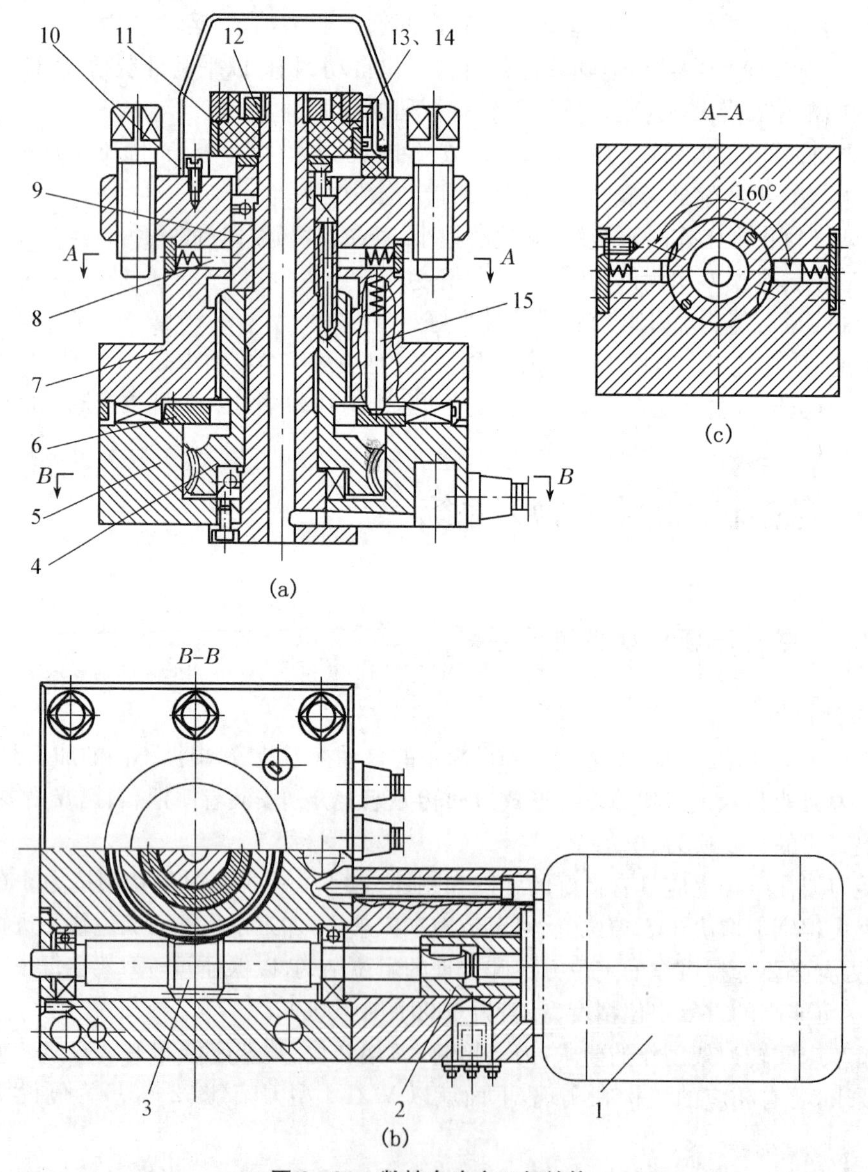

图 2 - 91　数控车床方刀架结构

1—电机；2—联轴器；3—蜗杆轴；4—蜗轮丝杠；5—刀架底座；6—粗定位盘；7—刀架体；8—球头销；9—转位套；10—电刷座；11—发信体；12—螺母；13、14—电刷；15—粗定位销

译码装置由发信体 11、电刷 13、14 组成，电刷 13 负责发信，电刷 14 负责位置判断。当刀架定位出现过位或不到位时，可松开螺母 12 调好发信体 11 与电刷 14 的相对位置。

这种刀架在经济型数控车床及卧式车床的数控化改造中得到广泛的应用。回转刀架一般采用液压缸驱动转位和定位销定位，也有采用电动机—马氏机构转位和鼠盘定位，以及其他转位和定位机构。

2. 转塔头式换刀装置

一般数控机床常采用转塔头式换刀装置。如数控车床的转塔刀架，数控钻镗床的多轴转塔头等。在转塔的各个主轴头上，预先安装各工序所需要的旋转刀具，当发出换刀指令时，各种主轴头依次地转到加工位置，并接通主运动，使相应的主轴带动刀具旋转，而其他处于不同加工位置的主轴都与主运动脱开。转塔头式换刀方式的主要优点在于省去了自动松夹、卸刀、装刀、夹紧以及刀具搬运等一系列复杂的操作，缩短了换刀时间，提高了换刀可靠性，它适用于工序较少，精度要求不高的数控机床。

图 2－92 所示为卧式八轴转塔头。转塔头上径向分布着八根结构完全相同的主轴 1，主轴的回转运动由齿轮 15 输入。当数控装置发出换刀指令时，通过液压拨叉(图中未示出)将移动齿轮 6 与齿轮 15 脱离啮合，同时在中心液压缸 13 的上腔通压力油。活塞杆和活塞口固定在底座上，因此中心液压缸 13 带着有两个推力轴承 9 和 11 支承的转塔刀架 10 抬起，鼠齿盘 7 和 8 脱离啮合。然后压力油进入转位液压缸，推动活塞齿条，再经过中间齿轮使大齿轮 5 与转塔刀架体 10 一起回转 45°，将下一工序的主轴转到工作位置。转位结束后，压力油进入中心液压缸 13 的下腔使转塔头下降，鼠齿盘 7 和 8 重新啮合，实现了精确的定位。在压力油的作用下，转塔头被压紧，转位液压缸退回原位。最后通过液压拨叉拨动移动齿轮 6，使它与新换上的主轴齿轮 15 啮合。

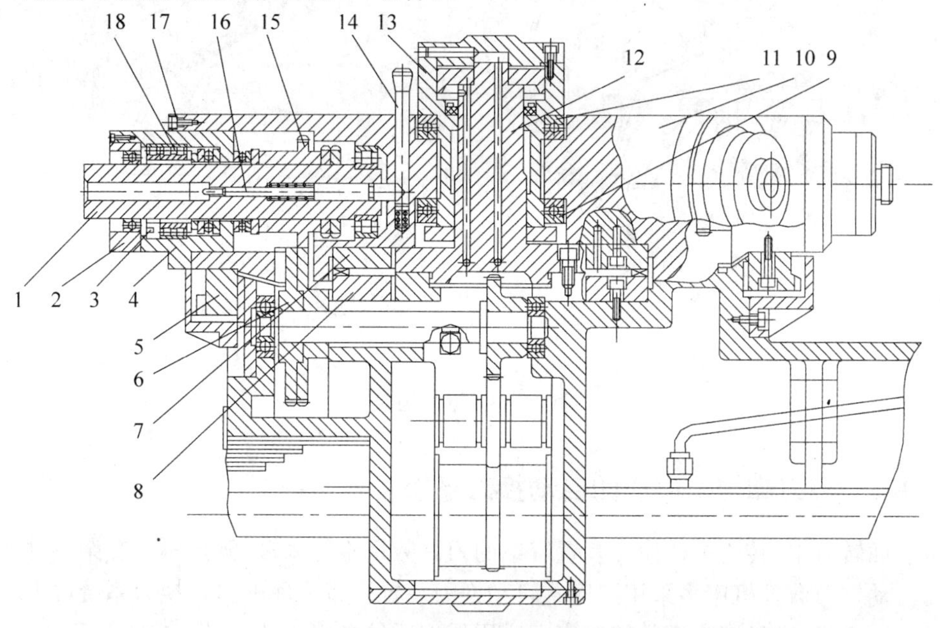

图 2－92　卧式八轴转塔头

1—主轴；2—端盖；3—螺母；4—套筒；5、6、15—齿轮；7、8—鼠齿盘；9、11—推力轴承；10—转塔刀架体；12—活塞；13—中心液压缸；14—操纵杆；16—顶杆；17—螺钉；18—轴承

为了改善主轴结构的装配工艺性，整个主轴部件装在套筒 4 内，只要卸去螺钉 17，就可以将整个部件抽出。主轴前轴承 18 采用锥孔双列圆柱滚子轴承，调整时先卸下端盖 2，然后拧动螺母 3，使内环作轴向移动，以便消除轴承的径向间隙。

为了便于卸出主轴锥孔内的刀具，每根主轴都有操纵杆 14，只要按压操纵杆，就能通过斜面推动顶出刀具。

转塔主轴头的转位，定位和压紧方式与鼠齿盘式分度工作台极为相似。但因为在转塔上分布着许多回转主轴部件，使其结构更为复杂。由于空间位置的限制，主轴部件的结构不可能设计得十分坚固，因而影响了主轴系统的刚度。为了保证主轴的刚度，主轴的数目必须加以限制，否则将会使尺寸大为增加。

3. 车削中心用动力刀架

图 2－93(a)所示为意大利 Baruffaldi 公司生产的适用于全功能数控车及车削中心的动力转塔刀架。刀盘上既可以安装各种非动力辅助刀夹（车刀夹、镗刀夹、弹簧夹头、莫氏刀柄），夹持刀具进行加工，还可安装动力刀夹进行主动切削，配合主机完成车、铣、钻、镗等各种复杂工序，实现加工程序自动化、高效化。

图 2－93(b)所示为该转塔刀架的传动示意图。刀架采用端齿盘作为分度定位元件，刀架转位由三相异步的电机驱动，电机内部带有制动机构，刀位由二进制绝对编码器识别，并可双向转位和任意刀位就近选刀。动力刀具由交流伺服电机驱动，通过同步齿形带、传动轴、传动齿轮、端面齿离合器将动力传递到动力刀夹，再通过刀夹内部的齿轮传动，刀具回转，实现主动切削。

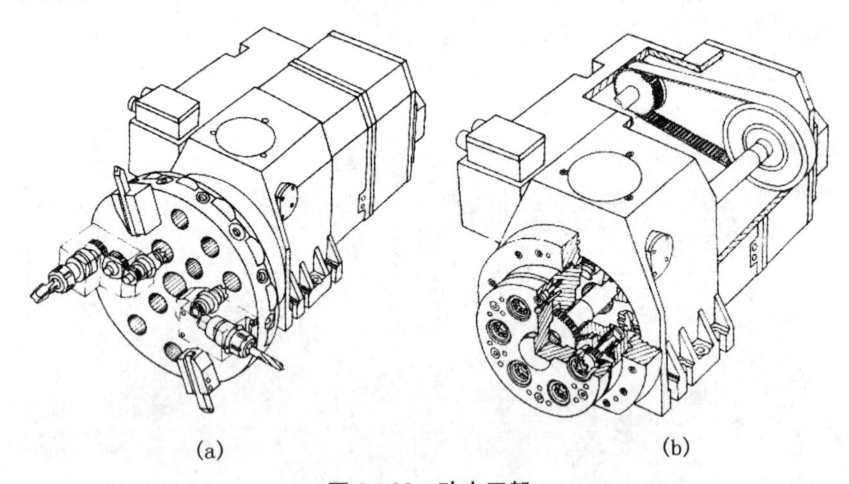

(a) (b)

图 2－93　动力刀架

2.9.2　带刀库加工中心的自动换刀系统

由于回转刀架、转塔头式换刀装置容纳的刀具数量不能太多，满足不了复杂零件的加工需要。自动换刀数控机床多采用刀库式自动换刀装置。带刀库的自动换刀系统由刀库和刀具交换机构组成，它是多工序数控机床上应用最广泛的换刀方法。整个换刀过程较为复杂，首先把加工过程中需要使用的全部刀具分别安装在标准的刀柄上，在机外进行尺寸预调整之后，按一定的方式放入刀库，换刀时先在刀库中进行选刀，并由刀具交换装置从刀库和主轴上取出刀具。在进行刀具交换之后，将新刀具装入主轴，把旧刀具放入刀库。存放刀具的刀库具有较大的容量，它既可安装在主轴箱的侧面或上方，也可作为单独部件安装到机床以外。常见的刀库形式有三种：① 盘形刀库，② 链式刀库，③ 格子箱刀库。

带刀库的自动换刀装置的数控机床主轴箱内只有一个主轴，设计主轴部件时就有可能充分增强它的刚度。因而能够满足精密加工的要求。另外，刀库可以存放数量很大的刀具(可以多达100把以上)，因而能够进行复杂零件的多工序加工，这样就明显地提高了机床的适应性和加工效率。所以带刀库的自动换刀装置特别适用于数控钻床、数控镗铣床和加工中心，其换刀形式很多，以下介绍几种典型换刀方式。

1. 直接在刀库与主轴(或刀架)之间换刀的自动换刀装置

这种换刀装置只具备一个刀库，刀库中储存着加工过程中需使用的各种刀具，利用机床本身与刀库的运动实现换刀过程。例如，图2-94为自动换刀数控立式车床的示意图，刀库7固定在横梁4的右端，它可作回转以及上下方向的插刀和拔刀运动。机床自动换刀的过程如下：

(1) 刀架快速右移，使其上的装刀孔轴线与刀库上空刀座的轴线重合，然后刀架滑枕向下移动，把用过的刀具插入空刀座；

(2) 刀库下降，将用过的刀具从刀架中拔出；

(3) 刀库回转，将下一工步所需使用的新刀具轴线对准刀架上装刀孔轴线；

(4) 刀库上升，将新刀具插入刀架装刀孔，接着由刀架中自动夹紧装置将其夹紧在刀架上；

(5) 刀架带着换上的新刀具离开刀库，快速移向加工位置。

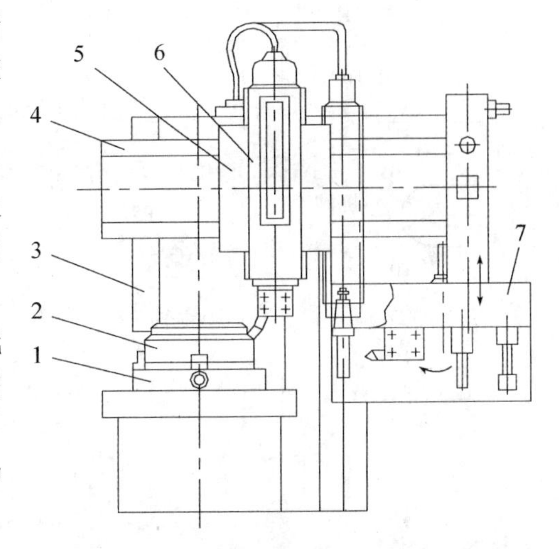

图2-94 自动换刀数控立式车床示意图

1—工作台；2—工件；3—立柱；4—横梁；5—刀架滑座；6—刀架滑枕；7—刀库

2. 用机械手在刀库与主轴之间换刀的自动换刀装置

这是目前最普遍使用的一种自动换刀装置，其布局结构多种多样，JCS-013型自动换刀数控卧式镗铣床所用换刀装置即为一例。四排链式刀库分置机床的左侧，由装在刀库与主轴之间的单臂往复交叉双机械手进行换刀。换刀过程可用图2-95(a)～(i)所示实例加以说明。

(1) 开始换刀前状态：主轴正在用T05号刀具进行加工，装刀机械手已抓住下一工步需用的T09号刀具，机械手架处于最高位置，为换刀做好了准备；

(2) 上一工步结束，机床立柱后退，主轴箱上升，使主轴处于换刀位置。接着下一工步开始，其第一个指令是换刀，机械手架回转180°，转向主轴；

(3) 卸刀机械手前伸，抓住主轴上已用过的T05号刀具；

(4) 机械手架由滑座带动，沿刀具轴线前移，将T05号刀具从主轴上拔出；

(5) 卸刀机械手缩回原位；

(6) 装刀机械手前伸；使T09号刀具对准主轴；

(7) 机械手架后移,将 T09 号刀具插入主轴;

(8) 装刀机械手缩回原位;

(9) 机械手架回转 180°,使装刀、卸刀机械手转向刀库;

(10) 机械手架由横梁带动下降,找第二排刀套链,卸刀机械手将 T05 号刀具插回 P05 号刀套中;

(11) 刀套链转动,把在下一个工步需用的 T46 号刀具送到换刀位置;机械手架下降,找第三排刀链,由装刀机械手将 T46 号刀具取出;

(12) 刀套链反转,把 P09 号刀套送到换刀位置,同时机械手架上升至最高位置,为下面一个工步的换刀做好准备。

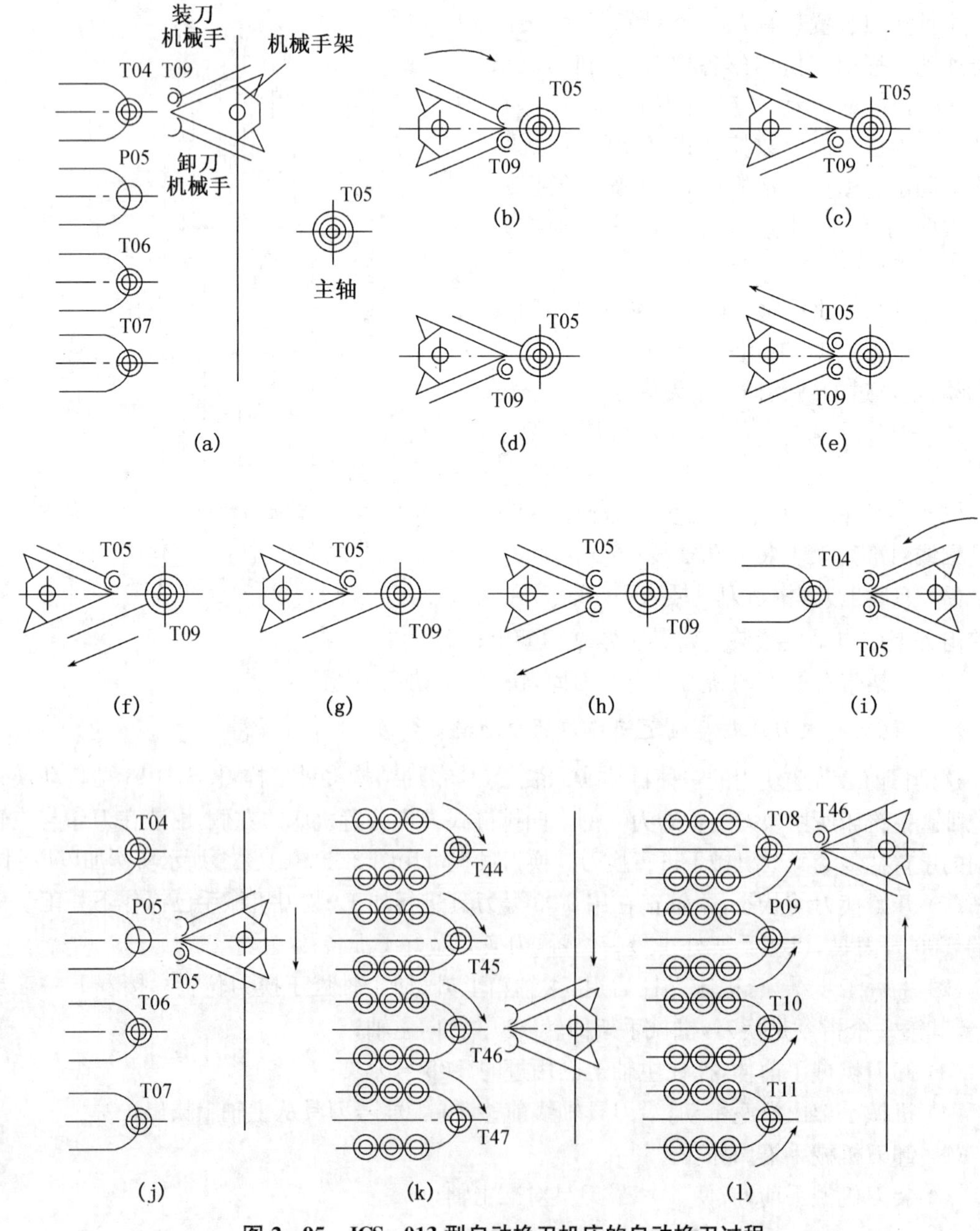

图 2 - 95　JCS - 013 型自动换刀机床的自动换刀过程

3. 用机械手和转塔头配合刀库进行换刀的自动换刀装置

这种自动换刀装置实际是转塔头式换刀装置和刀库换刀装置的结合，其工作原理如图2-96所示。转塔头5上有两个刀具主轴3和4。当用一个刀具主轴上的刀具进行加工时，可由机械手2将下一工步需用的刀具换至不工作的主轴上，待上一工步加工完毕后，转塔头回转180°，即完成了换刀工作。因此，所需换刀时间很短。

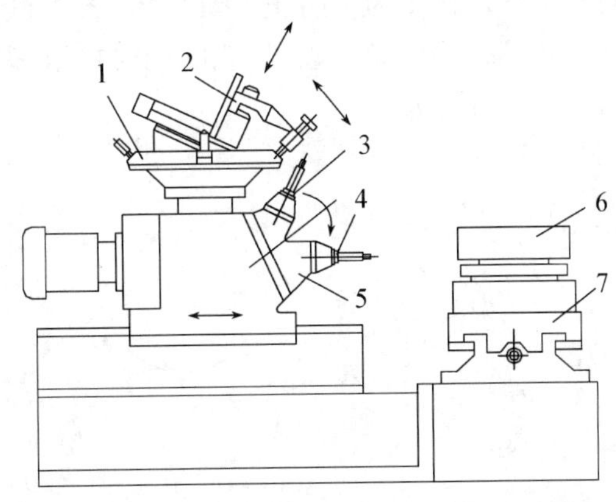

图2-96 机械手和转塔头配合刀库换刀的自动换刀过程

1—刀库；2—换刀机械手；3、4—刀具主轴；
5—转塔头；6—工件；7—工作台

2.9.3 刀具交换装置

数控机床的自动换刀装置中，实现刀库与机床主轴之间传递和装卸刀具的装置称为刀具交换装置。刀具的交换方式通常分为由刀库与机床主轴的相对运动实现刀具交换和采用机械手交换刀具两类。刀具的交换方式和它们的具体结构对机床生产率和工作可靠性有着直接的影响。

1. 利用刀库与机床主轴的相对运动实现刀具交换的装置

此装置在换刀时必须首先将用过的刀具送回刀库，然后再从刀库中取出新刀具，这两个动作不可能同时进行，因此换刀时间较长。如图2-97所示的数控立式镗铣床就是采用这类刀具交换方式的实例。由图可见，该机床的格子式刀库的结构极为简单，然而换刀过程却较为复杂。它的选刀和换刀由三个坐标轴的数控定位系统来完成，每交换一次刀具，工作台和主轴箱就必须沿着三个坐标轴做两次来回的运动，因而增加了换刀时间。另外由于刀库置于工作台上，减少了工作台的有效使用面积。

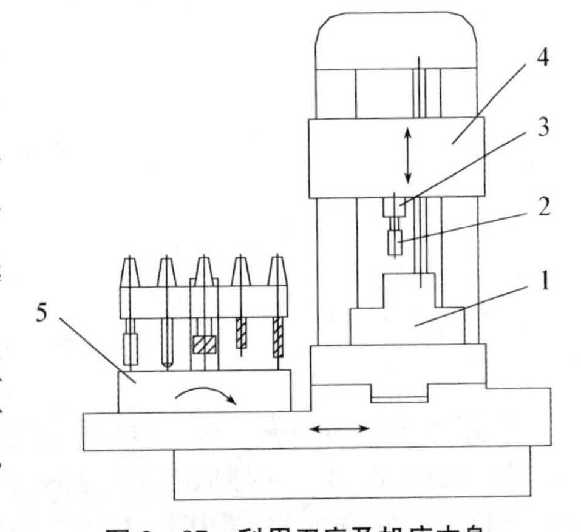

图2-97 利用刀库及机床本身运动进行自动换刀的数控机床

1—工件；2—刀具；3—主轴；
4—主轴箱；5—刀库

2. 刀库—机械手的刀具交换装置

采用机械手进行刀具交换的方式应用的最为

广泛，这是因为机械手换刀有很大的灵活性，而且可以减少换刀时间。在各种类型的机械手中，双臂机械手集中地体现了以上的优点。在刀库远离机床主轴的换刀装置中，除了机械手以外，还带有中间搬运装置。

双臂机械手中最常用的几种结构如图 2-98 所示，它们分别是钩手[图 2-98(a)]、抱手[图 2-98(b)]、伸缩手[图 2-98(c)]和叉手[图 2-98(d)]。这几种机械手能够完成抓刀、拔刀、回转、插刀以及返回等全部动作。为了防止刀具掉落，各机械手的活动爪都必须带有自锁机构。双臂回转机械手的动作比较简单，而且能够同时抓取和装卸机床主轴和刀库中的刀具，因此换刀时间可以进一步缩短。

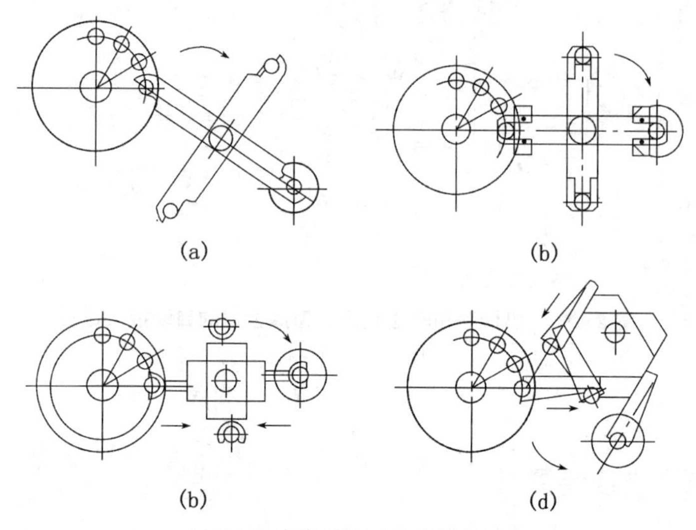

图 2-98　双臂机械手常用机构

图 2-99 所示是双刀库机械手换刀装置，其特点是用两个刀库和两个单臂机械手进行工作，因而机械手的工作行程大为缩短，有效地节省了换刀时间。还由于刀库分设两处使布局较为合理。

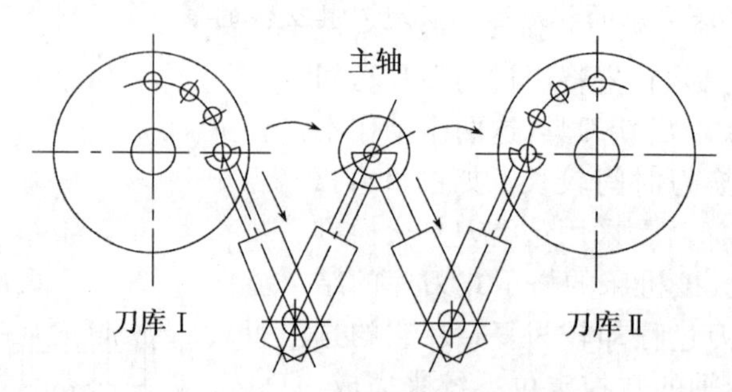

图 2-99　双刀库机械手换刀装置

根据各类机床的需要，自动换刀数控机床所使用的刀具的刀柄有圆柱形和圆锥形两种。为了使机械手能可靠地抓取刀具，刀柄必须有合理的夹持部分，而且应当尽可能使刀柄标准化。图 2-100 所示是常用的两种刀柄结构。V 形槽夹持结构[图 2-100(a)]适用于图 2-98 的各种机械手，这是由于机械手爪的形状和 V 形槽能很好地吻合，使刀具能保持准确的轴向和径向位置，从而提高了装刀的重复精度。法兰盘夹持结构[2-100(b)]适用于钳式机械手装夹，这是由于法兰盘的两边可以同时伸出钳口，在使用中间辅助机械手时能够方便地将刀具从一个机械手传递给另一个机械手。

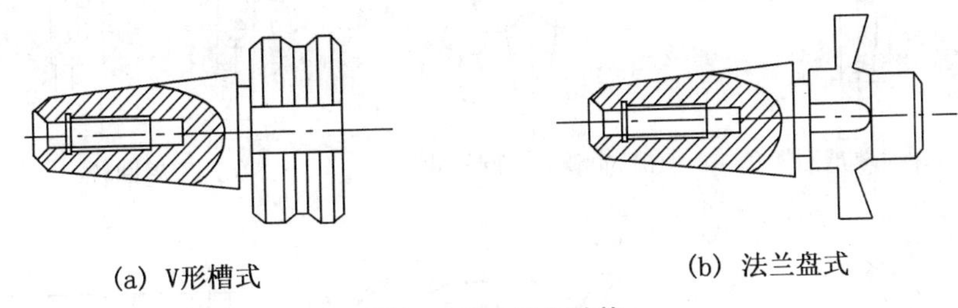

(a) V形槽式　　(b) 法兰盘式

图2-100 刀柄结构

3. 机械手

在自动换刀数控机床中，机械手的形式也是多种多样的，常见的有图2-101所示中的几种形式。

(1) 单臂单爪回转式机械手

这种机械手的手臂可以回转不同的角度，进行自动换刀，手臂上只有一个卡爪，不论在刀库上或是在主轴上，均靠这一个卡爪来装刀及卸刀，因此换刀时间较长，如图2-101(a)所示。

(2) 单臂双爪回转式机械手

这种机械手的手臂上有两个卡爪，两个卡爪有所分工，一个卡爪只执行从主轴上取下“旧刀”送回刀库的任务。另一个卡爪则执行由刀库取出“新刀”送到主轴的任务，其换刀时间较上述单爪回转式机械手要少，如图2-101(b)所示。

(3) 双臂回转式机械手

这种机械手的两臂各有一个卡爪，两个卡爪可同时抓取刀库及主轴上的刀具，回转180°后又同时将刀具放回刀库及装入主轴。换刀时间较以上两种单臂机械手均短，是最常用的一种形式。图2-101(c)所示右边的一种机械手在抓取或将刀具送入刀库及主轴时，两臂可伸缩。

(4) 双机械手

这种机械手相当于两个单臂单爪机械手，互相配合起来进行自动换刀。其中一个机械手从主轴上取下“旧刀”送回刀库，另一个机械手由刀库取出“新刀”装入机床主轴，如图2-101(d)所示。

(5) 双臂往复交叉式机械手

这种机械手的两手臂可以往复运动，并交叉成一定的角度。一个手臂从主轴上取下“旧刀”送回刀库，另一个手臂由刀库取出“新刀”装入机床主轴。整个机械手可沿某导轨直线移动或绕某个转轴回转，以实现刀库与主轴间的运刀工作，如图2-101(e)所示。

(6) 双臂端面夹紧式机械手

这种机械手只是在夹紧部位上与前几种不同。前几种机械手均靠夹紧刀柄的外圆表面以抓取刀具，这种机械手则夹紧刀柄的两个端面，如图2-101(f)所示。

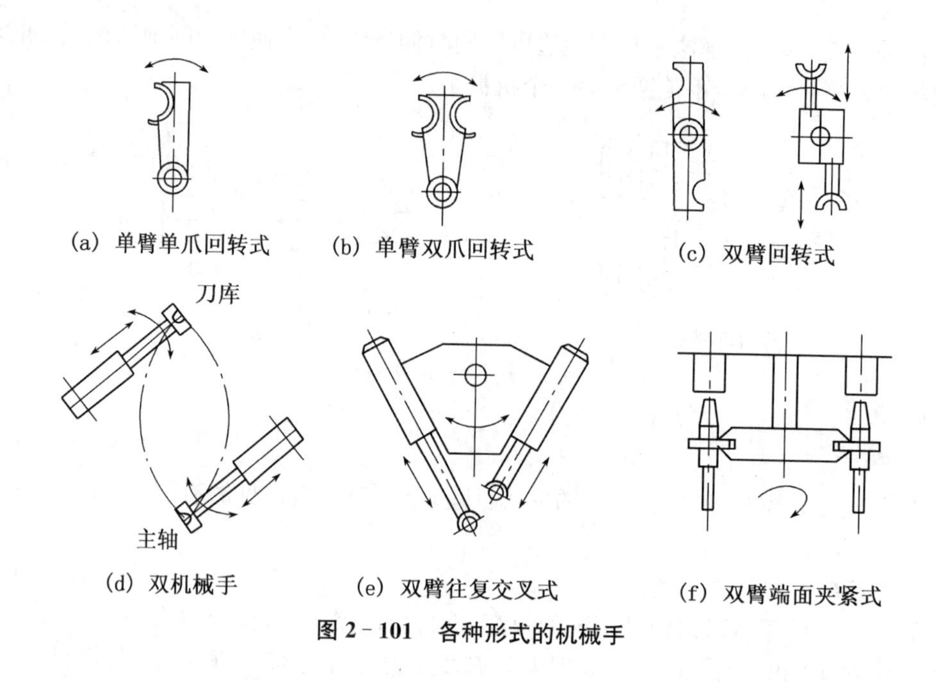

(a) 单臂单爪回转式　(b) 单臂双爪回转式　(c) 双臂回转式

(d) 双机械手　(e) 双臂往复交叉式　(f) 双臂端面夹紧式

图 2-101　各种形式的机械手

2.10　数控机床的位置检测装置

检测装置是数控机床闭环伺服系统的重要组成部分。它的主要作用是检测位移和速度，并发出反馈信号与数控装置发出的指令信号进行比较，若有偏差，经过放大后控制执行部件，使其向消除偏差的方向运动，直至偏差为零为止。闭环控制的数控机床的加工精度主要取决于检测系统的精度。因此，精密检测装置是高精度数控机床的重要保证。一般来说，数控机床上使用的检测装置应满足以下要求：

(1) 准确性好，满足精度要求，工作可靠，能长期保持精度。

(2) 满足速度、精度和机床工作行程的要求。

(3) 可靠性好，抗干扰性强，适应机床工作环境的要求。

(4) 使用、维护和安装方便，成本低。

通常，数控机床检测装置的分辨率一般为 0.000 1～0.01 mm/m，测量精度为±0.001～0.01 mm/m，能满足机床工作台以 1～10 m/min 的速度运行。不同类型的数控机床对检测装置的精度和适应的速度要求是不同的，对大型机床以满足速度要求为主。对中、小型机床和高精度机床以满足精度为主。

表 2-8 是目前数控机床中常用的位置检测装置。

表2-8　位置检测装置的分类

类型	数字式		模拟式	
	增量式	绝对式	增量式	绝对式
回转型	圆光栅	编码器	旋转变压器，圆形磁栅，圆感应同步器	多极旋转变压器
直线型	长光栅、激光干涉仪	编码尺	直线感应同步器、磁栅、容栅	绝对值式磁尺

2.10.1　旋转变压器

旋转变压器是一种角度测量装置，它是一种小型交流电动机。其结构简单，动作灵敏，对环境无特殊要求，维护方便，输出信号幅度大，抗干扰强，工作可靠，广泛应用于数控机床上。

1. 旋转变压器的结构

旋转变压器是一种常用的转角检测元件，它结构简单，工作可靠，且其精度能满足一般的检测要求，因此被广泛地应用在数控机床上。旋转变压器在结构上和两相绕线式异步电动机相似，由定子和转子组成。定子绕组为变压器的原边，转子绕组为变压器的副边。定子绕组通过固定在壳体上的接线柱直接引出。转子绕组有两种不同的引出方式。根据转子绕组两种不同的引出方式，旋转变压器分有刷式和无刷式两种结构。

图2-102(a)所示是有刷旋转变压器。它的转子绕组通过滑环和电刷直接引出，其特点是结构简单，体积小，但因电刷与滑环为机械滑动接触，所以可靠性差，寿命也较短。

图2-102(b)所示是无刷旋转变压器。它没有电刷和滑环，由两大部分组成，即旋转变压器本体和附加变压器。附加变压器的原、副边铁心及其线圈均为环形，分别固定于转子轴和壳体上，径向留有一定的间隙。旋转变压器本体的转子绕组与附加变压器的原边线圈连在一起，在附加变压器原边线圈中的电信号，即转子绕组中的电信号，通过电磁耦合，经附加变压器副边线圈间接地送出去。这种结构避免了有刷旋转变压器电刷与滑环之间的不良接触造成的影响，提高了可靠性和使用寿命长，但其体积、质量和成本均有所增加。

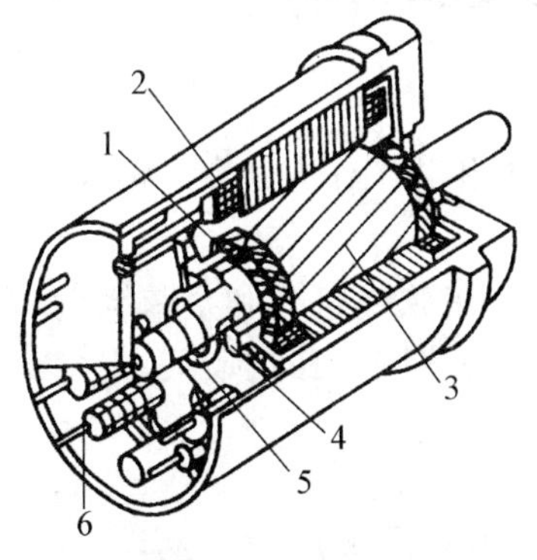

(a) 有刷式旋转变压器

1—转子绕组；2—定子绕组；3—转子；4—整流子；5—电刷；6—接线柱

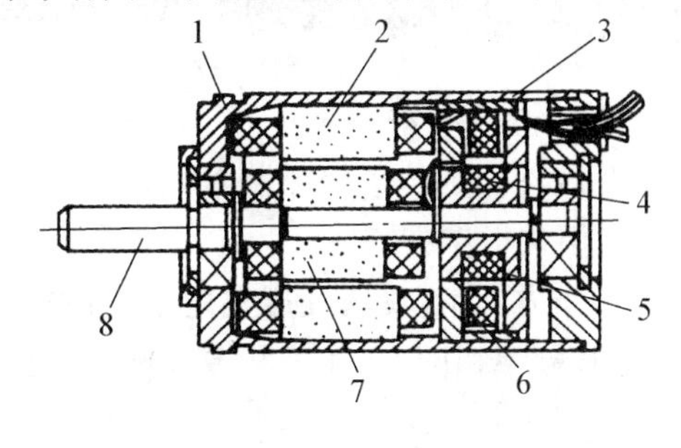

(b) 无刷式旋转变压器

1—壳体；2—旋转变压器本体定子；3—附加变压器定子；4—附加变压器原边线圈；5—附加变压器转子线轴；6—附加变压器次边线圈；7—旋转变压器本体转子；8—转子轴

图2-102　旋转变压器结构图

2. 旋转变压器的工作原理

旋转变压器是根据互感原理工作的。它的结构保证了其定子和转子之间的磁通呈正(余)弦规律。定子绕组加上励磁电压，通过电磁耦合，转子绕组产生感应电动势。如图 2-103 所示，其所产生的感应电动势的大小取决于定子和转子两个绕组轴线在空间的相对位置。二者平行时，磁通几乎全部穿过转子绕组的横截面，转子绕组产生的感应电动势最大；二者垂直时，转子绕组产生的感应电动势为零。感应电动势随着转子偏转的角度呈正(余)弦变化：

$$E_2 = nU_1 \cos\theta = nU_m \sin\omega t \cos\theta$$

式中：E_2——转子绕组感应电动势；

U_1——定子励磁电压；

U_m——定子绕组的最大瞬时电压；

θ——两绕组之间的夹角；

n——电磁耦合系数变压比。

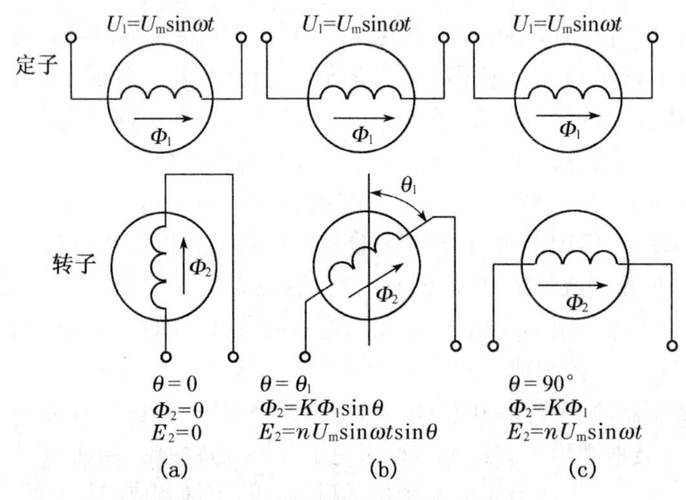

图 2-103 旋转变压器的工作原理

3. 旋转变压器的应用

旋转变压器作为位置检测装置，有两种工作方式：鉴相式工作方式和鉴幅式工作方式。

(1) 鉴相式工作方式

在该工作方式下，旋转变压器定子的两相正向绕组(正弦绕组 S 和余弦绕组 C)分别加上幅值相同，频率相同，而相位相差 90°的正弦交流电压，如图 2-104 所示。

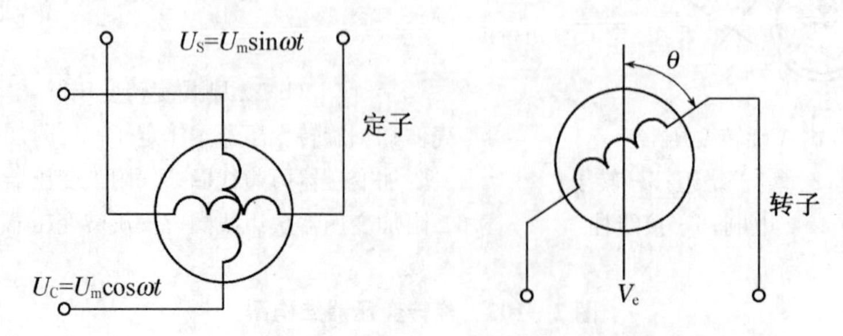

图 2-104 旋转变压器定子两相激磁绕组

即

$$U_s=U_m\sin\omega t$$

$$U_c=U_m\cos\omega t$$

这两相励磁电压在转子绕组中会产生感应电压。当转子绕组中接负载时，其绕组中会有正弦感应电流通过，从而会造成定子和转子间的气隙中合成磁通畸变。为了克服该缺点，转子绕组通常是两相正向绕组，二者相互垂直。其中一个绕组作为输出信号，另一个绕组接高阻抗作为补偿。根据线性叠加原理，在转子上工作绕组中的感应电压为

$$\begin{aligned}E_2&=nU_s\cos\theta-nU_c\sin\theta\\&=nU_m(\sin\omega t\cos\theta-\cos\omega t\sin\theta)\\&=nU_m\sin(\omega t-\theta)\end{aligned}$$

式中：θ——定子正弦绕组轴线与转子工作绕组轴线之间的夹角；

ω——励磁角频率。

由上式可见，旋转变压器转子绕组中的感应电压 E_2 与定子绕组中的励磁电压同频率，但是相位不同，其相位严格随转子偏角 θ 而变化。测量转子绕组输出电压的相位角 θ，即可测得转子相对于定子的转角位置。在实际应用中，把定子正弦绕组励磁的交流电压相位作为基准相位，与转子绕组输出电压相位做比较，来确定转子转角的位置。

(2) 鉴幅式工作方式

在这种工作方式中，在旋转变压器定子的两相正向绕组(正弦绕组 S 和余弦绕组 C)分别加上频率相同，相位相同，而幅值分别按正弦、余弦变化的交流电压。即

$$U_s=U_m\sin\theta_{电}\ \sin\omega t$$

$$U_c=U_m\cos\theta_{电}\ \sin\omega t$$

式中：$U_m\sin\theta_{电}$、$U_m\cos\theta_{电}$ 分别为定子二绕组励磁信号的幅值。定子励磁电压在转子中感应出的电势不但与转子和定子的相对位置有关，还与励磁的幅值有关。

根据线性叠加原理，在转子上的工作绕组中的感应电压为

$$\begin{aligned}E_2&=nU_s\cos\theta_{机}-nU_c\sin\theta_{机}\\&=nU_m\sin\omega t(\sin\theta_{电}\ \cos\theta_{机}-\cos\theta_{电}\ \sin\theta_{机})\\&=nU_m\sin(\theta_{电}-\theta_{机})\sin\omega t\end{aligned}$$

式中：$\theta_{机}$——定子正弦绕组轴线与转子工作绕组轴线之间的夹角；

$\theta_{电}$——电气角；

ω——励磁角频率。

若 $\theta_{机}=\theta_{电}$，则 $E_2=0$。

当 $\theta_{机}=\theta_{电}$ 时，表示定子绕组合成磁通 Φ 与转子绕组平行，即没有磁力线穿过转子绕组线圈，因此感应电压为0。当磁通 Φ 垂直于转子线圈平面时，即($\theta_{机}-\theta_{电}=\pm 90°$)时，转子绕组中感应电压最大。在实际应用中，根据转子误差电压的大小，不断修正定子励磁信号 $\theta_{电}$(即励磁幅值)，使其跟踪 $\theta_{机}$ 的变化。

由上式可知，感应电压 E_2 是以 ω 为角频率的交变信号，其幅值为 $U_m\sin(\theta_{机}-\theta_{电})$。若电气角 $\theta_{电}$ 已知，那么只要测出 E_2 的幅值，便可以间接地求出 $\theta_{机}$ 的值，即可以测出被测角位移的大小。当感应电压的幅值为0时，说明电气角的大小就是被测角位移的大小。旋转变压器在鉴幅工作方式时，不断调整 $\theta_{电}$，让感应电压的幅值为0，用 $\theta_{电}$ 代替对 $\theta_{机}$ 的测量，$\theta_{电}$ 可

通过具体电子线路测得。

2.10.2 感应同步器

1. 感应同步器的结构和特点

感应同步器是一种电磁感应式的高精度位移检测装置。实际上它是多极旋转变压器的展开形式。感应同步器分旋转式和直线式两种。旋转式用于角度测量，直线式用于长度测量。两者的工作原理相同。

直线感应同步器由定尺和滑尺两部分组成。定尺与滑尺之间有均匀的气隙，在定尺表面制有连续平面绕组，绕组节距为 P。滑尺表面制有两段分段绕组，正弦绕组和余弦绕组。它们相对于定尺绕组在空间错开 1/4 节距($1/4P$)，定子和滑尺的结构示意图如图 2-105 所示。

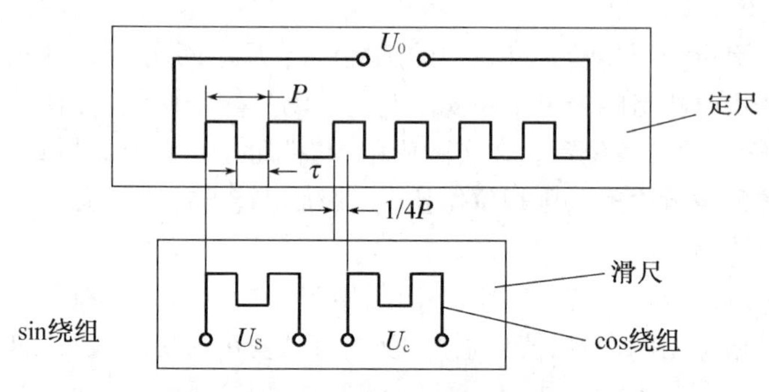

图 2-105 定尺和滑尺绕组示意图

定尺和滑尺的基板采用与机床床身材料热膨胀系数相近的钢板制成。经精密的照相腐蚀工艺制成印刷绕组。再在尺子的表面上涂一层保护层。滑尺的表面有时还贴上一层带绝缘的铝箔，以防静电感应。

感应同步器的特点：

(1) 精度高。感应同步器直接对机床工作台的位移进行测量，其测量精度只受本身精度限制。另外，定尺的节距误差有平均补偿作用，定尺本身的精度能做得很高，其精度可以达到±0.001 mm，重复精度可达 0.002 mm。

(2) 工作可靠，抗干扰能力强。在感应同步器绕组的每个周期内，测量信号与绝对位置有一一对应的单值关系，不受干扰的影响。

(3) 维护简单，寿命长。定尺和滑尺之间无接触磨损，在机床上安装简单。使用时需要加防护罩，防止切屑进入定尺和滑尺之间划伤导片以及灰尘、油雾的影响。

(4) 测量距离长。可以根据测量长度需要，将多块定尺拼接成所需要的长度，就可测量长距离位移，机床移动基本上不受限制。适合于大、中型数控机床。

(5) 成本低，易于生产。

(6) 与旋转变压器相比，感应同步器的输出信号比较微弱，需要一个放大倍数很高的前置放大器。

2. 感应同步器的工作原理

感应同步器的工作原理与旋转变压器基本一致。使用时，在滑尺绕组通以一定频率的交流电压，由于电磁感应，在定尺的绕组中产生了感应电压，其幅值和相位决定于定尺和滑尺的相对位置。如图2-106所示为滑尺在不同的位置时定尺上的感应电压。当定尺与滑尺重合时，如图中的a点，此时的感应电压最大。当滑尺相对于定尺平行移动后，其感应电压逐渐变小。在错开1/4节距的b点，感应电压为零。依次类推，在1/2节距的c点，感应电压幅值与a点相同，极性相反；在3/4节距的d点又变为零。当移动到一个节距的e点时，电压幅值与a点相同。这样，滑尺在移动一个节距的过程中，感应电压变化了一个余弦波形。滑尺每移动一个节距，感应电压就变化一个周期。

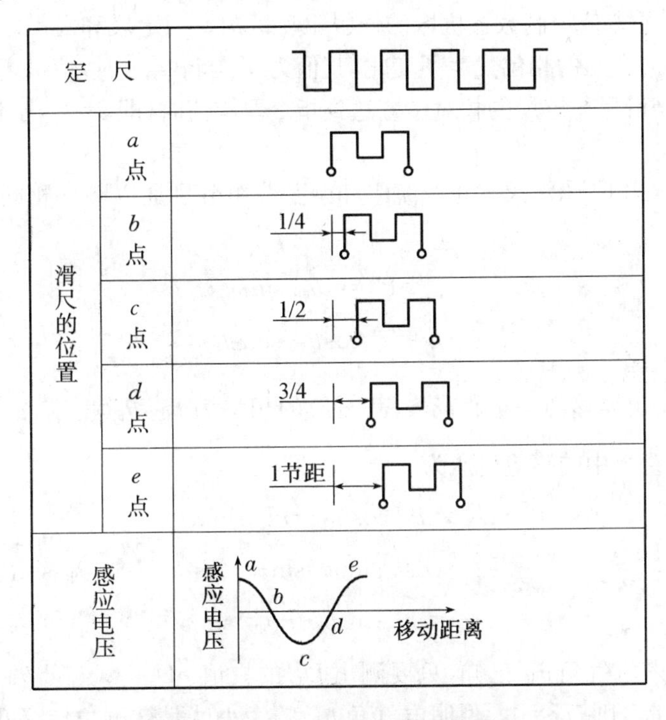

图2-106 感应同步器的工作原理

按照供给滑尺两个正交绕组励磁信号的不同，感应同步器的测量方式分为鉴相式和鉴幅式两种工作方式。

(1) 鉴相方式

在这种工作方式下，给滑尺的正弦绕组和余弦绕组分别通以幅值相等、频率相同、相位相差90°的交流电压：

$$U_s = U_m \sin \omega t$$

$$U_c = U_m \cos \omega t$$

励磁信号将在空间中产生一个以ω为频率移动的行波。磁场切割定尺导片，并产生感应电压，该电势随着定尺与滑尺相对位置的不同而产生超前或滞后的相位差θ。根据线性叠加原理，在定尺上的工作绕组中的感应电压为

$$U_0 = nU_s \cos \theta - nU_c \sin \theta$$

$$= nU_m (\sin \omega t \cos \theta - \cos \omega t \sin \theta)$$

$$=nU_m\sin(\omega t-\theta)$$

式中：ω——励磁角频率；

n——电磁耦合系数；

θ——滑尺绕组相对于定尺绕组的空间相位角，$\theta=\dfrac{2\pi x}{P}$。

可见，在一个节距内 θ 与 x 是一一对应的，通过测量定尺感应电压的相位 θ，可以测量定尺对滑尺的位移 x。数控机床的闭环系统采用鉴相系统时，指令信号的相位角 θ_1 由数控装置发出，由 θ 和 θ_1 的差值控制数控机床的伺服驱动机构。当定尺和滑尺之间产生了相对运动，则定尺上的感应电压的相位发生了变化，其值为 θ。当 $\theta\neq\theta_1$ 时，使机床伺服系统带动机床工作台移动。当滑尺与定尺的相对位置达到指令要求值时，即 $\theta=\theta_1$，工作台停止移动。

(2) 鉴幅方式

在这种工作方式下，给滑尺的正弦绕组和余弦绕组分别通以频率相同、相位相同，幅值不同的交流电压：

$$U_s=U_m\sin\theta_{电}\ \sin\omega t$$

$$U_c=U_m\cos\theta_{电}\ \sin\omega t$$

若滑尺相对于定尺移动一个距离 x，其对应的相移为 $\theta_{机}$，$\theta_{机}=\dfrac{2\pi x}{P}$。根据线性叠加原理，在定尺上工作绕组中的感应电压为

$$\begin{aligned}U_0&=nU_s\cos\theta_{机}-nU_c\sin\theta_{机}\\&=nU_m\sin\omega t(\sin\theta_{电}\ \cos\theta_{机}-\cos\theta_{电}\ \sin\theta_{机})\\&=nU_m\sin(\theta_{机}-\theta_{电})\sin\omega t\end{aligned}$$

由以上可知，若电气角 $\theta_{电}$ 已知，只要测出 U_0 的幅值 $nU_m\sin(\theta_{机}-\theta_{电})$，便可以间接地求出 $\theta_{机}$。若 $\theta_{电}=\theta_{机}$，则 $U_0=0$。说明电气角 $\theta_{电}$ 的大小就是被测角位移 $\theta_{机}$ 的大小。采用鉴幅工作方式时，不断调整 $\theta_{电}$，让感应电压的幅值为 0，用 $\theta_{电}$ 代替对 $\theta_{机}$ 的测量，$\theta_{电}$ 可通过具体电子线路测得。

定尺上的感应电压的幅值随指令给定的位移量 $x_1(\theta_{电})$ 与工作台的实际位移 $x(\theta_{机})$ 的差值按正弦规律变化。鉴幅型系统用于数控机床闭环系统中时，当工作台未达到指令要求值时，即 $x\neq x_1$，定尺上的感应电压 $U_0\neq 0$。该电压经过检波放大后控制伺服执行机构带动机床工作台移动。当工作台移动到 $x=x_1(\theta_{电}=\theta_{机})$ 时，定尺上的感应电压 $U_0=0$，工作台停止运动。

2.10.3 脉冲编码器

1. 脉冲编码器的分类和结构

脉冲编码器是一种旋转式脉冲发生器，把机械转角转化为脉冲。是数控机床上应用广泛的位置检测装置。同时也作为速度检测装置用于速度检测。

根据脉冲编码器的结构，脉冲编码器分为光电式、接触式、电磁感应式三种。从精度和可靠性方面来看，光电式编码器优于其他两种。数控机床上常用的是光电式编码器。

脉冲编码器是一种增量检测装置，它的型号是由每转发出的脉冲数来区分。数控机床上常用的脉冲编码器每转的脉冲数有：2 000 p/r、2 500 p/r 和 3 000 p/r 等。在高速、高精度的数字伺服系统中，应用高分辨率的脉冲编码器，如：20 000 p/r、25 000 p/r 和 30 000 p/r 等。

脉冲编码器的结构如图 2－107 所示。在一个圆盘的圆周上刻有相等间距的线纹，分为透明和不透明部分，称为圆光栅。圆光栅和工作轴一起旋转。与圆光栅相对的，平行放置一个固定的扇形薄片，称为指示光栅。上面制有相差 1/4 节距的两个狭缝，称为辩向狭缝。此外，还有一个零位狭缝（一转发出一个脉冲）。脉冲编码器与伺服电动机相连，它的法兰盘固定在伺服电动机的端面上，构成一个完整的检测装置。

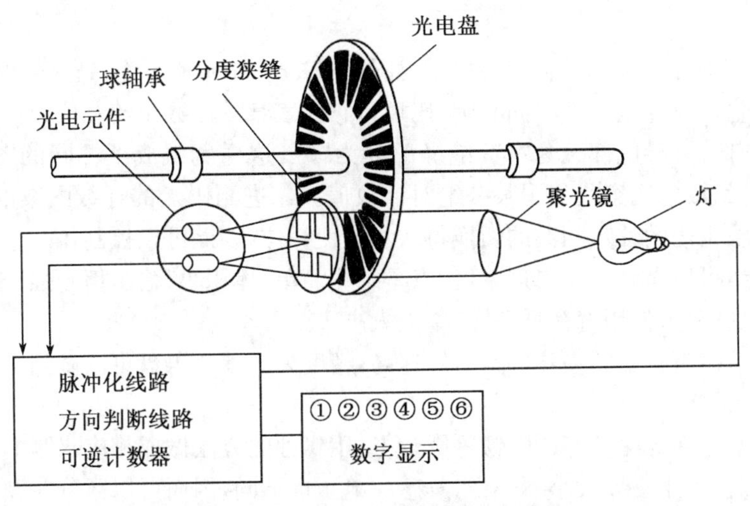

图 2－107　光电编码器的结构示意图

2. 光电脉冲编码器的工作原理

当圆光栅旋转时，光线透过两个光栅的线纹部分，形成明暗条纹。光电元件接受这些明暗相间的光信号，转换为交替变化的电信号，该信号为两组近似于正弦波的电流信号 A 和 B（图 2－108），A 和 B 信号的相位相差 90°。经放大整形后变成方波形成两个光栅的信号。光电编码器还有一个“一转脉冲”，称为 Z 相脉冲，每转产生一个，用来产生机床的基准点。

脉冲编码器输出信号有 A、$\overline{A}$、B、$\overline{B}$、Z、$\overline{Z}$ 等信号，这些信号作为位移测量脉冲以及经过频率/电压变换作为速度反馈信号，进行速度调节。

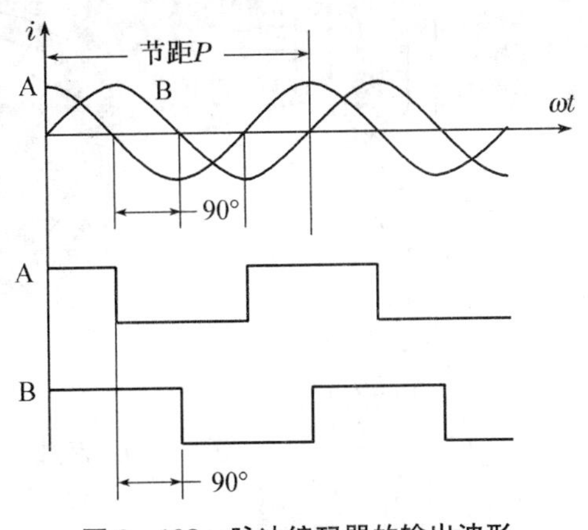

图 2－108　脉冲编码器的输出波形

2.10.4 绝对式编码器

增量式编码器只能进行相对测量，一旦在测量过程中出现计数错误，在以后的测量中会出现计数误差。而绝对式编码器克服了其缺点。

1. 绝对式编码器的种类

绝对式编码器是一种直接编码和直接测量的检测装置，它能指示绝对位置，没有累积误差。即使电源切断后位置信息也不丢失。常用的编码器有编码盘和编码尺，统称位码盘。

从编码器使用的计数制来分类，有二进制编码、二进制循环码（格雷码）、二-十进制码等编码器。从结构原理来分类，有接触式、光电式和电磁式等。常用的是光电式二进制循环码编码器。

如图 2－109 所示为绝对式码盘结构示意图。图 2－109(a)所示为二进制码盘，2－109(b)所示为格雷码盘。码盘上有许多同心圆（码道），它代表某种计数制的一位，每个同心圆上有绝缘与导电的部分。导电部分为“1”，绝缘部分为“0”，这样就组成了不同的图案。每一径向，若干同心圆组成的图案代表了某一绝对计数值。二进制码盘的计数图案的改变按二进制规律变化。格雷码的计数图案的切换每次只改变一位，误差可以控制在一个单位内。

接触式码盘可以做到 9 位二进制，优点是结构简单、体积小、输出信号强，不需放大。缺点是由于电刷的摩擦，使用寿命低，转速不能太高。

光电式码盘没有接触磨损，寿命长，转速高，精度高。单个码盘可以做到 18 位进制。缺点是结构复杂，价格高。

电磁式码盘是在导磁性好的软铁等圆盘上，用腐蚀的方法做成相应码制的凹凸图形，当磁通通过码盘时，由于磁导大小不一样，其感应电压也不同，因而可以区分“0”和“1”，达到测量的目的。该种码盘也是一种无接触式码盘，寿命长，转速高。

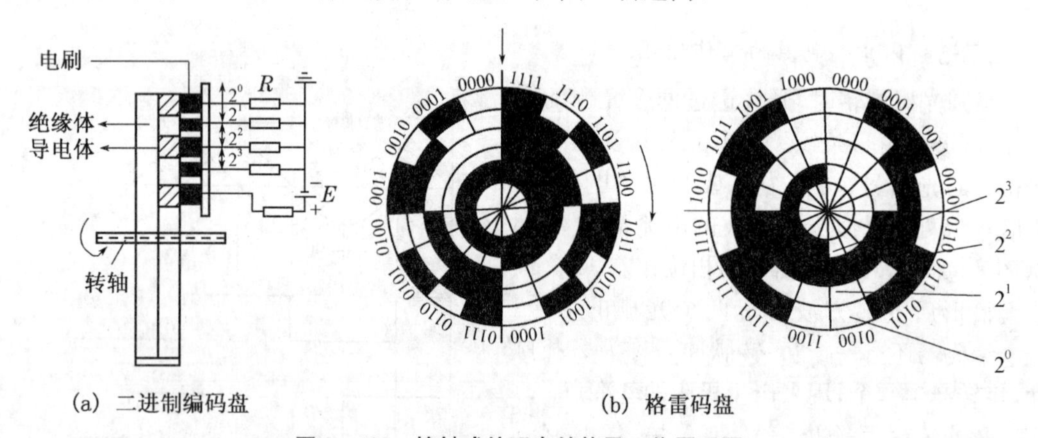

(a) 二进制编码盘　　(b) 格雷码盘

图 2－109　接触式编码盘结构及工作原理图

2. 绝对式编码器的工作原理

无论是接触式码盘、光电式码盘还是电磁式码盘，当被测对象带动码盘一起转动时，每转动一转，编码器按规定的编码输出数字信号。将编码器的编码直接读出，转换成二进制信息，送入计算机处理。

3. 混合式绝对式编码器

由上述可知，增量式编码器每转的输出脉冲多，测量精度高，但是能够产生计数误差。而绝对式编码器虽然没有计数误差，但是精度受到最低位(最外圆上)分段宽度的限制，其计数长度有限。为了得到更大的计数长度，将增量式编码器和绝对式编码器做在一起，形成混合式绝对式编码器。在圆盘的最外圆是高密度的增量条纹，中间有四个码道组成绝对式的四位格雷码，每1/4同心圆被格雷码分割为16个等分段。圆盘最里面有一发"一转信号"的狭缝。

该码盘的工作原理是三级计数：粗、中、精计数。码盘的转速由"一转脉冲"的计数表示。在一转内的角度位置由葛莱码的不同数值表示。每1/4圆格雷码的细分由最外圆上的增量制码完成。

2.10.5 光栅

在高精度的数控机床上，可以使用光栅作为位置检测装置，将机械位移转换为数字脉冲，反馈给CNC装置，实现闭环控制。由于激光技术的发展，光栅制作精度得到很大的提高，现在光栅精度可达微米级，再通过细分电路可以做到0.1 μm甚至更高的分辨率。

1. 光栅的种类

根据形状可分为圆光栅和长光栅。长光栅主要用于测量直线位移；圆光栅主要用于测量角位移。

根据光线在光栅中是反射还是透射可分为透射光栅和反射光栅。透射光栅的基体为光学玻璃。光源可以垂直射入，光电元件直接接受光照，信号幅值大。光栅每毫米中的线纹多，可达200线/mm(0.005 mm)，精度高。但是由于玻璃易碎，热膨胀系数与机床的金属部件不一致，影响精度，不能做得太长。反射光栅的基体为不锈钢带(通过照相、腐蚀、刻线)，反射光栅和机床金属部件一致，可以做得很长。但是反射光栅每毫米内的线纹不能太多，线纹密度一般为25～50线/mm。

2. 光栅的结构和工作原理

光栅是由标尺光栅和光学读数头两部分组成。标尺光栅一般固定在机床的活动部件上，如工作台。光栅读数头装在机床固定部件上。指示光栅装在光栅读数头中。标尺光栅和指示光栅的平行度及二者之间的间隙(0.05～0.1 mm)要严格保证。当光栅读数头相对于标尺光栅移动时，指示光栅便在标尺光栅上相对移动。

光栅读数头又叫光电转换器，它把光栅莫尔条纹变成电信号。如图2-110所示为垂直入射读数头。读数头由光源、聚光镜、指示光栅、光敏元件和驱动电路等组成。

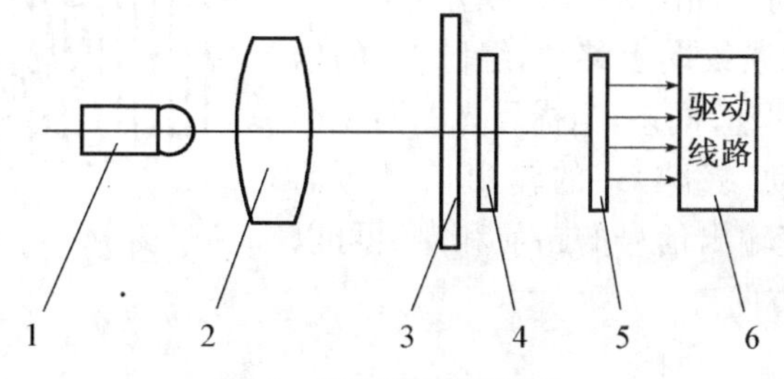

图2-110 光栅读数头

1—光源；2—透镜；3—标尺光栅；4—指示光栅；
5—光电元件；6—驱动线路

当指示光栅上的线纹和标尺光栅上的线纹呈一小角度 θ 放置时，造成两光栅尺上的线纹交叉。在光源的照射下，交叉点附近的小区域内黑线重叠形成明暗相间的条纹，这种条纹称为“莫尔条纹”。“莫尔条纹”与光栅的线纹几乎成垂直方向排列(图 2-111 所示)。

莫尔条纹的特点：

(1) 当用平行光束照射光栅时，莫尔条纹由亮带到暗带，再由暗带到光带的透过光的强度近似于正(余)弦函数。

(2) 起放大作用：用 W 表示莫尔条纹的宽度，P 表示栅距，θ 表示光栅线纹之间的夹角，则

$$W=\frac{P}{\sin\theta}$$

由于 θ 很小，$\sin\theta\approx\theta$ 则

$$W\approx\frac{P}{\theta}$$

(3) 起平均误差作用。莫尔条纹是由若干光栅线纹干涉形成的，这样栅距之间的相邻误差被平均化了，消除了栅距不均匀造成的误差。

(4) 莫尔条纹的移动与栅距之间的移动成比例。当干涉条纹移动一个栅距时，莫尔条纹也移动一个莫尔条纹宽度 W，若光栅移动方向相反，则莫尔条纹移动的方向也相反。莫尔条纹的移动方向与光栅移动方向相垂直。这样测量光栅水平方向移动的微小距离就用检测垂直方向的宽大的莫尔条纹的变化代替。

3. 直线光栅尺检测装置的辩向原理

莫尔条纹的光强度近似呈正(余)弦曲线变化，光电元件所感应的光电流变化规律近似为正(余)弦曲线。经放大、整形后，形成脉冲，可以作为计数脉冲，直接输入到计算机系统的计数器中计算脉冲数，进行显示和处理。根据脉冲的个数可以确定位移量，根据脉冲的频率可以确定位移速度。

用一个光电传感器只能进行计数，不能辩向。要进行辩向，至少要用两个光电传感器。图 2-112 所示为光栅传感器的安装示意图。通过两个狭缝 S_1 和 S_2 的光束分别被两个光电传感器 P_1、P_2 接受。当光栅移动时，莫尔条纹通过两个狭缝的时间不同，波形相同，相位差 90°。至于哪个超前，决定于标尺光栅移动的方向。如图 2-111 所示，当标尺光栅向右移动时，莫尔条纹向上移动，缝隙 S_2 的信号输出波形超前 1/4 周期；同理，当标尺光栅向左移动，莫尔条纹向下移动，缝隙 S_1 的输出信号超前 1/4 周期。根据两狭缝输出信号的超前和滞后可以确定标尺光栅的移动方向。

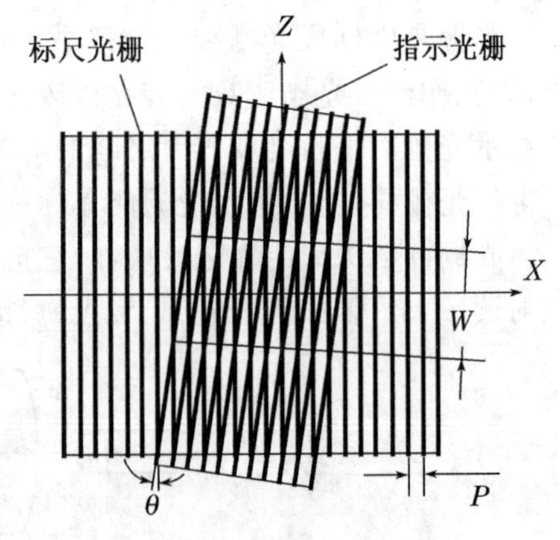

图 2-111　光栅的莫尔条纹

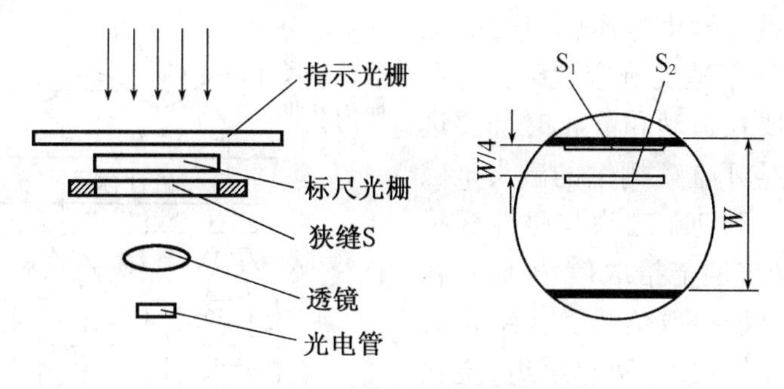

图2-112　光栅的辩向原理图

2.10.6　磁栅

1. *磁栅的结构*

磁栅又叫磁尺，是一种高精度的位置检测装置，它由磁性标尺、拾磁磁头和检测电路组成，用拾磁原理进行工作的。首先，用录磁磁头将一定波长的方波或正弦波信号录制在磁性标尺上作为测量基准，检测时根据与磁性标尺有相对位移的拾磁磁头所拾取的信号，对位移进行检测。磁栅可用于长度和角度的测量，精度高、安装调整方便，对使用环境要求较低，如对周围的电磁场的抗干扰能力较强，在油污和粉尘较多的场合使用有较好的稳定性。高精度的磁栅位置检测装置可用于各种精密机床和数控机床，其结构如图2-113所示。

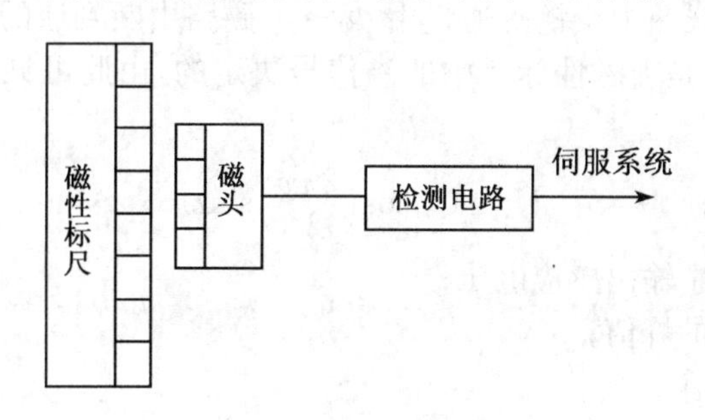

图2-113　磁栅的结构

(1) 磁尺

磁性标尺分为磁性标尺基体和磁性膜。磁性标尺的基体有非导磁性材料(如玻璃、不锈钢、铜等)制成。磁性膜是一层硬磁性材料(如Ni-Co-P或Fe-Co合金)，用涂敷、化学沉积或电镀在磁性标尺上，呈薄膜状。磁性膜的厚度为10～20 μm，均匀地分布在基体上。磁性膜上有录制好的磁波，波长一般为0.005 mm、0.01 mm、0.2 mm、1 mm等几种。为了提高磁性标尺的寿命，一般在磁性膜上均匀涂上一层1～2 μm的耐磨塑料保护层。

按磁性标尺基体的形状，磁栅可以分为平面实体型磁栅、带状磁栅、线状磁栅和回转型磁栅。前三种磁栅用于直线位移的测量，后一种用于角度测量。磁栅长度一般小于600 mm，测量长距离可以用几根磁栅接长使用。

(2) 拾磁磁头

拾磁磁头是一种磁电转换器件，它将磁性标尺上的磁信号检测出来，并转换成电信号。

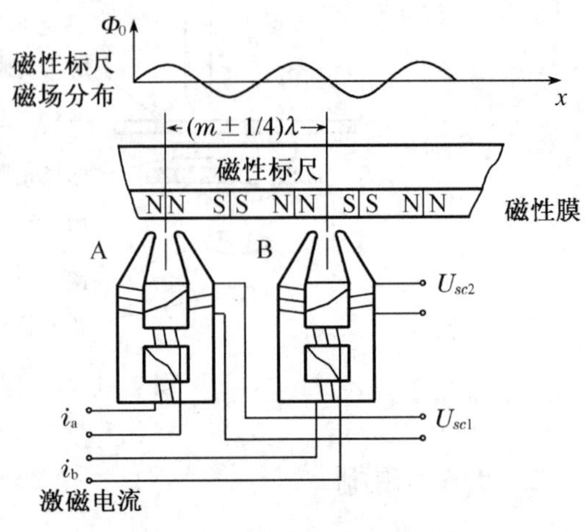

图 2-114　磁通响应型磁头

普通录音机上的磁头输出电压幅值与磁通的变化率成正比，属于速度响应型磁头。而在数控机床上需要在运动和静止时都要进行位置检测，因此应用在磁栅上的磁头是磁通响应型磁头。它不仅在磁头与磁性标尺之间有一定相对速度时能拾取信号，而且在它们相对静止时也能拾取信号。其结构如图 2-114 所示。该磁头有两组绕组，绕在磁路截面尺寸较小的横臂上的激磁绕组和绕在磁路截面较大的竖杆上拾磁绕组。当对激磁绕组施加励磁电流 $i_\alpha=i_0\sin\omega_0 t$ 时，在 i_α 的瞬时值大于某一数值以后，横臂上的铁芯材料饱和，这时磁阻很大，磁路被阻断，磁性标尺的磁通 Φ_0 不能通过磁头闭合，输出线圈不与 Φ_0 交链。当在 i_α 的瞬时值小于某一数值时，i_α 所产生的磁通 Φ_1 也随之降低。两横臂中磁阻也降低到很小，磁路开通，Φ_0 与输出线圈交链。由此可见，励磁线圈的作用相当于磁开关。

2. *磁栅的工作原理*

励磁电流在一个周期内两次过零、两次出现峰值。相应的磁开关通断各两次。磁路由通到断的时间内，输出线圈中交链磁通量由 $\Phi_0\to 0$；磁路由断到通的时间内，输出线圈中交链磁通量由 $0\to\Phi_0$。Φ_0 是由磁性标尺中的磁信号决定的，由此可见，输出线圈输出的是一个调幅信号：

$$U_{sc}=U_m\cos\left(\frac{2\pi x}{\lambda}\right)\sin\omega t$$

式中：U_{sc}——输出线圈中输出感应电压；

U_m——输出电势的峰值；

λ——磁性标尺节距；

x——选定某一 N 极作为位移零点，x 为磁头对磁性标尺的位移量；

ω——输出线圈感应电压的幅值，它比励磁电流 i_α 的频率 ω_0 高一倍。

由上可见，磁头输出信号的幅值是位移 x 的函数。只要测出 U_{sc} 过 0 的次数，就可以知道 x 的大小。

使用单个磁头的输出信号小，而且对磁性标尺上的磁化信号的节距和波形要求也比较高。实际使用时，将几十个磁头用一定的方式串联，构成多间隙磁头使用。

为了辨别磁头的移动方向，通常采用间距为 $(m+1/4)\lambda$ 的两组磁头（$\lambda=1,2,3\cdots$），并使两组磁头的励磁电流相位相差 45°，这样两组磁头输出的电势信号相位相差 90°。

第一组磁头输出信号如果是

$$U_{sc1}=U_m\cos\left(\frac{2\pi x}{\lambda}\right)\sin\omega t$$

则第二组磁头输出信号是

$$U_{sc2}=U_m\sin\left(\frac{2\pi x}{\lambda}\right)\sin\omega t$$

磁栅检测是模拟量测量，必须和检测电路配合才能进行检测。磁栅的检测电路包括：磁头激磁电路、拾取信号放大、滤波及辩向电路、细分内插电路、显示及控制电路等各部分。

根据检测方法的不同，也可分为幅值检测和相位检测两种。通常相位测量应用较多。

习　题

2-1　什么叫数控技术？什么叫数控系统？数控系统最基本的组成部分是什么？

2-2　什么叫数控机床？它的基本组成部分是什么？

2-3　何谓NC机床、加工中心、FMC、FMS、DNC？

2-4　何谓CNC、CIMS？

2-5　简述数控机床的分类方法。

2-6　简述数控机床的主要特点。

2-7　试阐述数字控制的概念，并分析数控系统的组成情况。

2-8　试描述数控机床有哪些特点。

2-9　数控机床有哪些不同的分类方法？按照不同的分类标准数控机床可分为哪几类？

2-10　数控机床有哪几类性能指标？

2-11　试以MJ-50型数控车床为例，分析数控车床的主轴箱结构。

2-12　数控车床进给传动系统具有哪些特点，(并以MJ-50型数控车床为例分析数控车床进给系统传动装置)。

2-13　试描述数控铣床的用途。

2-14　数控铣床可以划分为哪些类型？

2-15　以XK5040A型数控铣床为例，分析数控铣床的传动系统。

2-16　试阐述数控铣床升降台自动平衡装置的工作原理。

2-17　试描述数控加工中心的用途。

2-18　加工中心按照不同的划分标准有哪几种不同的分类方法？

2-19　数控线切割机床种类有哪些？

2-20　数控电火花线切割加工特点？

2-21　数控机床对主传动系统有哪些要求？

2-22　主传动变速有几种方式？各有何特点？各应用于何种场合？

2-23　对主轴箱有何要求？

2-24　主轴箱有几种结构型式？各应用于何种场合？

2-25　主轴轴承的配置型式有几种？各有何优缺点？

2-26　主轴为何需要“准停”？如何实现“准停”？

2-27　数控机床对进给传动系统有哪些要求？

2-28　滚珠丝杠螺母副的滚珠有哪两类循环方式？常用的结构型式是什么？

2-29　齿轮传动间隙的消除有哪些措施？各有何优缺点？

2-30　转塔头式换刀装置有何特点？简述其换刀过程？

2-31　常见的机械手有几种型式？各有何特点？

2-32　数控机床为何需专设排屑装置？目的何在？

第3章 数控机床的安装调试及保养维修

一台数控机床在设计、制造的过程中采用了各种措施来保证运行的可靠性和稳定性。尽管如此，数控机床与其他产品一样，具有其特定的使用条件。在数控机床的使用现场，如果不能提供机床要求的运行条件，首先难以保证数控机床运行的可靠性，同时也很难达到数控机床的设计指标。数控机床的使用和维护，在数控机床的生命周期中起着至关重要的作用，对数控机床指定的技术指标、可靠性，甚至使用寿命都会产生重要的影响。

3.1 数控机床的基本使用条件

在机床制造厂提供的数控机床安装使用指南中，对数控机床的使用条件提出了明确的要求，如数控机床运行的环境温度、湿度、海拔高度、供电指标、接地要求、振动等。数控机床属于高精度的加工设备，其控制精度一般都能够达到 0.01 mm 以内，有些数控机床的控制精度更高，甚至达到纳米级的精度等级。机床制造厂在生产数控机床，进行精度调整时，都是基于数控机床标准的检测条件进行的，如生产车间必须保证一定的温度和湿度。机床制造，金属材料对温度变化的反应，影响数控机床的定位精度。数控机床的用户要想达到数控机床的标定精度指标，就必须满足数控机床安装调试手册中定义的基本工作条件，否则数控机床的设计精度指标在生产现场是难以达到的。

3.1.1 环境温度

数控机床工作的环境温度是有限制条件的，一般环境温度不应超出 0～40 ℃的范围。当数控机床工作的生产现场的温度超过数控机床规定的运行范围后，一方面无法达到数控机床的精度指标，另一方面可能导致数控机床的电气故障，造成电气部件损坏。为了保证数控机床在环境温度高的生产现场可以稳定可靠地运行，机床制造厂采取了相应的措施。许多数控机床的电气柜配备了工业空调，对电气柜中的驱动器等发热部件产生的热量进行冷却。

由于采用了空调冷却，电气柜的内部和外部的温差很大，在湿度高的环境中也可能导致数控机床的故障，甚至电气部件的损坏。如数控机床电气柜的密封性能不好，在数控机床断电后，空气中的水分子在数控系统部件的元器件上产生凝结。当数控机床再次上电时，由于水的导电性，数控机床中各种电气部件上的露水，可能会导致电气柜中元器件的短路损坏，特别是高电压部件。所以，在高温高湿地区使用数控机床的用户要特别注意环境可能对数控机床造成的影响，避免或减少数控机床停机导致的经济损失。故为数控机床的工作现场提供一个良好的环境是必要的，例如将数控机床安放在恒温车间中进行加工生产。

3.1.2 环境湿度

当数控机床工作在高温，特别是高湿环境中时，应尽可能减少机床断电的次数。数控机床断电的主要目的一是安全，二是节能。数控机床的耗能最高的部件是伺服驱动器，其他部件，如数控系统的显示屏，输入输出模块等，需要的功率都非常小。只要断开驱动器的职能信号，整个数控机床的能源消耗并不高。因此，在高湿度环境中工作的数控机床可以只断掉伺服系统的使能，而不关断数控系统的主电源，这样就可以避免由于结露造成的硬件故障。当然，机床制造厂对于销往高湿地区的数控机床，还可以选配电气柜的加热器，用于排除电气部件的结露。在消除结露后，才能接通数控系统和驱动系统的电源。

3.1.3 地基要求

与数控机床使用的环境温度指标相同，数控机床对工作现场的地基，以及数控机床在工作现场的安装调试也会影响数控机床的动态特性和加工精度。假如数控机床的工作现场地基不坚固，或者导轨的水平度没有达到要求，数控机床的动态特性将会受到影响。数控机床在高加速度或高伺服增益设定的情况下可能出现振动，从而不能保证加工的高精度。另外，对于高精度的数控机床，如果工作现场的地基与车间外的地面环境之间没有任何隔振措施，车间外面的振源也会影响机床的精度，如车间外道路上重型运输车辆产生的振动将直接影响加工的精度。

3.1.4 对海拔高度的要求

数控机床工作地允许的海拔高度一般低于 1 000 m，当超过这个指标后，伺服驱动系统的输出功率将有所下降，因而影响加工的效果。如果一台数控机床准备在高原地区使用，在做电气系统配置时一定要考虑到高原环境的特点，选择伺服电机时功率指标要适当增大，以保证在高海拔的发生现场数控机床的驱动系统可以提供足够的功率。

3.1.5 对电源的要求

电源是数控机床正常工作的最重要的指标之一。没有一个稳定可靠的三相电源，数控机床稳定可靠运行是得不到保证的。数控机床的动力来自伺服驱动器，伺服驱动器又是很强的干扰源，伺服驱动器装置不仅可能对电气柜中的电气部件产生干扰，而且伺服驱动器在工作中会同时对三相电源产生高次谐波干扰。当用户的生产现场有多台数控机床时，数控机床对供电电源产生的干扰可能影响其他数控机床的正常运行。特别是对于采用大功率的伺服驱动装置的数控机床，如大功率伺服电机或大功率伺服主轴，在工作中会产生非常强的电源干扰。防止伺服系统电源干扰的措施是在数控机床的电器柜中，在三相主开关与伺服驱动器的电源进线之间配置电源滤波器。用户在订购数控机床时，可根据生产现场的情况向机床制造厂提出配置电网滤波器的要求。生产车间现场电网品质的好坏不仅取决于生产现场的供电设备，更重要的是取决于生产现场的用电设备。只有减小或消除每台数控机床对电网产生的高次谐波干扰，才能保证整个生产现场所有数控机床正常稳定地运行，避免由于不必要的停机而造成经济损失。如今越来越多的用户已经逐步认识到生产现场供电电源的品质对生产的影响。

3.1.6 保护接地的要求

数控机床在生产现场的保护接地也是一个普遍存在的问题。很多数控机床的用户对三相动力电源的中线和保护接地的区别认识模糊。数控机床在生产现场的保护接地是影响数控机床可靠的重要因素之一。我国的动力电源为三相 380 V AC。采用三相四线制的供电方式。数控机床属于敏感电气设备,在通用电气安装标准中规定,数控机床必须连接保护接地。如果在数控机床内需要使用中线连接单相的用电设备,比如 24V 直流稳压电源或空调等,必须得到机床用户的认可。在数控机床的电气柜中,中性线与保护接地必须分开。绝对不能使用中性线作为数控机床的保护接地。如果在数控机床电气系统的设计时使用三相电源的中性线,必须在数控机床的技术文件中有明确的描述,如数控机床的安装调试说明书或数控机床的电气图。在数控机床的电源端子上对中性线提供带有字母"N"的标志,保护接地端子应提供带有"PE"字母的标志。在电气柜内部中性线和保护接地电路之间是不相连的,也不应将保护接地与中性线在数控机床的外部连接后作为 PEN 与 PE 端子连接。

中性线是供电电网中消除电网不平衡的回路。虽然中性线在变电站一处已经做了接地处理,但是中性线绝对不能作为保护接地使用。许多用户错误地认为由于三相四线制供电系统中没有保护接地,所以只能使用中性线作为保护接地。其实保护接地不是来自三相四线制供电系统中,而是来自生产现场。首先,电气设备的保护接地的目的是保护操作人员的人身安全,其次是保护数控机床中各个电气部件的安全可靠。尽管中性线在变电站一端已经做了接地处理,从数控机床的工作现场到变电场到变电站的接地点之间可能相距很远,车间内使用三相动力电源的各种设备产生的不平衡电流都要通过中性线流向变电站的接地点,导线电阻与导线的长度有关,这样中性线内的不平衡电流就会因此而产生一个较强的电势而使整个机床带电,危害各电敏元器件,甚至可能导致数控机床操作人员的人身伤害。因此,绝对不能将车间三相电源的中线作为保护接地与数控机床 PE 端子连接。

车间现场的保护接地是各种设备稳定可靠运行的基本保证。在建设新的数控加工车间时,必须考虑到车间内接地的设计。使每个工位的配电箱都配备独立的保护接地。对于老厂房中的数控设备,应对供电系统进行改造,使每个工位的保护接地满足国家标准的要求。数控设备生产现场基础设施的建设或改造,是保证设备稳定运行的基础。这个基础可以减少设备的停机时间,为企业创造更高的经济效益。

3.2 数控机床的安装调试

3.2.1 安装调试的各项工作

首先要看新的数控机床是属于小型还是大型。通常小型机床安装比较简单,大型数控机床考虑运输和包装等问题,不得不将整体机床分解成几大部分,所以到达工作现场后必须重新组装与仔细调整、工作量较大而且也比较复杂。因此,小型数控机床就免去分解后重组的工作量。尽管如此,小型数控机床开箱验收及开机调试也必须认真、仔细地对待这项工作,避免出差错造成损失。

通常，数控机床安装调试，必须经过以下各工作步骤：

（1）初就位工作。机床到达之前就应按机床厂提供的基础图打好机床安装基础、并预留地脚螺栓预置孔。按装箱清单清点备品、配件、资料及附件。对随机文件要有专人专项保管（特别是数控机床参数设置明细表等文件）。按说明书，把机床的各大部件在现场地基上就位，对各紧固件必须对号入座。

（2）机床的连接工作。机床各部件组装前，先去除安装连接面、导轨及各运动部件面上的防锈涂料，做好各部件外表的清洁工作。然后把机床各部件组装成整机，如将立柱、数控柜、电气柜装在床身上，刀库机械手装到立柱上。在床身上装上接长床身等。组装时要使用原来的定位销、定位块和定位元件，使安装位置恢复到机床拆卸前的状态，以利于下一步的精度调试。部件组装完成后就进行电缆、油管和气管的连接。机床说明书中有电气接线图和气、液压管路图，应据此把有关电缆和管道按标记一一对号接好。连接时特别要注意清洁工作和可靠的接触及密封，并检查有无松动和损坏。电缆插上后一定要拧紧紧固螺钉，保证接触可靠。油管、气管连接中要特别防止异物从接口中进入管路，造成整个液压系统的故障，管路连接时每个接头都要拧紧。否则在试车时，尤其在一些大的分油器上如有一根管子渗漏油，往往需要拆下一批管子，返修工作量将很大。电缆和油管连接完毕后，要做好各管线的就位固定，防护罩壳的安装，保证整齐的外观。

（3）数控系统的连接与调整包括开箱检查、外部电缆连接、电源连接、设定的确认、输入电流、电压、频率及相序的确认及机床参数的确认等。

（4）通电试车。

（5）机床精度及功能调试。

（6）试运行。

（7）组织机床验收工作。

3.2.2 新机床数控系统的连接

对新机床数控系统的连接与调整应进行以下各项内容并注意有关问题：

（1）数控系统的开箱检查。对于数控系统，无论是单个购入或是随机床配套购入均应在到货后进行开箱检查。

检查包括系统本体和与之配套的进给速度控制单元和伺服电机、主轴控制单元和主轴电机。检查它们的包装是否完整无损，实物和订单是否相符。此外还应检查数控柜内各插接件有无松动，接触是否良好。

（2）外部电缆的连接。外部电缆连接是指数控装置与外部 MDI/CRT 单元、强电柜、机床操作面板、进给伺服电机动力线与反馈线、主轴电机动力线与反馈信号线的连接以及与手摇脉冲发生器等的连接。应使这些连接符合随机提供的连接手册的规定。最后，还应进行地线连接。地线要采用一点接地法（即辐射式接地法），如图 3－1 所示。

这种接地法要求将数控柜中的信号地、强电地、机床地等连接到公共接地点上，而且数控柜与强电柜之间应有足够粗的保护接地电缆，如截面积为 5.5～14 mm^2 的接地电缆。而总的公共接地点必须与大地接触良好，一般要求接地电阻小于 4～7 Ω。

（3）数控系统电源线的连接。应在先切断控制柜电源开关的情况下连接数控柜电源变压器原边的输入电缆。检查电源变压器与伺服变压器的统组抽头连接是否正确，尤其是引

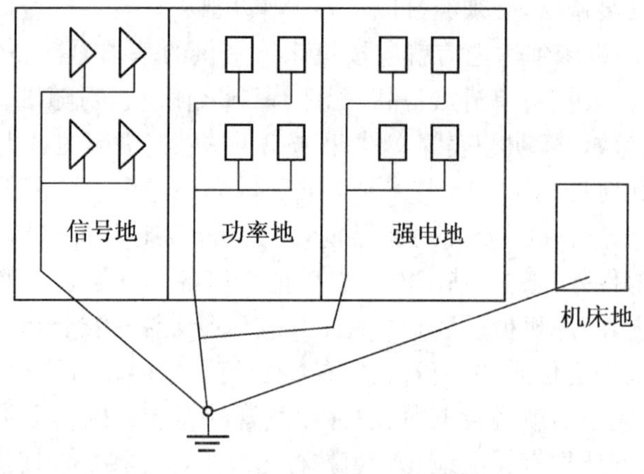

图 3-1　一点接地法图示

进的国外数控系统或数控机床更需如此，因为有些国家的电源电压等级与我国不同。

(4) 设定的确认。数控系统内的印刷线路板上有许多用短路棒短路的设定点，需要对其适当设定以适应各种型号机床的不同要求。一般来说，用户购入的整台数控机床，这项设定已由机床制造厂完成，用户只需要确认即可。但对于单体购入的 CNC 系统，用户则需要自行设定。确认工作应按随机维修说明书的要求进行。一般有三点：

第一，先确认控制部分印刷线路板上的设定：确认主板、ROM 板、连接单元、附加轴控制板和旋转变压器或感应同步器控制板上的设定。它们与机床返回基准点的方法、速度反馈用检测元件、检测增益调节及分度精度调节有关。

第二，要确认速度控制单元印刷线路板上的设定，无论是直流或交流速度控制单元上皆有一些设定点，用于选择检测元件种类、回路增益以及各种报警等。

第三，要确认主轴控制单元印刷线路板上的设定，上面有用于选择主轴电机电流极限与主轴转速等的设定点（除数字式交流主轴控制单元上已用数字设定代替短路棒设定，所以只有通电时才能进行设定与确认，其他交、直流主轴控制单元上均有）。

(5) 输入电源电压、频率及相序的确认。这方面要按以下三点进行：

第一，检查确认变压器的容量是否能满足控制单元与伺服系统的电耗。

第二，检查电压波动是否在允许范围之内。

第三，对采用晶体管控制元件的速度控制单元与主轴控制单元的供电电流，一定要严格检查相序，否则会使熔丝熔断。

(6) 确认直流电源的电压输出端是否对地短路。各种数控系统内部都有直流稳压电单元，为系统提供所需的＋5 V、±15 V、＋24 V 等直流电压。因此，在系统通电前，应检查这些电源的负载是否有对地短路现象，可用万用表来确认。

(7) 数控柜通电，检查各输出电压。在接通电源之前，为了确保安全，可先将电机动力线断开。这样，在系统工作时不会引起机床运动。但是，应根据维修说明书的介绍对速度控制单元做一些必要的设定，不致因断开电机动力线而造成报警。

接通电源之后，首先检查数控柜中各个风扇是否旋转，借此也可确认电源是否已接通。

检查各印刷线路板上的电压是否正常，各种直流电压是否在允许的波动范围之内。一般来说。对＋5 V 电源要求较高，波动范围在±5%，因为它是供给逻辑电路用的。

(8) 确认数控系统各种参数的设定系统(包括 PLC)参数设定目的是使数控装置与机床连接时,能够使机床处于最佳工作状态,具备最好的工作性能。即使数控装置同于同一类型、同一型号,其参数设置也随机床而异。显示参数的方法有多种,但大多数可通过 MDI/CRT 单元上的"PARAM"键来显示已存入系统存储器的参数。机床安装调试完毕时,其参数显示应与随机附带的参数明细表一致。

如果所用的进给和主轴控制单元是数字式的,那么它的设定也都是用数字设定参数,而不是用短路棒。此时,须根据随机所带的说明书,一一予以确认。

(9) 确认数控系统与机床侧的接口。现代数控机床的数控系统都具有自诊断功能,在显示屏 CRT 画面上不仅可以显示出数控系统与机床可编程序控制器(PLC),还可以反映出从 NC 到 PLC,从 PLC 到机床(MT 侧)以及从 MT 侧到 PLC 侧,从 PLC 到 NC 侧的各种信号状态。至于各信号的含义及其相互逻辑关系,随每个 PLC 的梯形图而异。用户可根据机床厂提供的顺序程序单(即梯形图)说明书(内含诊断地址表),通过自诊断画面确认数控机床与数控系统之间接口信号是否正确。

(10) 纸带阅读机光电放大器的调整。当发现读带信息有错误时,则需要对放大器输出波形进行检查调整。调整时可用黑色环形 40 m 长的纸带试验(其上有孔、无孔交错排列),使开关置于手动方式,用示波器测量光电放大器印刷线路板上的同步孔、使"ON"和"OFF"时间比为 6∶4,再用示波器测量 8 个信号孔检测端子上的波形,使其符合要求即可。

3.2.3　精度调试与功能调试

新购进的数控机床在安装中,首先要对机床主床身的水平度进行精确调整。利用固定床身的地脚螺栓与垫铁找好水平,水平找好后再移动机床床身上的主立柱、溜板、工作台等运动部件,并仔细观察各运动部件在各坐标全行程内的水平状况,调整到允差范围之内。

完成上述工作后,下一步可以使机床使用 G28 Y0 或 G30 Y0 Z0 等程序自动移动到刀具交换位置。以手动方式调整装刀机械手与卸刀机械手相对于机床主轴的位置。此时,可用校对心棒进行检测。有误差时,就调整机械手行程,或修改换刀位置点的设定值,即改变数控系统内的参数设定。调整好以后,必须紧固各调整螺钉及刀具库的地脚螺栓。这时,才可以装几把刀柄(注意,重量应在允许值范围以内),进行多次从刀库到主轴的往复运动并交换刀具。交换动作必须准确无误,不产生冲击,保证不会掉刀。

对带有 APC 装置的机床应将工作台移动至交换位置,调整好托盘站与工作台的相对位置,使工作台自动交换时平稳、可靠、动作无误、准确到位。再在工作台上加额定负载的 70%～80%工作物进行重复,多次交换,当反复试验无误后,再紧固调整螺钉与地脚螺栓。

在数控系统与机床联机通电试车时,虽然数控系统已经确认,工作正常无任何报警,但为了预防万一,应在接通电源的同时,做好按压急停按钮的准备,以备随时切断充源。例如,伺服电机的反馈信号线接反了或断线,均会出现机床"飞车"现象,这时就需要立即切断电源,检查接线是否正确。在正常情况下,电机首先通电的瞬时,可能会有微小转动,但系统的自动漂移补偿功能会使电机轴立即返回。此后,即使电源再次断开、接通,电机轴也不会转动。可以通过多次通、断电源或按急停按钮的操作,观察电机是否转动,从而也确认系统是否有自动漂移补偿功能。

在检查机床各轴的运转情况时,应用手动连续进给移动各轴,通过 CRT 或 DPL(数字显示器)的显示值检查机床部件移动方向是否正确。如方向相反,则应将电机动力线及检测信号线反接才行。然后检查各轴移动距离是否与移动指令相符。如不符,应检查有关指令、反馈参数以及位置控制环增益等参数设定是否正确。

随后,再用手动进给,以低速移动各轴,并使它们碰到超程开关,用以检查超程限位是否有效,数控系统是否在超程时发出报警。

最后,还应进行一次返回基准点动作。机床的基准点是以后机床进行加工的程序基准位置,新数控机床进行验收时,要对机床的几何精度进行检查,包括工作台的平面度、各坐标方向移动时工作台的平行度及相互垂直度。

必须仔细检测主轴孔的径向跳动及主轴的轴向窜动量是否在允差范围内,主轴在 Z 坐标方向移动的直线度以及主轴回转轴心线对工作台面的垂直度是否符合要求。

3.2.4 数控机床的开机调试

新购买的数控机床在安装好以后能否正确、安全地开机,调试是很关键的一步。这一步的正确与否在很大程度上决定了这台数控机床能否发挥正常的经济效率以及它本身的使用寿命,这对数控机床的生产厂和用户都是事关重大的问题。

数控机床开机调试步骤的宗旨是安全、快速。目的是为了节省开机调试的时间,少走弯路,减少故障,防止意外事故的发生,正常的发挥数控机床的经济效益,使数控技术得到更广泛的普及。

开机调试的顺序如下:

1. 通电前的外观检查

(1) 机床电器检查

打开机床电控箱,检查继电器、接触器、熔断器、伺服电机速度控制单元插座,主轴电机速度控制单元插座等有无松动,如有松动应恢复正常状态。有锁紧机构的接插件一定要锁紧。有转接盒的机床一定要检查转接盒上的插座,接线有无松动。有锁紧机构的一定要锁紧。

(2) CNC 电箱检查

打开 CNC 电箱门,检查各类插座,包括各类接口插座、伺服电机反馈线插座、主轴脉冲发生器插座、手摇脉冲发生器插座、CRT 插座等,如有松动要重新插好,有锁紧机构的一定要锁紧。

按照说明书检查各个印刷线路板上的短路端子的设置情况,一定要符合机床生产厂所设定的状态,确实有误的应重新设置。一般情况下无须重新设置,但用户一定要对短路端子的设置状态做好原始记录。

(3) 接线质量检查

检查所有的接线端子,包括强、弱电部分在装配时机床生产厂自行接线的端子及各电机电源线的接线端子。每个端子都要用旋具紧固一次,直到用旋具拧不动为止(弹簧垫片要压平)。各电机插座一定要拧紧。

(4) 电磁阀检查

所有电磁阀间都要用手推动数次,以防止长时间不通电造成的动作不良。如发现异常,应做好记录,以备通电后确认修理或更换。

（5）限位开关检查

检查所有限位开关动作的灵活性及固定是否牢固，发现动作不良或固定不牢的应立即处理。

（6）操作面板上按钮及开关检查

检查操作面板上所有按钮、开关、指示灯，发现有误应立即处理。检查 CRT 单元上的插座及接线。

（7）地线检查

要求有良好的地线，测量机床地线、CNC 装置的地线，接地电阻不能大于 1Ω。

（8）电源相序检查

用相序表检查输入电源的相序，确认输入电源的相序与机床上各处标定的电源相序应绝对一致。有二次接线的设备，如电源变压器等，必须确认二次接线的相序的一致性，要保证各处相序的绝对正确。此时应测量电源电压，做好记录。

2. 机床总电压的接通

（1）接通机床总电源。检查 CNC 电箱、主轴电机冷却风扇、机床电器箱冷却风扇的转向是否正确，润滑、液压等处的油标指示以及机床照明灯是否正常。各熔断器有无损坏，如有异常应立即停电检修，无异常可以继续进行。

（2）测量强电各部分的电压。特别是供 CNC 及伺服单元用的电源变压器的初、次级电压，并做好记录。

（3）观察有无漏油。特别是供转塔转位、卡紧、主轴换挡以及卡盘卡紧等处的液压缸和电磁阀，如有漏油应立即停电修理或更换。

3. CNC 电箱通电

（1）按 CNC 电源通电按钮，接通 CNC 电源。观察 CRT 显示，直到出现正常画面为止。如果出现 ALARM 显示，应该寻找故障并排除，此时应重新送电检查。

（2）打开 CNC 电箱，根据有关资料上给出的测试端子的位置测量各级电压，有偏差的应调整到给定值，并做好记录。

（3）将状态开关置于适当的位置，如日本 FANUC 系统应放置在 MDI 状态，选择到参数页面，逐条逐位地核对参数，这些参数应与随机所带的参数表符合。如发现有不一致的参数，应搞清各个参数的意义后再决定是否修改。如间隙补偿的数值与参数表不一致，在进行实际加工后可随时进行修改。

（4）将状态选择开关放置在 JOG 位置，将点动速度放在最低挡，分别进行各坐标正、反方向的点动操作，同时用手按与点动方向相对应的超程保护开关，验证其保护作用的可靠性。然后，再进行慢速的超程试验，验证超程撞块安装的正确性。

（5）将状态开关置于 ZRN（回零）位置，完成回零操作，无特殊说明时，一般数控机床的回零方向是在坐标的正方向，观察回零动作的正确性。

有些机床在设计时就规定首先进行回零操作，参考点返回的动作不完成就不能进行其他操作。因此，遇此情况应首先进行本项操作，然后再进行 D 项操作。

（6）将状态开关置于 JOG 位置或 MDI 位置，进行手动变挡（变速）试验。验证后将主轴调速开关放在最低位置，进行各挡的主轴正、反转试验，观察主轴运转情况和速度显示的正确性，然后再逐渐升速到最高转速，观察主轴运转的稳定性。

(7) 进行手动导轨润滑试验，使导轨有良好的润滑。

(8) 逐渐变化快移超调开关和进给倍率开关，随意点动刀架，观察速度变化的。

4. 手动数据输入(MDI)试验

(1) 将机床锁住开关(MACHINE LOCK)放在接通位置，用手动数据输入指令进行主轴任意变挡、变速试验。测量主轴实际转速，并观察主轴速度显示值，调整其误差应限定在±5%之内。(此时对主轴调速系统应进行相应的调整)

(2) 进行转塔或刀座的选刀试验。

输入指令：

T0101　INPUT　START

T0303　INPUT　START

T0909　INPUT　START

进行此实验的目的是检查刀座或正转、反转和定位精度的正确性。

(3) 功能试验。用手动数据输入方式指令 G01、G02、G03 并指令适当的主轴转速、F 码、移动尺寸等，同时调整进给倍率开关(FEED OVERFIDE)，观察功能执行情况及进给率变化情况。

(4) 给定螺纹切削指令 G32，而不给主轴转速指令，观察执行情况，如不能执行则为正确，因为螺纹切削要靠主轴脉冲发生器的同步脉冲。然后，增加主轴转动指令，观察螺纹切削的执行情况。(除车床外，其他机床不进行该项实验)

(5) 根据加工的情况不同，循环功能也不同，可根据具体情况对各个循环功能进行试验。为防止意外情况发生，最好先将机床锁住进行试验，然后再放开机床进行试验。

5. 编辑(EDIT)功能试验

将状态选择开关置 EDIT 位置，自行编制一个简单程序，尽可能多地包括各种功能指令和辅助功能指令，移动尺寸以机床最大行程为限，同时进行程序的增加、删除和修改。

6. 自动(AUTO)状态试验

将机床锁住，用 5 编制的程序进行空运转试验，验证程序的正确性。然后，放开机床分别将进给倍率开关、快移超调开关、主轴速度超调开关进行多种变化，使机床在上述各开关的多种变化的情况下进行充分地运行后再将各超调开关置于 100%处，使机床充分运行，观察整机的工作情况是否正常。

7. 外围设备试验

(1) 用 PPR 或 FACIT4070 将参数和程序穿制成纸带，参数纸带要妥善保存，以备用。

(2) 将程序纸带用光电读入机送入 CNC，确认后再用程序运行一次，验证光电读入机工作的正确性。

至此，一台数控机床开机调试完毕。

3.3　数控机床的保养维修

3.3.1　数控机床的保养的概念

1. 系统的可靠性

衡量系统可靠性的两个基本参数是故障频次和相关运行时间。因此，通常用“平均无故障工作时间”(Mean Time Between Failures, MTBF)和“平均故障率”(Average Failure Rate, AFR)来作为衡量的标准。所谓平均无故障工作时间，是指系统在可修复的相邻两次故障之间能正常工作的时间的平均值。我国《机床数字控制系统通用技术条件》规定：数控系统产品可靠性验证用“平均无故障工作时间”作为衡量的指标，具体数值应在产品标准中给出，但数控系统的最低可接受的MTBF不低于3 000 h。有关资料显示，世界上有些CNC系统的MTBF已可达22 000 h。

而FANUC公司的CNC系统，采用平均月故障率作为可靠性的主要指标(表3-1)。

表3-1　可靠性的主要指标

产品年代	平均故障率/(次/月)	平均无故障时间/月
20世纪70年代末	0.1	10
20世纪80年代中	0.03	33
20世纪80年代末	0.02	50
20世纪90年代初	0.01	100

2. 数控机床的利用率

数控机床的利用率低是我国机械加工行业的一个大问题，经常可以发现许多数控机床被闲置，开动率很低。为了提高数控机床的利用率，应该合理安排加工工序，充分做好准备工作，尽量减少数控机床的空等时间(如等待刀具、工装夹具及加工程序等)，凡是可由数控机床加工的，都应当在其上加工，使数控机床的开动率能达到60%～70%。

此外，还应加强对有关技术人员的培训。CNC系统具有技术密集和知识密集的特点，在一开始使用数控机床时，多是由于操作技术不熟练而发生机床故障。例如，某厂进了台加工中心机床，在使用的第一年中共发生了16次停机较长的故障。究其原因，其中有7次故障是由于操作、保养不当引起的；3次是电源、机床电气部分的故障；2次是机床调整不当引起的；1次是CNC系统显示出错。由此可见，因操作、保养、调整不当引起的故障约占总故障次数的56.3%，而CNC系统的故障只占25%。因此，有必要对相关人员，包括对机床维修人员、加工零件编程人员、工艺编制人员以及生产调度、定额制定、生产准备、管理人员进行各种技术培训。对一般人员只要普及数控技术知识、了解数控机床特点、利用数控机床加工过程的要领即可。而对数控系统操作人员、维护人员及编程人员则要进行专业技术培训，既可以在厂内现场培训，也可以到有关数控技术培训中心进行培训。要求这类专业人员具备熟练的操作技巧和快速理解加工程序的能力，能对机床加工中出现的各种情况进行综合判断，分析影响加工质量的因素并提出处理的对策；具备及时判断小故障的起因及排除故障的能力；还应具有较强的责任心和良好的职业道德。

当然，为了保证数控系统的开动率，还应加强数控系统的维护工作，这包括两个方面的内容，一是日常维护，即预防性维修；二是一旦发生故障，应及时修理，尽量缩短修理时间，尽快使数控系统投入使用。

3. 数控系统日常维护

数控机床的日常维护也是数控机床运行的稳定性，可靠性保证，是延长数控机床使用寿命的手段。数控机床的日常保养和维护的项目在机床制造厂提供的机床使用说明书中有明确的描述。尽管数控机床在其设计生产中采取了很多手段和措施来保证可靠性和稳定性，但是在数控机床的使用过程中如果不能满足规定的运行条件，或不按照规定进行维护，都有可能造成数控机床的停机。一旦机床由于机械故障或者电气故障而停机，导致生产的中断，加之恢复机床正常运行所需要的费用，如维修，采购配件以及服务等，造成的经济损失是巨大的。所以，在数控机床使用过程中的维护和保养是使数控机床创造更多价值的重要保障。

概括起来，要注意以下几个方面：

(1) 制定数控系统的日常维护的规章制度。根据各种部件的特点，确定各自保养条例。如明文规定哪些地方需要天天清理(如 CNC 系统的输入/输出单元——光电阅读机的清洁，检查机械结构部分是否润滑良好等)，哪些部件要定期检查或更换(如直流伺服电动机电刷和换向器应每月检查一次)。

(2) 应尽量少开数控柜和强电柜的门。因为在机加工车间的空气中一般都含有油雾、灰尘甚至金属粉末，一旦它们落在数控系统内的印制线路板或电器件上，容易引起元器件间绝缘电阻下降，甚至导致元器件及印制线路板的损坏。有的用户在夏天为了使数控系统能超负荷长期工作，打开数控柜的门来散热，这是一种绝不可取的方法，最终会导致数控系统的加速损坏。正确的方法是降低数控系统的外部环境温度。因此，应该有严格的规定，除非进行必要的调整和维修，不允许随便开启柜门，更不允许在使用时敞开柜门。

(3) 定时清扫数控柜的散热通风系统。应每天检查数控系统柜上各个冷却风扇工作是否正常。应视工作环境的状况，每半年或每季度检查一次风道过滤器是否有堵塞现象。如果过滤网上灰尘积聚过多，应及时清理，否则将会引起数控系统柜内温度过高(一般不允许超过 55 ℃)，造成过热报警或数控系统工作不可靠。

(4) 数控系统的输入/输出设备的定期维护。FANUC 公司 20 世纪 80 年代的产品绝大部分都带有光电式纸带阅读机，如果读带部分被污染，将导致读入信息出错。为此，应做到以下几点：

① 每天必须对光电阅读机的表面(包括发光体和受光体)、纸带压板以及纸带通道用含有酒精的纱布擦拭。

② 每周定时擦拭纸带阅读机的主动轮滚轴、压紧滚轴以及导向滚轴等运动部件。

③ 每半年对导向滚轴、张紧臂滚轴等加注润滑油一次。

④ 在使用纸带阅读机时，一旦使用完毕，就应将装有纸带阅读机的小门关上，防止尘土落入。

(5) 定期检查和更换直流电动机电刷。20 世纪 80 年代生产的数控机床，大多使用直流伺服系统，电动机电刷的过度磨损将会影响电动机的性能，甚至造成电动机损坏。为此，应对电动机电刷进行定期检查和更换，检查周期随机床使用频繁度而定，一般为每半年或一年定期检查一次。

(6) 经常监视数控系统用的电网电压。FANUC公司生产的数控系统，允许电网电压在额定值的85%～110%的范围内波动，如果超出此范围，就会造成系统不能正常工作，甚至会引起数控系统内部电子部件损坏。

(7) 定期更换存储器用电池。FANUC公司所生产的数控系统内的存储器有两种：① 不需电池保持的磁泡存储器。② 需要用电池保持的CMOS RAM器件，为了在数控系统不通电期间能保持存储的内容，内部设有可充电电池维持电路。在数控系统通电时，由+5 V电源经一个二极管向CMOS RAM供电，并对可充电电池进行充电；当被控系统切断电源时，则改为由电池供电来维持CMOS RAM内的信息。在一般情况下，即使电池尚未失效，也应每年更换一次电池，以便确保系统能正常地工作。另外，一定要注意，电池的更换应在数控系统供电状态下进行。

(8) 数控系统长期不用时的维护。为提高数控系统的利用率和减少数控系统的故障，数控机床应满负荷使用，而不要长期闲置不用。由于某种原因，数控系统长期闲置不用时，为了避免数控系统损坏，需注意以下两点：

① 要经常给数控系统通电，特别是在环境湿度较大的梅雨季节更应如此。在机床锁住不动的情况下(即伺服电动机不转时)，让数控系统空运行，利用电器元件本身的发热来驱散数控系统内的潮气，确保电子器件性能稳定可靠。实践证明，在空气湿度较大的地区，经常通电是降低故障率的一个有效措施。

② 数控机床采用直流进给伺服驱动和直流主轴伺服驱动的，应将电刷从直流电动机中取出，以免由于化学腐蚀作用，换向器表面腐蚀，换向性能变坏，甚至整个电动机损坏。

(9) 备板的维护。印制线路板长期不用容易出故障，因此对所购的备板应定期放到数控系统中通电运行一段时间，以防损坏。

(10) 做好维修前的准备工作。为了能及时排除故障，应在平时做好维修前的准备，主要有三个方面：

① 技术准备。维修人员应在平时充分了解系统的性能。为此，应熟读有关系统的操作说明书和维修说明书，掌握数控系统的框图、结构布置以及印制线路板上可供检测的测试点上正常的电平值或波形。维修人员应妥善保存好数控系统现场调试之后的系统参数文件和PLC参数文件，它们可以是参数表或参数纸带。另外，随机提供的PLC用户程序、系统文件、用户宏程序参数和刀具文件参数以及典型的零件程序、数控系统功能测试纸带等都与机床的性能和使用有关，都应妥善保存。

② 工具准备。维修工具只需准备一些常用的仪器设备即可，如交流电压表、直流电压表，其测量误差在±2%范围内即可。万用表应准备一块机械式的，可用它测量晶体管。各种规格的旋具也是必备的。如有纸带阅读机，还应准备清洁纸带、阅读机用的清洁液和润滑油等。如有条件，用户最好备有一台带存储功能的双线示波器。另外，在进行维修时还应注意不要因仪器测头造成元器件短路而引起系统更大的故障。

③ 备件准备。为了能及时排除故障，用户应准备一些常用的备件，如各种熔断器、晶体管模块以及直流电动机用电刷。至于备板，则视用户经济条件而定。一般来说，可不必准备，一是花钱多，二是长期不用，反而易损坏。

定期维护表见表3-2。

表3-2 定期维护表

序号	检查周期	检查部位	检查要求
1	每天	导轨	检查润滑油的油面、油量,及时添加油,润滑油泵能否定时启动、打油及停止。导轨各润滑点在打油时是否有润滑油流出
2	每天	X、Y、Z及回转轴的导轨	清除导轨面上的切屑、脏物、冷却水剂,检查导轨润滑油是否充分,导轨面上有无划伤损坏及锈斑,导轨防尘刮板上有无夹带铁屑,如果是安装滚动滑块的导轨,当导轨上出现划伤时应检查滚动滑块
3	每天	压缩空气起源	检查气源供气压力是否正常,含水量是否过大
4	每天	机床进气口的油水自动分离器和自动空气干燥器	及时清理分水器中滤出的水分,加入足够的润滑油,空气干燥器是否能自动切换工作,干燥剂是否饱和
5	每天	气液转换器和增压器	检查存油面高度并及时补油
6	每天	主轴箱润滑恒温油箱	恒温油箱正常工作,由主轴箱上油标确定是否有油润滑,调节油箱制冷温度能正常启动,制冷温度不要低于室温太多[相差2～5℃,否则主轴容易“出汗”(空气水分凝结)]
7	每天	机床液压系统	油箱、油泵无异常噪声,压力表指示正常工作压力,油箱工作油面在允许范围内,回油路上背压不得过高,各管路接头无泄漏和明显振动
8	每天	主轴箱液压平衡系统	平衡油路无泄漏,平衡压力表指示正常,主轴箱在上、下快速移动时压力表波动不大,油路补油机构动作正常
9	每天	数控系统及输入/输出系统	光电阅读机的清洁,机械结构润滑良好,外接快速穿孔机或程序服务器连接正常
10	每天	各种电气装置及散热通风装置	数控柜、机床电气柜、排风扇工作正常,风道过滤网无堵塞,主轴伺服电机、冷却风道正常,恒温油箱、液压油箱的冷却散热片通风正常
11	每天	各种防护装置	导轨、机床防护罩应动作灵活而无漏水,刀库防护栏杆、机床工作区防护栏检查门开关动作正常,在机床四周各防护装置上的操作按钮、开关、急停按钮位置正常
12	每周		清洗各电柜进气过滤网
13	半年	滚珠丝杠螺母副	清洗丝杠上旧的润滑脂,涂上新油脂,清洗螺母两端的防尘圈
14	半年	液压油路	清洗溢流阀、减压阀、滤油器、油箱箱底,更换或过滤液压油,注意加入油箱的新油必须经过过滤和去水分
15	半年	主轴润滑恒温油箱	清洗过滤器,更换润滑油,检查主轴箱各润滑点是否正常供油

（续表）

序号	检查周期	检查部位	检查要求
16	每年	检查并更换直流伺服电机炭刷	从炭刷窝内取出炭刷，用酒精棉清除炭刷窝内和整流子上的碳粉，当发现整流子表面有被电弧烧伤时，抛光表面、去毛刺，检查炭刷表面和弹簧有无失去弹性，更换长度过短的电刷，跑合后才能正常使用
17	每年	润滑油泵、滤油器等	清理润滑油池底，清洗更换滤油器
18	不定期	各轴导轨上镶条，压紧滚轮，丝杠	按机床说明书上规定调整
19	不定期	冷却水箱	检查水箱液面高度，冷却液各级过滤装置是否工作正常，冷却液是否变质，经常清洗过滤器，疏通防护罩和床身上各回水通道，必要时更换并清理水箱底部
20	不定期	排屑器	检查有无卡位现象等
21	不定期	清理废油池	及时取走废油池中的废油以免外溢，当发现油池中油量突然增多时，应检查液压管路中是否有漏油点

3.3.2　数控机床的故障诊断

任何一种数控系统，即使采用最好的设计方法、最新的电子器件，应用最新的科研成果，也还有可能发生系统初期失效故障、长期运行过程偶发故障以及各个部件老化以致损坏等一系列故障。故障诊断的目的一方面是预防故障发生，另一方面是一旦发生故障也能及早地发现故障起因，迅速采取修复措施。近年来，开发出的自诊断系统，大致可分为以下几个方面的内容：

（1）动作诊断。监视机床各个动作部分，判定动作不良的部位。一般的诊断部位多是ATC、APC以及机床主轴等。

（2）状态诊断。当机床电动机带动负载时，观察它们的运动状态。诊断部位是进给轴和主轴。

（3）操作诊断。监视操作错误和程序错误。

（4）点检诊断。定期点检液压、气动等部件以及对强电柜的检查。

（5）数控系统故障自诊断。这是故障诊断的核心，目前的自诊断能力已发展得很强，故障的排除，主要依赖自诊断功能。

CNC系统的诊断技术，就是指在系统运行中或在基本不拆卸的情况下，即可掌握系统现在运行状态的信息，查明产生故障的部位和原因，甚至预知系统的异常和劣化的动向，采取必要对策的技术。

由于数控系统是技术密集型的高科技产品，要想迅速而准确地查明故障原因并确定故障的部位，不借助于诊断技术将是困难的，甚至有时是不可能的。可以说，诊断技术在现代数控系统的生产、调试、使用和维护中起着极为重要的作用。随着微电子技术和软件技术的不断发展，诊断技术也由简单的诊断功能朝着多功能的高级诊断甚至是智能化的方向发展，诊断能力的强弱已是评价当今CNC装置的性能的一项重要指标。

FANUC公司在生产的各种数控系统中已应用的自诊断方法归纳起来大致可分为如下

三大类。

1. 启动诊断

所谓启动诊断是指数控系统每次从通电开始直至进入正常的运行准备状态为止的一段时间内，系统内部诊断程序自动执行的诊断，也即类似于微机的开机诊断。诊断的内容是对系统中最关键的硬件如CPU、存储器、I/O单元等模块以及CRT/MDI单元、纸带阅读机、软盘单元等装置或外设等硬件以及系统控制软件进行诊断。有的数控系统启动诊断程序还能对配置进行检查，用以确定所有指定的设备、模块是否都已正常地连接，甚至还能对某些重要的芯片，如RAM、ROM、专用LSI是否插装到位、选择的规格型号是否正确，进行诊断。只有当全部项目都确认无误之后，整个系统才能进入正常运行的准备状态，否则数控系统将通过CRT画面或用发光二极管报警，指出故障信息。此时，启动诊断过程不能正常地结束，系统不能投入运行，而处于报警状态。上述启动诊断往往只需数秒钟，不会超过一分钟。

例如，FANUC公司的Fll系统在启动诊断程序的执行过程中会在系统主板上的七段显示器上反映出诊断情况。七段显示器按9—8—7—6—5—4—3—2—1的顺序变化，当启动诊断正常结束时，显示器将停在1的位置，而在每次数字变化过程中反映出不同的检查内容。

9——对CPU进行复位，并开始执行诊断指令；

8——进行ROM试验检查，此时显示器变为b，表示RAM检查出错；

7——对RAM清零，即将RAM中的试验内容清除为零，以便为正常运行做好准备；

6——对BAC(总线随机控制)芯片进行初始化，如显示A，则说明主板与CRT之间的传输出了差错；如显示C，则表示某些附加板连接错误；如显示F，表示I/O板或其连接用电缆出错；如显示H，表示所用的连接单元识别号不对；如显示小写字母c，表示光缆传输出错；如显示J，表示PLC或其接口转换电路未输出信号；

5——对MDI进行检查；

4——对CRT进行初始化；

3——显示出CRT的初始画面，如软件版本号、系列号等，此时若显示变成L，表示PLC未能通过检查，说明PLC的控制软件有问题；如显示D，则表示系统未能通过初始化(IPL)方式，表示系统的控制软件存在问题；

2——表示已完成系统的初始化工作；

1——表示系统已可以正常运转，如此时不是显示1而是E，则表示系统出错，即系统的主板或ROM板上硬件有故障甚至是CNC控制软件有故障。

在一般情况下，如果CRT已通过初始化，若存在故障，CRT也会显示出报警信息，但当故障与显示功能有关时，CRT就不能显示报警信息，只能依靠七段显示器的显示来判断。

2. 在线诊断

在线诊断是指通过CNC系统的内装程序，在系统处于正常运动状态时，对CNC系统本身以及与CNC装置相连的各个伺服单元、伺服电动机、主轴伺服单元和主轴电动机以及外部设备等始终进行自动诊断、检查和监视。只要系统不停电，在线诊断就不会停止。

FANUC公司数控系统的在线诊断内容很丰富，包括自诊断功能的状态显示和故障信息显示两部分。其中，自诊断功能的状态显示内容有上千条，常以二进制的0或1来显示状态。借助形形色色的状态显示可以诊断出故障发生的部位。常见的有：

(1) 接口显示。为了区分出故障是发生在数控系统内部，还是发生在PLC或机床侧，就必须深入了解CNC和PLC或CNC和机床之间的接口状态以及CNC内部状态，通过这个诊断功能就能显示出各种接口信号是接通还是断开。

(2) 内部状态显示。FANUC公司的数控系统利用内部状态显示，可以反映出以下几个方面的状态：

① 外部原因造成不执行指令的状态显示。例如，能显示出CNC系统是否处于到位检查中；是否处于机床锁住状态；是否处于等待速度到达信号接通；在主轴每转进给时是否等待位置编码器的旋转信号；在螺纹切削时，是否处于等待主轴1转信号；进给速度指令倍率是否设定为0%等。

② 复位状态显示。指示系统是否处于急停状态或是外部复位信号接通状态。

③ TH报警状态显示。即通过纸带的水平和垂直校验，可显示出报警时的纸带错误孔的位置。

(3) 存储器内容显示以及磁泡存储器异常状态的显示。

(4) 位置偏差量的显示。

(5) 伺服控制信息显示。

(6) 旋转变压器或感应同步器的频率检测结果显示。它可用于频率的调整。

在线诊断的故障信息显示的内容有上百条，甚至有的系统有600条之多。这些信息大都以报警号和适当注释的形式出现，它们可以分成以下几类：① 过热报警。② 系统报警。③ 存储器报警。④ 设定或编程报警。这类故障均为操作、编程错误引起的软故障。⑤ 伺服报警。即与伺服单元和伺服电动机有关的故障报警。⑥ 行程开关报警。⑦ 印制线路板间的连接故障类的报警。

上述在线诊断的大量状态信息和报警信息，对维修人员分析系统故障原因，确定故障部位是有极大帮助的。

3. 离线诊断

离线诊断或称脱线诊断是指当CNC系统出现故障或要判定系统是否真有故障时，将数控系统与机床脱离做检查，以便对故障做进一步定位，力求把故障定位在尽可能小的范围之内。例如，定位到某块印制线路板、某部分电路甚至某个芯片或器件，这对彻底修复故障系统是十分有必要的。

早期的FANUC数控系统是采用专用诊断纸带对CNC进行脱机诊断的。诊断时，将诊断纸带内容读入系统的RAM中，系统中的微处理器根据相应的输出数据进行分析，以判断是否有故障并确定故障的位置。

诊断纸带可作下述测试：① 纸带阅读机读入测试。用以判定阅读机是否正常，是否有误读或重读现象。② CPU测试。对CPU指令数据格式进行测试，并检查控制程序是否正常工作。③ 存储器RAM测试。用来检查读入程序是否遭到破坏。④ 位置控制测试。用以发现坐标位置偏离，机床无法启动等故障。⑤ I/O接口测试。用来测试输入、输出接口是否正常。

后来的FANUC系统，如F-6等系统又采用“工程师面板”以及专用测试装置进行测试。

随着IC和微处理器的性能/价格比的提高，新的概念和方法在诊断领域中的应用，已使诊断技术进入到一个更高的阶段，而且现代CNC系统的离线诊断软件已与CNC系统控制软件一起存在CNC系统中，使维修诊断更为方便。

另外，FANUC公司的F-15系统已将专家系统引入故障诊断中。所谓专家系统是指这样的一种系统：① 在处理实际问题时，本来需要由具有某个领域的专门知识的专家来解决，通过专家分析和解释数据并做出决定。为此，以计算机为基础的专家系统就是力求去收集足够的专家知识。② 专家系统利用专家推理方法的计算机模型来解决问题，并得到和专家相同的结论。由此可见，专家系统不同于一般的资料库系统和知识库系统，在专家系统中不是简单地存储答案，而是具有推理的能力和知识。在F-15系统中的专家故障系统是由知识库、推理机和人机控制器三部分组成。其中，知识库存储在F-15系统的存储器中，它存储着专家们已掌握的有关数控系统的各种故障原因及其处理方法。而推理机具有推理的能力，能根据知识推导出结论，不是简单地搜索现成答案。因此，它所具有的推理软件，以知识库为根据，能进行分析，查找出故障的原因。F-15系统的推理机是一种采用“后向推理”策略的高级诊断系统。所谓后向推理，是指先假设结论，再回头检查支持这个结论的条件是否具备。如条件具备，则结论成立。这种方法较之先有条件后有结果的“前向推理”具有更快获得结论的优点。在使用时，用户只要通过CRT/MDI操作，只作一些简单的会话式问答，即可诊断出CNC系统或机床的故障。

3.3.3 数控机床的故障处置

一旦数控系统发生故障，操作人员首先要采取急停措施，停止系统运行，保护好现场，并对故障进行尽可能详细的记录，及时通知维修人员。故障的记录是关键，它为维修人员排除故障提供了第一手材料。记录的内容有下述几个方面：

1. 故障的种类

(1) 系统当时处于何种方式。如TAPE(纸带方式)、MDI(手动数据输入方式)、MEMORY(存储器方式)还是EDIT(编辑)、HANDLE(手轮)、JOG(点动)方式。

(2) 在发生故障时如系统没有显示报警，这时需通过诊断画面检查系统处于何种状态。如，系统是在自动运转还是正在执行M、S、T等辅助功能。又如，系统是处于暂停还是急停状态，或是系统处于互锁状态还是处于倍率为0%状态等。

(3) CRT上是否有报警，报警号是什么。

(4) 定位误差超差情况。

(5) 如故障是刀具轨迹超差，那么此时的机床速度是多少等。

2. 故障发生的频繁程度

(1) 故障发生的时间。一天发生几次，一共发生几次，是否频繁发生，是否在用电高峰发生。数控机床旁边其他机械设备工作是否正常。

(2) 加工同类工件时，发生故障的概率如何。

(3) 出现故障的程序段是在何处，有无规律，是否总是在执行该段程序时产生。

(4) 故障是否与进给速度、换刀方式或是螺纹切削有关。

3. 故障的重复性

(1) 在不危及人身安全和设备安全的前提下，最好能重演故障现象，对其重复性等进行考察。

(2) 检查重复出现的故障是否与外界因素有关。

(3) 如果发现执行某程序段时就出现故障，应检查程序，并将该程序段的编程值与系统内的实际数值进行比较，观察其差异。

4. 外界状况的记录

(1) 环境温度。系统周围环境温度是否超过允许温度，是否有局部的急剧温度变化源存在。

(2) 周围是否有强烈的振动源存在。

(3) 检查数控系统的安装位置，出故障时是否受到阳光的直射。

(4) 系统柜里是否溅入切削液，润滑油是否受到水(如暖气温水)的侵蚀。

(5) 输入电压的检查。输入电压是否波动，其值如何，是否超过允许的波动范围。

(6) 车间内或供电线路上是否有使用大电流的设备装置。

(7) 数控机床附近是否存在吊车、高频机械、焊接机或电加工机床等干扰源。

(8) 附近是否正在安装或修理、调试机床，是否正在修理或调试强电柜和数控装置。

(9) 本系统以前是否发生过同样故障，附近的数控系统是否也曾发生过同样的故障。

5. 机床情况

(1) 机床调整状况。

(2) 所用刀具的刀尖是否正常。

(3) 换刀时是否设置了偏移量。

(4) 刀具补偿量设定是否正确。

(5) 间隙补偿量是否合适。

(6) 工件测量是否正确。

(7) 机械零件是否随温度变化而变形。

6. 机床运转情况

(1) 在机床运转过程中是否改变或调整过运转方式。

(2) 机床侧是否处于报警状态，是否已作运转准备。

(3) 机床是否处于锁住状态，操作面板上的倍率开关是否设定为“0”。

(4) 数控系统是否处于急停，熔丝是否熔断。

(5) 机床操作面板上的方式选择开关设定是否正确，进给保持按钮是否被按下处于进给保持状态。

7. 机床和系统之间连接情况的检查

主要是检查电缆是否完整无损，特别是电缆拐弯处是否有破裂、损伤；电源线和信号线是否分开走线；信号屏蔽线的接地是否正确；继电器、电磁铁以及电动机等电磁部件是否装有噪声抑制器等。

8. CNC 装置的外观检查

外观检查内容有以下 7 项：

(1) 机柜。检查机柜的门是否在打开状态下运行数控系统。有无切削液或切削粉末进入柜内,空气过滤器清洁状况是否良好。

(2) 机柜内部。风扇电动机工作是否正常,印制线路板是否很脏。

(3) 纸带阅读机。纸带阅读机是否有污物,制动电磁铁动作是否正常。

(4) 电源单元。单元上的熔丝是否熔断,端子板上接线是否牢固。

(5) 电缆。电缆连接器插头是否完全插入,拧开系统内部和外部电线是否有伤痕、扭歪等现象,地线是否连接牢固,屏蔽地连接是否正常。

(6) 印制线路板。印制线路板有无缺损,印制线路板安装是否牢固,有无歪斜状况。

(7) MDI/CRT 单元。单元上的按钮有无破损,扁平电缆连接是否正常。

9. 有关穿孔纸带的检查

F-6 系统及其更早的系统,加工程序一般是用纸带读入的。如果发现是由于穿孔纸带读入的信息不对而引起故障时,需要检查并记录下述内容:

(1) 纸带阅读机开关是否正常。

(2) 有关纸带操作的设定是否正确,操作是否有误。

(3) 纸带是否折皱或太脏。

(4) 纸带上的孔是否有破损。

(5) 两条纸带的接头处连接是否平整等。

(6) 这条纸带以前是否用过。

(7) 使用的是黑色纸带还是其他颜色的纸带。总而言之,需要记录的原始数据是很多的,用户可以根据本厂的实际情况编制一份情况调查记录表,在上面列出常用的必须的内容。这样,一旦系统出现故障,操作者可以根据表的要求及时填入各种原始材料,供维修人员维修时参考。

3.3.4 故障排除的一般方法

当数控系统出现报警,发生故障时,维修人员不要急于动手处理,而应多进行观察。应遵循两条原则。一是充分调查故障现场,这是维修人员取得第一手材料的一个重要手段。一方面要查看故障记录单,向操作者调查、询问出现故障的全过程,彻底了解曾发生过什么现象,采取过什么措施等。另一方面要对现场亲自作细致的勘查。从系统的外观到系统内部的各个印制线路板都应细心地检查是否有异常之处。在确认数控系统通电无危险的情况下,方可通电,观察系统有何异常,CRT 显示哪些内容。二是认真分析故障的起因。FANUC 公司的各种数控系统,虽有各种报警指示灯或自诊断程序,但智能化的程度还不是很高,不可能自动诊断出发生故障的准确部位,往往是同一报警号可以有多种起因。因此,在分析故障的起因时,一定要开阔思路。往往有这种情况,当系统自诊断出某一部分有故障时,究其起源,不在数控系统本身,而是在机械部分。所以,分析故障时,无论是 CNC 系统、机床强电,还是机械、液压、油气路等,只要有可能是引起该故障的原因,都要尽可能全面地列出来,进行综合判断和筛选,然后通过必要的试验,达到确诊和最终排除故障的目的。对于 FANUC 公司的数控系统我们通常采用下述几种方法来诊断,当然这些原则也适用于其他厂家的数控系统。

1. 直观法

这是一种最基本的方法也是一种最简单的方法。维修人员通过对故障发生时产生的各种光、声、味等异常现象的观察,以及认真检查系统的每一处,往往可将故障范围缩小到一个模块,甚至一块印制线路板。但这要求维修人员具有丰富的实践经验以及综合判断的能力。

2. 自诊断功能法

充分利用FANUC数控系统的自诊断功能,根据CRT上显示的报警信息及发光二极管指示,可判断出故障的大致起因。利用自诊断功能,还能显示出系统与主机之间接口信号的状态,从而判断出故障起因是在数控系统部分还是机械部分,并能指示出故障的大致部位。因此,这个方法是当前维修中最常用也是最有效的一种方法。

3. 参数检查法

众所周知,在FANUC的数控系统中有许多参数,它们直接影响着数控机床的性能。参数通常是存放在存储器中(例如,磁泡存储器或由电池保持的CMOS RAM中),一旦电池不足或外界的某种干扰等因素,会使个别参数丢失或变化,使系统发生混乱,机床无法正常工作。此时,通过核对、修正参数,就能将故障排除。因此,当机床长期闲置之后启动系统时无缘无故地出现不正常现象或有故障而无报警时,就应根据故障特征,检查和校对有关参数。

另外,数控机床经过长期运行之后,由于机械运动部件磨损,电气元件性能变化等原因,也需对其有关参数进行修正。有些机床故障,往往就是由未及时修正某些不适应的参数所致。当然这些故障都属于软故障的范畴。

4. 功能程序测试法

所谓功能程序测试法就是将数控系统的常用功能和重要的特殊功能,如直线定位,圆弧插补、螺纹切削、固定循环、用户宏程序等用手工编程或自动编程方法编制成一个功能程序测试纸带,通过纸带阅读机将其信息送入数控系统中,然后启动被控系统使之运行。用它来检查机床执行这些功能的准确性和可靠性,进而判断出故障发生的可能起因。本方法对于长期闲置的数控机床第一次开机时的检查以及机床加工造成废品但又无报警的情况下(一时难以确定是编程或操作的软错误)判断机床故障的一种较好的方法。

5. 交换法

这是一种简单易行的方法,也是现场判断时最常用的方法之一。所谓交换法,就是在分析出故障大致起因的情况下,维修人员可以利用备用的印制线路板、主板、集成电路芯片或元器件替换有疑点的部分,甚至用系统中已有的相同类型的部件来替换,从而把故障范围缩小到印制线路板或芯片一级。这实际上也是在验证分析的正确性。

但在备板交换之前,应仔细检查备板(或交换板)是否完好,备板和原板的各种状态是否一致。这包括印制线路板上的开关、短路棒的设定是否一致,以及电位器的调整位置都应一样。在置换CNC装置的存储器板时,往往还需要对系统进行存储器初始化的操作(如F-6系统用的是磁泡存储器,就需要进行这项工作),重新设定各种参数,否则系统是不能正常工作的。又如,在更换F-7系统的存储器板之后,不但需要重新输入系统参数,还需要对存储器区进行分配操作。如果缺少了后一步操作,一旦输入零件程序,将产生60号报警(存储器容量不够)。有的 FANUC 系统,在更换了主板之后,还需要进行一些特定的操作。如 F-10系统,必须先输入 9000~9031 号选择参数,然后才能输入 0000~8010 号的系统参数和 PC 参数。总之,一定要严格地按照有关的系统操作说明书、维修说明书的要求步骤进行操作。

6. 转移法

所谓转移法就是将数控系统中具有相同功能的两块模板、印制线路板、集成电路芯片或元器件互相交换,然后观察故障现象是否随之转移,从而可迅速确定系统的故障部分。这个方法从实质上来说是交换法的一种。

7. 测量比较法

FANUC 公司在设计数控系统用的印制线路板时,为了调整、维修的便利,在印制线路板上设计了多个检测端子。用户也可利用这些检测端子检测出正常的印制线路板和有故障的印制线路板之间的电压或波形的差异,从而可分析出故障起因及故障的所在位置。甚至,有时还可对正常的印制线路板人为地制造"故障",如断开连线或短路,拔去组件等,以判断真实故障的起因。为了这个目的,维修人员应在平时测量印制线路板上关键部位或易出故障部位的电压值和波形,并做记录,作为一种资料积累,因为 FANUC 公司很少提供这方面的资料。

8. 敲击法

如果数控系统的故障若有若无,这时可用敲击法检查出故障的部位所在。因为这种若有若无的故障大多是虚焊或接触不良引起的,因此当用绝缘物轻轻敲打有虚焊或接触不良的疑点处,故障肯定会重复再现。

9. 局部升温法

数控系统长期运行后元器件均会老化,性能变坏。当它们尚未完全损坏时,出现的故障会变得时隐时现。这时可用热吹风机或电烙铁等对被怀疑的元器件进行局部升温,加速其老化,以便彻底暴露故障部件。当然,采用此法时,一定要注意各种元器件的温度参数等,不要将原来是好的器件烤坏。

10. 原理分析法

根据数控系统的组成原理,可从逻辑上分析出各点的逻辑电平和特征参数(如电压值或波形等),然后用万用表、逻辑笔、示波器或逻辑分析仪对其进行测量、分析和比较,从而对故障进行定位。运用这种方法,要求维修人员有较高的水平,最好有数控系统逻辑图,能对整个数控系统或每部分电路的原理有清楚的、较深的了解。

除了以上介绍的 10 种故障检测方法以外,尚有插拔法、电压拉偏法等。总之,这些检查方法各有特点,根据不同的故障现象,可以同时选择几种方法灵活应用,对故障进行综合分析,才能逐步缩小故障范围,较快地排除故障。

造成数控系统故障而又不易发现的另一个重要的根源是干扰。排除干扰可从下述几个方面着手:

(1) 检查各种地线的连接。数控机床一定要采用一点接地法,不可为了图省事,到处就近接地,结果造成多点接地,形成地环流;一定要按规定,采用屏蔽线,而且屏蔽地只许接在系统侧，而不能接在机床侧，否则会引起干扰。

（2）防止强电干扰。数控机床的强电柜中的接触器、继电器等电磁部件都是CNC系统的干扰源。交流接触器，交流电动机的频繁启动、停止时，其电磁感应现象会使CNC系统控制电路中产生尖峰、浪涌等噪声，干扰系统的正常工作。因此，一定要对这些电磁干扰采取措施，予以消除。

具体的措施：在交流接触器线圈的两端或交流电动机的三相输入端并联RC网络；而对于直流接触器或直流电磁阀的线圈，则在它们的两端反相并入一个续流二极管。这些办法均可抑制这些电器产生的干扰。但要注意的一点是，这些吸收网络的连线不应大于20 cm，否则效果不会太好。另外，在CNC系统的控制电路的输入电源部分，也要采取措施。一般是在三相电源线间并联浪涌吸收器，从而可有效地吸收电网中的尖峰电压，起到一定的保护作用。

（3）抑制或减小供电线路上的干扰。在有些地区电力不足或供电频率不稳，造成超压、欠压、频率和相应漂移、谐波失真、共模噪声及常模噪声等。应该尽量减小供电线路上出现这些现象所引起的干扰。

具体措施：

① 对于电网电压变化较大的地区，应在数控系统的输入电源前增加一台电子稳压器，用以减小电网电压波动。但要注意，不可用串入一台自耦变压器的方法来调节输入电压，因为自耦变压器的电感量太大。

② 供电线路的容量应能满足整个机床电器容量的要求，否则要限制部分电器的开动。

③ 应避免数控机床和电火花设备以及大功率的启动、停止频繁的设备共用同一干线，有条件时可为数控机床单独提供一条动力干线，以免这些设备的干扰通过电源线串入数控系统中。

④ 安置数控机床时应远离中频炉、高频感应炉等变频设备。

习　题

3－1　数控机床安装调试包括哪几方面工作？

3－2　数控机床开机调试应注意哪些步骤？

3－3　数控机床日常维护要注意哪几个方面？

3－4　说明数控机床故障诊断方式。

3－5　说明数控机床操作人员在故障发生时该如何处置。

3－6　数控机床故障排除一般方法有哪些？

参考文献

[1] 龚仲华.数控机床电气设计典例[M].北京:机械工业出版社,2014.
[2] 田坤,聂广华等.数控机床编程、操作与加工实训[M].第2版.北京:电子工业出版社,2015
[3] 熊光华.数控机床[M].北京:机械工业出版社,2012.
[4] 马宏伟.数控技术[M].第2版.北京:电子工业出版社,2014.
[5] 徐刚.数控加工工艺与编程技术[M].北京:电子工业出版社,2018.
[6] 陈洪涛.数控加工工艺与编程[M].第3版.北京:高等教育出版社,2015.
[7] 张新香,秦福强.数控车削编程与加工[M].北京:机械工业出版社,2015.
[8] 周虹.数控编程与仿真实训[M].第5版.北京:人民邮电出版社,2018.
[9] 顾晔,卢卓.数控编程与操作[M].第2版.北京:人民邮电出版社,2016.
[10] 李艳霞.数控机床及应用技术[M].第2版.北京:人民邮电出版社,2015.
[11] 朱强,赵宏立.数控机床故障诊断与维修[M].第2版.北京:人民邮电出版社,2014.